高等职业教育应用型人才培养教材

电子 CAD 技能训练教程

李　靖　钱姗姗　主　编
符气叶　郑尹铭　副主编

电子工业出版社

Publishing House of Electronics Industry
北京·BEIJING

内容简介

本书的编写贯彻高职高专教学"理论知识必需、够用为度"的原则，坚持"以学生为中心、强化应用和能力培养"的职业教育思想，与企业合作编写，注重职业岗位技能训练。

全书共八个任务。任务一是了解电子CAD，主要介绍印制电路板及其设计软件Protel DXP 2004，明确了职业岗位要求；任务二以两个实例介绍单层板的设计方法；任务三通过实例介绍双层板的设计方法；任务四分三部分介绍了原理图元件的绘制方法；任务五通过实例讲解如何绘制元件封装；任务六通过实例介绍了如何设计层次电路图；任务七以真实的实训项目为载体，对各技能点进行综合运用，将前后续课程进行了无缝衔接；任务八从实验室制板和工业制板两个方面对印制电路板的制作工艺进行了介绍。本书各项目之间既相互独立，又环环相扣，通过学习，可以使读者快速了解电子产品开发与设计的全过程，培养电子设计知识技能的综合应用能力和职业能力。

本书可以作为高职高专院校电子类、机电类、通信类和计算机类相关专业的教材，也可作为职业技术教育、培训和从事电子产品设计与开发的工程人员的参考用书。

未经许可，不得以任何方式复制或抄袭本书之部分或全部内容。
版权所有，侵权必究。

图书在版编目（CIP）数据

电子CAD技能训练教程 / 李靖，钱姗姗主编. —北京：电子工业出版社，2016.9
ISBN 978-7-121-29781-6

Ⅰ.①电… Ⅱ.①李… ②钱… Ⅲ.①印刷电路－计算机辅助设计－应用软件－高等学校－教材 Ⅳ.①TN410.2

中国版本图书馆CIP数据核字（2016）第203178号

策划编辑：王昭松（wangzs@phei.com.cn）
责任编辑：郝黎明
印　　刷：北京七彩京通数码快印有限公司
装　　订：北京七彩京通数码快印有限公司
出版发行：电子工业出版社
　　　　　北京市海淀区万寿路173信箱　邮编 100036
开　　本：787×1 092　1/16　印张：13.25　字数：339.2千字
版　　次：2016年9月第1版
印　　次：2025年7月第5次印刷
定　　价：32.00元

凡所购买电子工业出版社图书有缺损问题，请向购买书店调换。若书店售缺，请与本社发行部联系，联系及邮购电话：（010）88254888，88258888。
质量投诉请发邮件至zlts@phei.com.cn，盗版侵权举报请发邮件至dbqq@phei.com.cn。
本书咨询联系方式：（010）88254015　wangzs@phei.com.cn　QQ：83169290。

前 言

随着电子技术的快速发展,集成电路与数字系统的设计过程已广泛采用计算机辅助设计(CAD,英文全称为 Computer Aided Design)技术,日益复杂的电子电路对电子设计自动化(EDA,英文全称为 Electronic Design Automation)提出了更高的要求。电子 CAD 作为高等职业院校电子信息技术和计算机应用技术及相关专业的专业基础课程,直接面向应用,是新一代电子设计工程师及从事电子技术开发和研究人员的必备技能。

本课程的目标是让学生掌握使用 Protel DXP 2004 进行电路设计的一般方法,理解使用电子 CAD 软件设计的工作流程,能熟练进行电路原理图和单面、双面印制电路板的设计,最后通过机械加工和化学腐蚀工艺制作出适用的印制板,为学生建立一座将电路理论应用于实践的桥梁。

本书要求学生具备基本的电工基础知识,具有基本的电路分析、设计能力及基本的计算机操作能力。

本书的编写贯彻高职高专教学"理论知识必需、够用为度"的原则,坚持"以学生为中心、强化应用和能力培养"的职业教育思想,与企业合作编写,注重职业岗位技能训练。本书所属课程是省示范院校重点建设专业的核心课程之一。

本书从实用角度出发,以产品为例介绍电子电路的原理图设计、原理图元件绘制、PCB 元件封装设计、印制电路板设计等内容。采用项目导向法组织内容,适当加入行业规范,并紧贴制图员(电子类)中高级职业岗位技能要求,每个项目都强调知识、技能、职业素养的有机结合,注重实训,实践性强。项目循序渐进,由浅入深,逐步提高学生的电子设计能力。

全书共八个任务。任务一是了解电子 CAD,主要介绍印制电路板及其设计软件 Protel DXP 2004,明确了职业岗位要求;任务二以两个实例介绍单层板的设计方法;任务三通过实例介绍双层板的设计方法;任务四分三部分介绍了原理图元件的绘制方法;任务五通过实例讲解如何绘制元件封装;任务六通过实例介绍了如何设计层次电路图;任务七以真实的实训项目为载体,对各技能点进行综合运用,将前后续课程进行了无缝衔接;任务八从实验室制板和工业制板两个方面对印制电路板的制作工艺进行了介绍。学生可以通过以上八个任务的学习,了解电子产品开发与设计的全过程,培养电子设计知识技能的综合应用能力和职业能力。本书各项目之间既相互独立,又环环相扣。

本书可以作为高职高专院校电子类、机电类、通信类和计算机类相关专业的教材,也可以作为职业技术教育、培训和从事电子产品设计与开发工程人员的参考用书。

本书由广东农工商职业技术学院的李靖、钱姗姗担任主编，广东农工商职业技术学院的符气叶和中山好士佳电器有限公司的郑尹铭工程师担任副主编。全书由李靖负责统稿。本书在编写过程中吸收了院校领导和同事的许多宝贵意见，参考了许多专家、学者的著作，得到了很大启发，在此表示衷心的感谢！

本书所有案例和实训都经过上机操作和认真审核。但由于作者水平有限，且电子设计自动化技术发展迅速，书中难免有疏漏和不足之处，殷切期望读者批评指正。

编 者

2016 年 6 月

CONTENTS 目录

任务一　了解电子 CAD ··· 1
　1.1　认识印制电路板 ··· 2
　　　1.1.1　什么是印制电路板 ··· 2
　　　1.1.2　印制电路板组成 ··· 2
　　　1.1.3　印制电路板分类 ··· 3
　1.2　PCB 设计软件 ·· 4
　1.3　职业岗位要求 ·· 5
任务二　设计单层板 ·· 7
　2.1　印制电路板基本设计原则 ··· 8
　2.2　设计电子彩灯电路 PCB ··· 8
　　　2.2.1　Protel DXP 开发环境 ··· 8
　　　2.2.2　元件及其封装 ·· 12
　　　2.2.3　手工设计单层 PCB ··· 13
　2.3　设计正负电源电路 PCB ··· 22
　　　2.3.1　创建 PCB 项目文件 ·· 23
　　　2.3.2　绘制原理图 ··· 23
　　　2.3.3　从原理图更新到 PCB ·· 33
　　　2.3.4　单层 PCB 设计 ·· 43
　实训一　设计两级放大电路 PCB ··· 51
　实训二　设计锯齿波发生电路 PCB ·· 52
　实训三　设计可调式稳压电源电路 PCB ·· 53
任务三　设计双层板 ·· 55
　3.1　认识 PCB 的工作层 ··· 56
　3.2　设计模拟交通灯控制电路 PCB ·· 58
　　　3.2.1　编辑原理图 ··· 60
　　　3.2.2　双层 PCB 设计 ·· 69
　3.3　PCB 打印及输出 ··· 87
　　　3.3.1　打印 PCB 图 ··· 88
　　　3.3.2　输出制造文件 ·· 92

实训四　设计数模转换电路 PCB ……93
　　实训五　设计 LED 调光灯控制电路 PCB ……94
　　实训六　设计电子琴电路 PCB ……96

任务四　绘制原理图元件……98
4.1　认识原理图元件库编辑器……99
4.2　一般元件的制作……101
4.2.1　分立元件的绘制……102
4.2.2　集成电路元件的绘制……108
4.2.3　应用……112
4.3　带子件元件的制作……113
4.3.1　认识带子件元件……113
4.3.2　带子件元件的绘制……113
4.4　对现有元件的修订……116
4.4.1　抽取现有集成元件库的源文件……117
4.4.2　将原理图中的元件复制到元件库……118
4.4.3　将原理图中的元件生成到元件库……118
　　实训七　绘制集成元件 SN74LS78AD ……119
　　实训八　绘制带子件元件 DM74LS04N ……120
　　实训九　绘制声光报警电路原理图……121

任务五　制作元件封装……123
5.1　认识常用元件封装……124
5.2　元件封装制作及修订……130
5.2.1　封装的制作……130
5.2.2　封装的修订……138
5.3　创建集成元件库……142
　　实训十　手工制作继电器封装……143
　　实训十一　向导制作双列直插式封装……144
　　实训十二　制作变压器的集成元件库……145

任务六　设计层次电路……147
6.1　层次电路设计……148
6.1.1　层次电路的设计方法……148
6.1.2　划分功能模块电路……148
6.1.3　自下而上设计层次电路……149
6.1.4　自上而下设计层次电路……155
6.2　通道电路原理图绘制……158
　　实训十三　设计核心控制器电路 PCB ……163

任务七　综合实例……166
7.1　居家养老 GSM 呼救器电路原理图……167
7.2　PCB 设计前期准备……167

7.3 建立项目集成库 172
7.4 绘制原理图 173
7.5 设计PCB 174
实训十四 设计模拟交通灯控制电路PCB 177

任务八 PCB制作工艺 180
8.1 实验制板法 181
  8.1.1 热转印法制作印制电路板 181
  8.1.2 感光腐蚀制板工艺 185
8.2 工业制板法 188

附录A 常用原理图元件符号、PCB封装及所在库 189
附录B Protel DXP 2004常用快捷键 195
附录C 违规类型中英文对照 199
附录D PCB设计规则中英文对照 202
参考文献 204

任务一

了解电子 CAD

任务描述

- 明确本课程的学习目标
- 安装专业工具软件 Protel DXP

学习要点

- 认识印制电路板
- 安装 Protel DXP

学习目标

- 了解印制电路板的作用、组成及分类
- 能够根据具体要求选用合适的印制电路板
- 能够正确安装 Protel DXP 软件
- 了解行业岗位情况

专业词汇

CAD（Computer Aided Design）：计算机辅助设计
PCB（Printed Circuit Board）：印制电路板
component：元件　　　pad：焊盘　　　via：过孔　　　wire：导线
connector：连接件　　　　　　　　　single layer：单层（面）板
double layer：双层（面）板　　　　　multi-layer：多层（面）板

【任务说明】在了解印制电路板的基础上，知道当前行业中一些常用的设计软件，了解相应岗位的基本要求，并能够安装一种常用的印制电路板的设计软件。

在这个任务中，需要解决以下几个问题：
（1）什么是印制电路板？
（2）印制电路板按层分为哪几类？
（3）印制电路板的基本组成有哪些？
（4）安装专业工具软件 Protel DXP 时要注意什么？

1.1　认识印制电路板

1.1.1　什么是印制电路板

印制电路板的英文名称为 Printed Circuit Board，简称 PCB，也称为"印刷电路板"。印制电路板是将电路原理图根据电子产品的特性要求，刻画出电气连接线路和元器件安装位置的覆铜板，如图 1-1 所示。从手机到航母，凡是设备中存在电子元器件，它们之间的电气连接就要使用印制电路板。印制电路板既是电子元器件的支撑体，也是电子元器件电气连接的载体，因此印制电路板的设计和制造质量成为影响电子设备质量、成本和市场竞争力的基本因素之一。由于它是采用电子印刷术制作的，故也被称为"印刷"电路板。

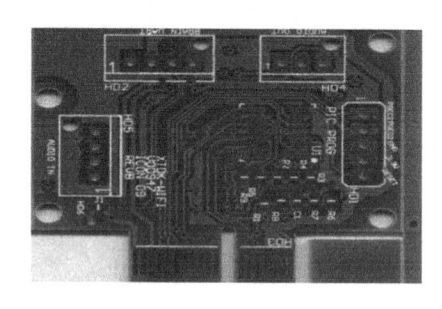

图 1-1　PCB 实体图

1.1.2　印制电路板组成

印制电路板主要由绝缘基板、焊盘、过孔、安装孔、导线、接插件、说明文字等组成。

基板：制造印制电路板的基本材料，一般是覆铜箔层压板。印制电路板就是在基板上经过一系列生产工艺后得到的所需电路图形。印制板的性能、质量、制造中的加工性、制造成本、制造水平等，在很大程度上取决于基板材料。

焊盘：固定元件引脚并实现元件在电路中电气连接的金属孔或一小块铜皮。

过孔：在双面板和多层板中，实现不同层之间的印制导线连通的金属孔。过孔有三种：从顶层贯通到底层的穿透式过孔；实现顶层或底层与中间层连接的盲孔；实现中间层之间连接的隐藏式过孔，也称为埋孔。

安装孔：用于固定电路板的非金属化孔。

导线：用于连接元器件引脚的电气网络铜膜。

接插件：用于电路板之间连接的元器件。

说明文字：用于元器件插装、检查及调试等提供的识别字符或图形。

1.1.3 印制电路板分类

1. 按电路层数分

印制电路板分为单层板，双层板和多层板。电路板的层数代表有几层独立的布线层。

单层板：只有一面有铜膜导线的印制电路板。元器件集中的一面称为元件面，也称顶层；导线集中的另一面称为焊接面，也称底层，如图 1-2 所示。因其只能在单面布线，所以设计难度较双面印制电路板和多层印制电路板的设计难度大。它适用于一般要求的电子设备，如收音机、电视机等。

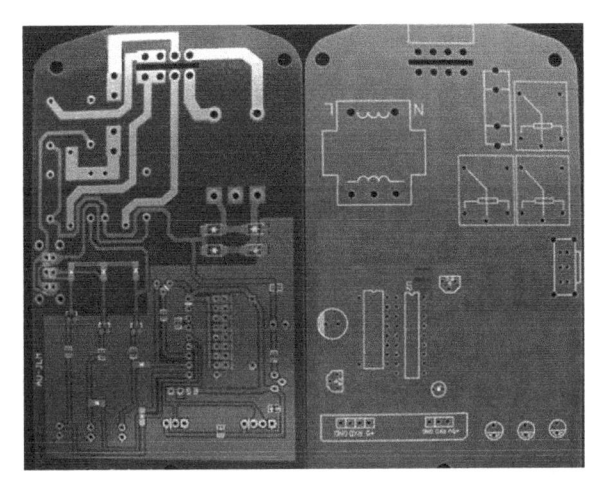

图 1-2　单面 PCB 实物图

双层板：两面都有铜膜导线的印制电路板，如图 1-3 所示。因为双层板的面积比单层板扩大一倍，且布线可以互相交错（可以绕到另一面），因此双层板可以使用在比单层板更复杂的电路上。在相同的电路下，由于双层印制电路板的布线密度较高，所以比单层板更能减小设备的体积。

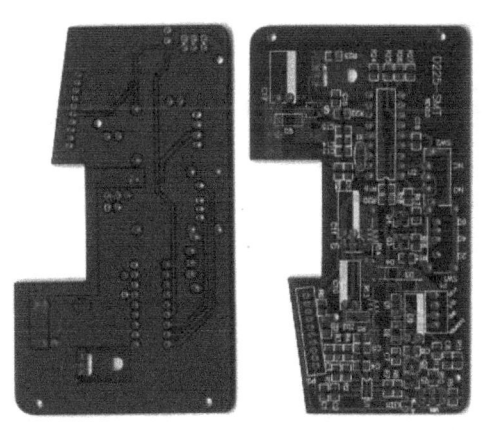

图 1-3　双面 PCB 实物图

多层板：在绝缘基板上制成三层以上印制电路的 PCB 称为多层印制电路板，如图 1-4 所示，如计算机主板。它是由基层较薄的单层或双层印制板黏合而成的，通常层数为偶数，常见的多层板一般为 3～6 层板，复杂的可达十几层。多层板布线密度高，能提高板面的利用率，还可以增设屏蔽层，提高电路的电气性能。

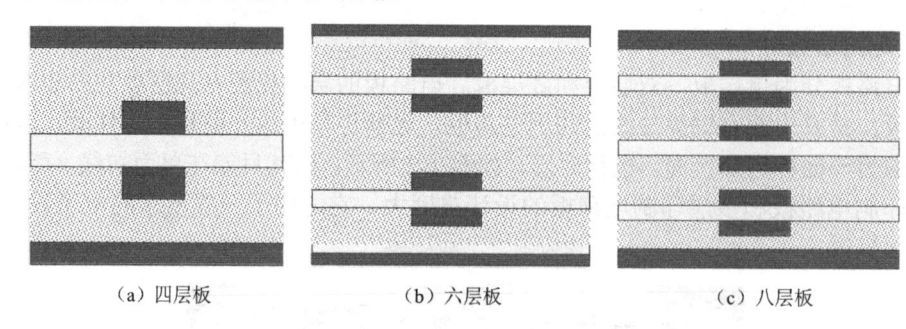

(a) 四层板　　　　　　　(b) 六层板　　　　　　　(c) 八层板

图 1-4　多层板的剖面图

对于印制电路板的制作而言，板的层数越多，制作程序就越多，成品率会降低，成本也会相对提高，所以在满足电气功能要求的前提下，应尽可能选用层数较少的印制电路板。

2. 按基材类型分

分为刚性电路板、柔性电路板和刚柔结合板。

刚性板是由不易弯曲、具有一定强韧度的刚性基材制成的印刷电路板，其优点是可以为附着其上的电子元件提供一定的支撑，如图 1-5（a）所示，大多数的印制电路板是刚性板。

柔性板也称为挠性板，是由柔性基材制成的印制电路板，其优点是可以弯曲、折叠、伸缩，能够缩小设备的体积，实现轻量化、小型化，便于电气部件的组装，如图 1-5（b）所示，被广泛应用于手机、笔记本电脑中。

刚柔结合板是指一块印制电路板上包含一个或多个刚性区和柔性区，由刚性板和柔性板层压在一起组成，如图 1-5（c）所示。刚柔结合板的优点是既可以提供刚性印制板的支撑作用，又具有柔性板的弯曲特性，能够满足三维组装的需求，常用于电路板的接口位置。

(a) 刚性板　　　　　　　(b) 柔性板　　　　　　　(c) 刚柔结合板

图 1-5　按基材类型分类

1.2　PCB 设计软件

印制电路板的设计主要指版图设计，需要考虑外部连接的布局、内部电子元件的优化布局、金属连线和通孔的优化布局、电磁保护、热耗散等各种因素，优秀的版图设计可以节约生产成本，达到良好的电路性能和散热性能。简单的版图设计可以用手工实现，复杂的版图设计需要借助计算机辅助设计（CAD）软件实现。

随着电子技术的发展，集成电路的广泛应用使得厂家纷纷推出了各种 EDA（Electronic Design Automation）软件，包括 Altium 的 Protel 和 AD、Cadence 的 Allegro 和 OrCAD Capture、Mentor 的 boardstation（EN）、expeditionpcb（WG）和 pads、Zuken 的 CR5000 和 CADSTAR、EAGLE 等，其中主流的印制电路板设计软件有以下几种。

1. Protel 和 AD

Altium（原来称为 PROTEL）公司从 1985 年开始推出 Protel for DOS 软件，到 2015 年 6 月已经发布了最新版 ALTIUM DESIGNER 15.1。Protel 是进入中国市场比较早的 EDA 软件，大部分高校的电子专业都会开设它的相关课程，并且它的升级版 AD 使用比较灵活、自由，各编辑器间无缝连接，可以很好地进行数据同步，真正实现了一体化设计，因此它是国内普及率最广的印制电路板设计软件。本书使用的是 Protel DXP 2004 SP2 版本。

2. PADS

Mentor 公司的产品中 PADS（powerPCB）是其低端产品。实际上，PADS 系列在低端印制电路板软件中是最优秀的一款，其界面友好、容易上手、功能强大，多用于手机产品设计。在中小企业用户中占有很大的市场份额。

3. Allegro+OrCAD

Cadence 公司的 Cadence Allegro 现在几乎成为高速板设计中实际上的工业标准，与它前端产品 OrCAD Capture 结合，可完成高速、高密度、多层的复杂印制电路板设计布线工作。在印制电路板高速板设计方面牢牢占据着霸主地位，广泛用于通信领域和 PC 行业。Allegro 在高端用户中占有率较高。

没有完美无缺的 PCB 设计软件，因为设计印制电路板是一项非常依赖理论知识和经验技巧的任务，关键是对不同的工作任务找到一种适合自己的工具，快捷、方便地完成设计工作。

1.3 职业岗位要求

近几年来，随着电子产品品质结构的调整，印制电路板在电子产品中所需的面积逐渐减少，由于精度和复杂度的提高，在整机成本中印制电路板的价值比重反而有所增加，印制电路板的重要性也在进一步提高。

PCB 工程师工作岗位分为：入门级 PCB 工程师、初级 PCB 工程师、中级 PCB 工程师、高级 PCB 工程师，其工作岗位能力要求如下。

1. 入门级 PCB 工程师能力要求

（1）能制作简单的封装。

（2）掌握至少一种印制电路板设计软件的基本操作，并能制订简单的布线线宽和间距等规则。

（3）能对具有 100 个元件和 200 个网络或以下印制电路板进行较合理和有序的布局和布线。

（4）能在他人或自定规则下手动或自动布线并修改，达到 100%布通并 DRC 完全通过。

（5）具备基本的机械结构和热设计知识。

（6）掌握双面印制电路板走线的一些基本要求。

2．初级 PCB 工程师能力要求

（1）能根据手册和实物制作较复杂的封装，如带灯 RJ-45 座等，并保证外形、焊盘等尺寸完全正确（按实物测量至少保证可插入）。

（2）较熟练掌握至少一种印制电路板设计软件并能独立或在指导下制订较详细的布线规则。

（3）能对具有 400 个元件和 1000 个网络或以下单、双层和多层印制电路板进行较合理和有序的布局和布线，能在布局布线过程中随时考虑到热设计、结构设计、电磁兼容性设计、美观等方面的要求，自己不能确定时及时向更高级 PCB 工程师请教或共同探讨。

（4）能在他人或自定规则下熟练手动或自动布线并修改，达到 100%布通并 DRC 完全通过，基本上不存在线宽瓶颈、内层孤岛等问题，布线过程中能看出少量原理设计上低级错误并提出，并能正确进行引脚交换，能正确修改网络表和原理图。

（5）能正确导入、导出机械图纸并基本看懂结构尺寸要求。

（6）能在他人所制定规则或指导下进行一些高速和模拟印制电路板设计并基本稳定。

（7）丝印标志清晰明了，能独立完成出 GERBER 等设计输出工作并校对。

（8）具备基本的可制造性方面知识并用于实践，所设计板子 50%以上可用于生产。

3．中级 PCB 工程师能力要求

（1）能完全看懂各种原版器件手册和布线手册，能独立制作极复杂的封装，如放置开关，并保证各种能力完全正确（按实物测量至少保证插入），能自行根据原理和结构要求寻找合适器件或替换品。

（2）熟练掌握至少一种印制电路板设计软件的操作和技巧并能制订详细的布线规则。

（3）能根据系统要求提出各功能板块划分和整合意见，能对任意多个元件和网络的印制电路板独立或分工进行合理布局和布线，能在布局布线过程中随时考虑热设计、结构设计、SI、PI、EMC、美观、可制造性等方面的要求并提出解决方案，能对入门级和初级 PCB 工程师提供一些布局和布线中的要求和规则参考等。

（4）能正确进行板的叠层结构设计，并在满足性能要求下尽量减少层数、降低成本。

（5）具有较多的阻抗、时延、过冲、串扰、环路、信号回路、平面完整性、内层分割槽隙、信号端接等方面的高速和模拟印制电路板设计知识，能独立或在 SI 工程师等指导下完成关键信号和区域的 SI 仿真和分析并提出改进意见。

（6）能在规则驱动下熟练手动或自动布线并修改通过，整板具有一定的美感，布线过程中能看出原理设计中 80%以上低级错误并提出，能熟练正确地进行引脚和门交换。

（7）能与原理和结构设计工程师极好沟通，能看懂较复杂的机械图纸，并能提出一些原理、器件选择和结构上与印制电路板设计有关的合理改进意见，帮助系统设计早日成功。

（8）测试点和丝印标记清晰明了、无差错，极少犯印制电路板设计中的低级错误，一般不会因印制电路板设计错误导致改版。

（9）具备较多的可制造性方面知识并用于实践，所设计板子 70%以上可用于直接量产。

4．高级 PCB 工程师能力要求

（1）掌握各种常见印制电路板设计软件之间的文档转换，转出文档基本可用于修改。

（2）熟悉高速和模拟印制电路板设计中的所有要求，所设计或指导他人设计板子 80%以上不存在相关问题。

（3）具备丰富的可制造性方面知识并用于实践和指导工作，所设计或指导他人设计板子 90%以上不存在相关问题。

任务二

设计单层板

任务描述

- 设计电子彩灯电路的单层 PBC。要求线宽 25mil
- 设计正负电源电路的单层 PBC。要求线宽 25mil

学习要点

- 单层印制电路板的设计流程
- 封装的正确选择
- 元件布局的基本要求
- 单层走线的基本要求

学习目标

- 了解印制电路板设计的工作流程
- 熟悉 Protel DXP 的操作环境
- 能够通过手工放置的方法设计简单的单层印制电路板
- 能够通过绘制原理图的方法设计单层印制电路板

专业词汇

project：项目　　schematic：原理图　　workspace panel：工作面板　　footprint：封装
library：库　　device：器件　　shortcircuit：短路　　resistance：电阻
capacitor：电容　diode：二极管　　triode：三极管　　top layer：顶层
bottom layer：底层　　　　　mechanical layer：机械层

【任务说明】在这个任务中，通过两个简单的案例，熟悉用 Protel DXP 2004 设计印制电路板的编辑环境。通过直接放置封装和通过绘制原理图两种方法设计单层印制电路板。在设计印制电路板的过程中，要用到设置元件属性、布局、设置规则、布线等基本操作。

在这个任务中，我们需要解决以下几个问题：

（1）单层板的走线层是哪层？
（2）什么是插脚式元件？
（3）元件布局的基本原则是什么？
（4）如何设置单层板的走线规则？
（5）单层板的走线基本要求是什么？

2.1 印制电路板基本设计原则

印制电路板设计前应考虑其可靠性、工艺性和经济性。

可靠性：印制电路板的可靠性是影响电子设备的重要因素。影响可靠性的因素首先是电路板的层数。单面板和双面板能很好地满足电气性能要求，可靠性较高。随着印制电路板层数的增多，可靠性将会降低。因此，在满足电子设备要求的前提下，应尽量设计为层数较少的板。

工艺性：设计者应考虑所设计的印制电路板的制造工艺尽可能简单。

经济性：印制电路板的经济性与电路板的层数及其制造工艺直接相关。在设计印制电路板时，应考虑与通用的制造工艺方法相适应，此外应尽可能采用标准化的尺寸结构，选用合适等级的基板材料，运用巧妙的设计技术来降低成本。

2.2 设计电子彩灯电路 PCB

2.2.1 Protel DXP 开发环境

1. 启动 Protel DXP

在桌面上双击 Protel DXP 的快捷方式，即可启动软件。同样，也可以通过"开始→程序→Protel DXP"命令打开软件。

软件启动后，系统会显示 Protel DXP 启动界面，如图 2-1 所示。

2. Protel DXP 的集成开发环境

系统主界面由主菜单、常用工具条、任务选择区域、面板标签、面板控制中心、命令栏和状态栏构成。

（1）主菜单。主菜单主要用于设置各种系统参数，调用各种工具。包含 DXP、文件、查看、收藏、项目管理、视窗和帮助等 7 个部分。

DXP：主要实现对系统的设置管理及仿真；

文件：实现对文件的管理；

查看：显示管理菜单、工具栏等；

视窗：窗口布局管理菜单。

任务二　设计单层板

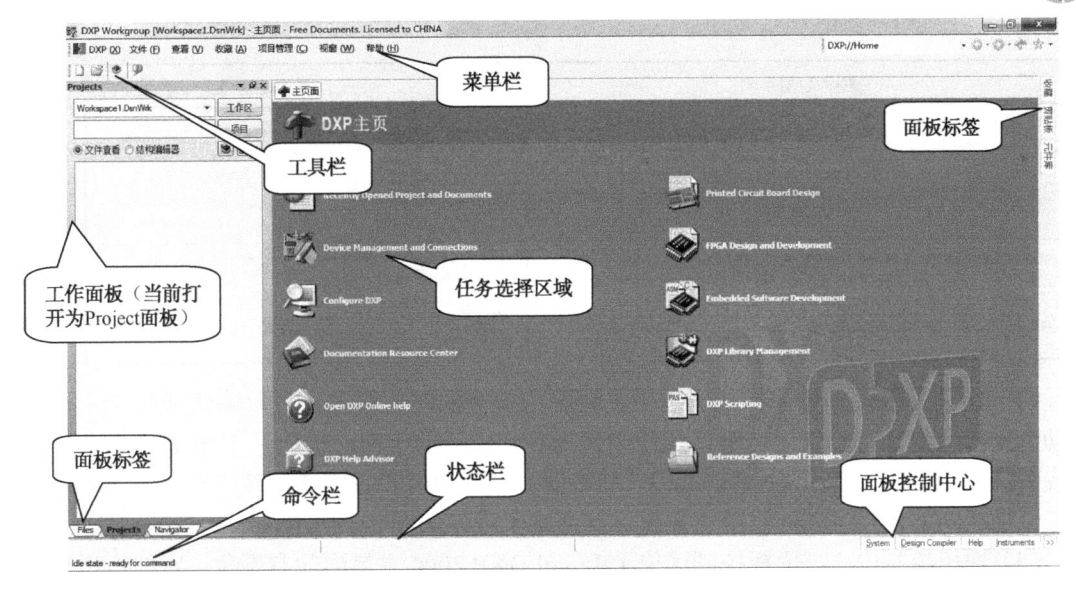

图 2-1　Protel DXP 主界面

（2）工具栏。工具栏是菜单的快捷键，如图 2-2 所示，主要用于快速打开或管理文件。

图 2-2　工具栏

（3）任务选择区。任务选择区包含多个图标，单击对应的图标便可启动相应的功能，任务选择区图标的说明如表 2-1 所示。当编辑文件时，这里将是文件的编辑区。

表 2-1　任务选择区图标功能

图标及功能		图标及功能	
Recently Opened Project and Documents	最近的项目和文件	Printed Circuit Board Design	新建电路设计项目
Device Management and Connections	器件管理	FPGA Design and Development	FPGA项目创建
Configure DXP	配置DXP软件	Embedded Software Development	打开嵌入式软件

续表

图标及功能		图标及功能	
Reference Designs and Examples	打开参考例程	DXP Scripting	打开DXP脚本
Help and Information	打开帮助索引	DXP Library Management	器件库管理

（4）面板标签。工作面板一般位于主界面工作区的左右两边，可以隐藏或显示，也可以移动到主界面的任意位置。在设计过程中最为经常使用的工作面板为左下角【Projects】工作面板、【Files】工作面板、【Navigator】（导航器）工作面板和右侧【元件库】工作面板等。不同工作面板间的切换可以通过单击面板标签名来实现，如图 2-3 所示。

（5）面板控制中心。面板控制区位于 Protel DXP 2004 主界面的右下角，它的作用是为设计人员提供一些最常用的工作面板并且将工作面板以标签的形式表现出来，如图 2-1 所示。

（6）命令栏。和所有的 Windows 软件一样，Protel DXP 2004 主窗口的命令栏位于工作桌面的下方，主要用于显示当前的工作状态和正在执行的命令。利用【查看】菜单可以打开和关闭命令栏和状态栏的显示。

（7）状态栏。显示当前光标的坐标位置。

(a)【Projects】　　(b)【Files】　　(c)【Navigator】　　(d)【元件库】

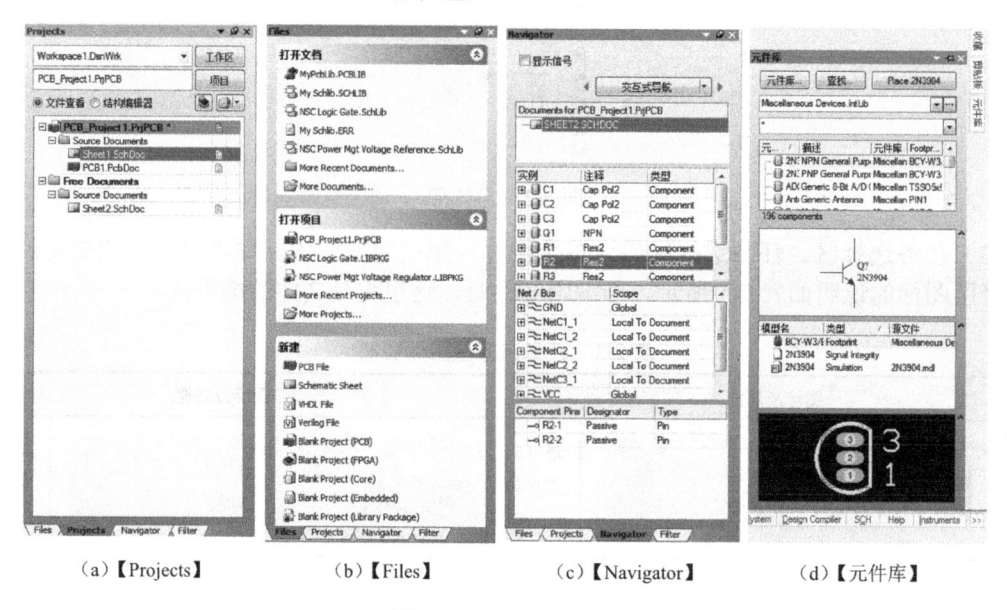

图 2-3　常用工作面板

3．工作面板的管理

工作面板有三种显示方式，分别是锁定、隐藏、浮动，如图 2-4 所示，三种显示方式间可以相互切换。

（1）锁定状态。当面板标签顶部右方显示为 图 时，工作面板处于锁定状态，鼠标单击编辑窗口时，工作面板不缩回。

（2）隐藏状态。当面板处于锁定状态时，单击 🖈 变为 📌，这时面板处于隐藏状态，当鼠标离开面板后，面板会自动隐藏，只以标签形式出现。

（3）浮动状态。用鼠标拖动面板，将其拉离主窗口侧边时，面板即处于浮动状态。再将其拉回主窗口左侧或右侧，又会重新变为锁定或隐藏状态。

注意：任何时候窗口的工作面板显示混乱时，均可以通过单击菜单命令【查看】→【桌面布局】→【Default】，使窗口恢复初始状态。

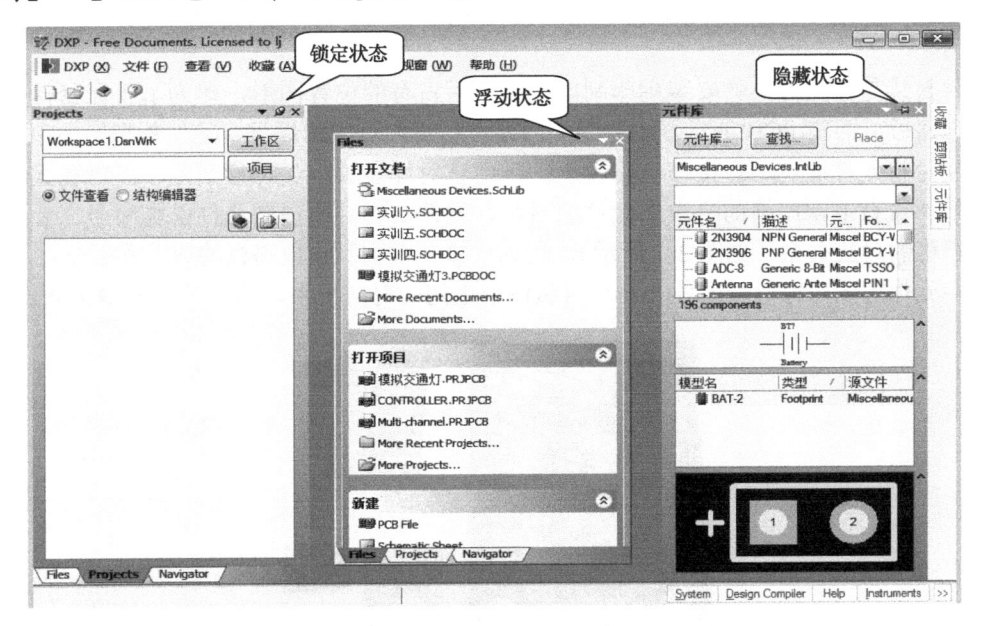

图 2-4 工作面板的显示状态

4．Protel DXP 的文档组织结构

Protel DXP 以工程项目为单位实现对项目文档的组织管理，通常一个项目包含多个文件。对于更大型的设计，可能包含两种或两种以上的项目文件，这时可用项目组来管理项目。

Protel DXP 的文档组织结构如图 2-5 所示。

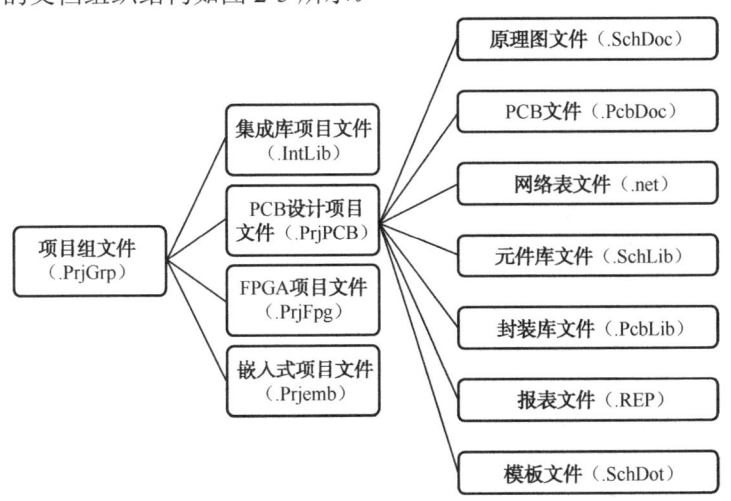

图 2-5 Protel DXP 的文档组织结构及后缀

2.2.2 元件及其封装

元件是实现电器功能的基本单元，其结构和外形各异，通过引脚相互连接来实现电路的功能。为了确保连接的正确性，各引脚都按一定的标准规定了引脚号，并且为了满足不同电路在体积、功率等方面的要求，即使同一类型的元件也有不同的元件外形和引脚排列，即元件外形结构，如图 2-6 所示，同为数码管，但大小、外形、结构却差别很大。

元件在原理图中以图形符号的形式表示。Protel 中使用的元件符号通常是国际惯用符号和标准符号。

元件封装是指元件实物安装到印制电路板上后占有的位置图形，即为了将元器件固定、安装于电路板，而在 PCB 编辑器中绘制的与元件引脚相对应的焊盘、元件外形等。由于它的主要作用是将元件固定、焊接在电路板上，因此它对焊盘大小、焊盘间距、焊盘孔大小、焊盘序号等参数有非常严格的要求，元件的封装、元件实物、原理图元件引脚序号三者之间必须保持严格的对应关系（如图 2-7 所示），否则直接关系到制作电路板的成败和质量。

更多元件的图形符号、元件实物与封装图形之间的对应关系，请参考本书附录 A。

图 2-6 数码管

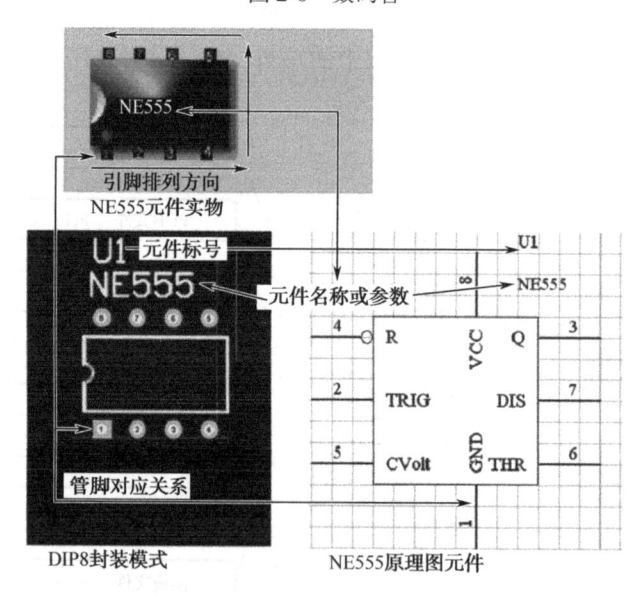

图 2-7 NE555 元件实物、元件符号及其封装形式

2.2.3 手工设计单层 PCB

电子彩灯电路原理图如图 2-8 所示，元件清单如表 2-2 所示，由于该电路非常简单，可以不画出原理图而直接手工设计单面印制电路板。

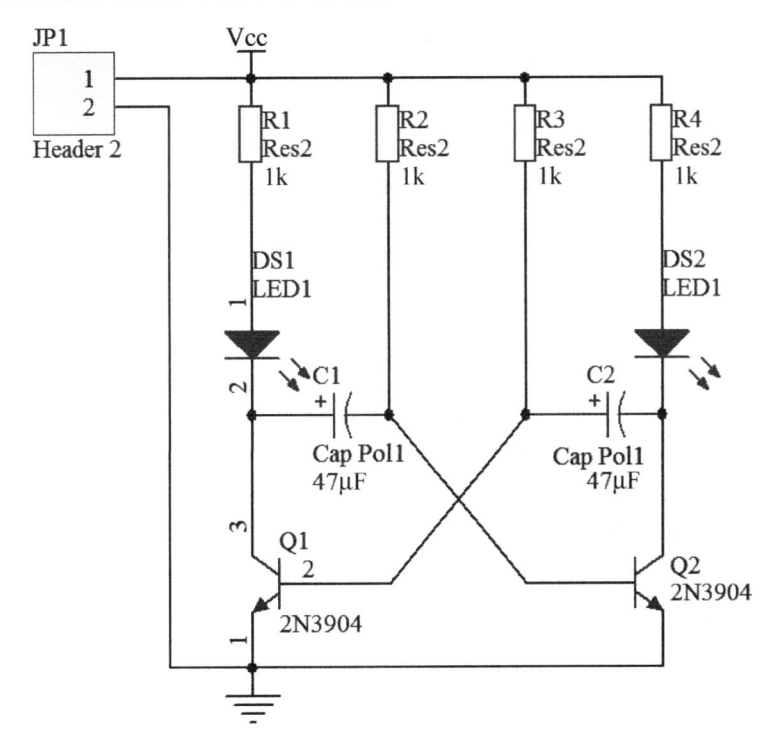

图 2-8 电子彩灯电路原理图

表 2-2 电子彩灯电路元件清单

标　号	元器件名称	封　装	元器件所在库	说　明
Q1、Q2	2N3904	BCY-W3	Miscellaneous Devices.IntLib	三极管
DS1、DS2	LED1	LED-1	Miscellaneous Devices.IntLib	发光二极管
R1~R4	Res2	AXIAL-0.4	Miscellaneous Devices.IntLib	电阻
C1、C2	Cap Pol1	CAPPR2-5x6.8	Miscellaneous Devices.IntLib	电解电容
JP1	Header2	HDR1*2	Miscellaneous Connectors.IntLib	接口

1. 创建 PCB 文件

如图 2-9 所示，单击菜单命令【文件】→【创建】→【PCB 文件】，即可启动 PCB 编辑器，同时在 PCB 编辑区出现一个带有栅格的图纸。该文件是一个自由类型的文档（Free Documents），默认名为 PCB1.PcbDoc，如图 2-10（a）所示。单击工具栏的"保存"按钮，或者右键单击文件，在打开的快捷菜单中选择【保存】命令，选择路径并更改文件名，完成 PCB 文件的保存，如图 2-10（b）所示。

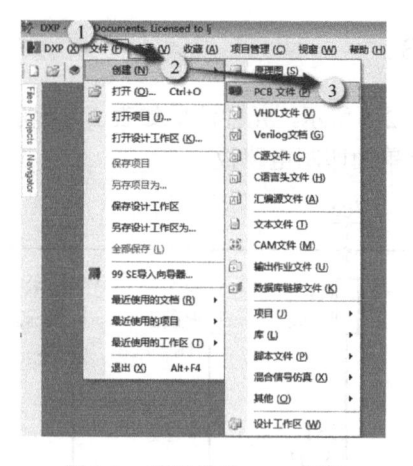

图 2-9 直接创建 PCB 文件

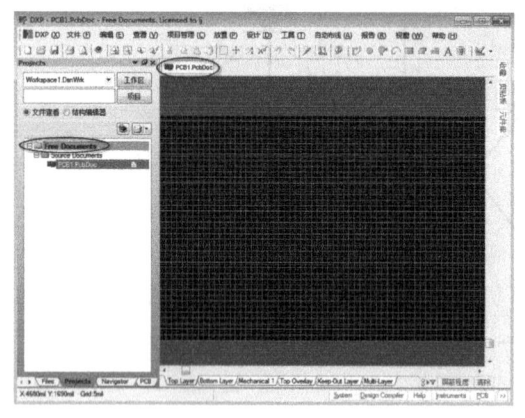

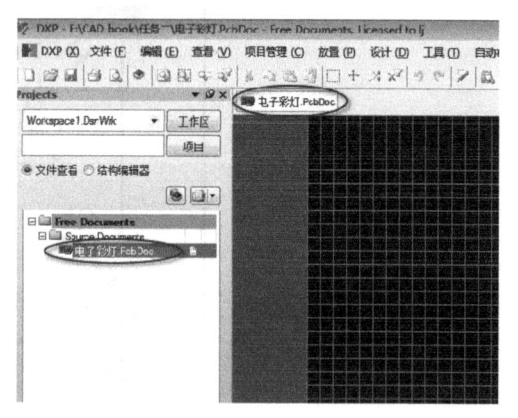

（a）PCB 文件保存前　　　　　　　　　　（b）PCB 文件保存后

图 2-10 新建 PCB 文件

若要关闭该文件，可以在【Project】面板中右键单击该文件，在弹出的快捷菜单中选择【关闭】命令，如图 2-11（a）所示；或者通过右键单击编辑器上方的文件标签来关闭文件，如图 2-11（b）所示。若文件中有改动未保存，则在关闭前系统会出现提示保存文件的对话框。

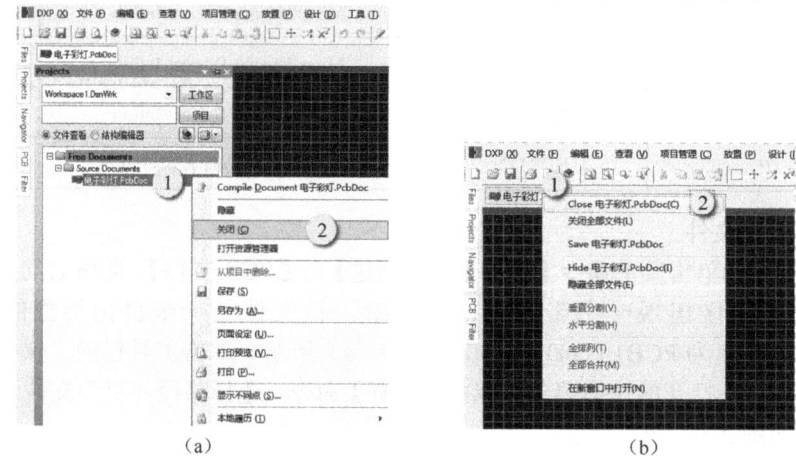

（a）　　　　　　　　　　　　　　　　　（b）

图 2-11 关闭 PCB 文件

2．放置元件封装

（1）初识元件库。

在 PCB 编辑界面，单击窗口右侧的面板标签【元件库】，将弹出【元件库】面板。元件库面板包含 7 个主要模块，如图 2-12（a）所示，分别是①【Place】放置元件按钮、②【库列表选择】区域、③【元件过滤器】区域、④【元件列表】区域、⑤【元件符号】区域、⑥【元件模型】区域和⑦【封装图形】区域。

单击【库列表选择】右侧的下拉列表，其中有最常用的两个元件库 Miscellaneous Devices.IntLib 和 Miscellaneous Connectors.IntLib，如图 2-12（b）所示。其中"Miscellaneous Devices.IntLib"为杂项元件库，包括常用的一些分立元件，如电阻 RES*、电感 Induct、电容 Cap*等；"Miscellaneous Connectors.IntLib"为杂项连接件库，里面包括常用的连接器等，如 Header*。一些常用元件及封装可参见本书附录 A。

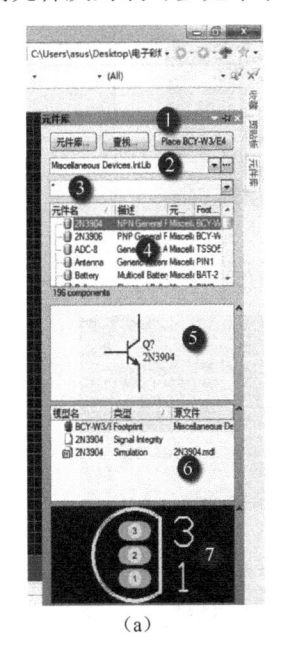

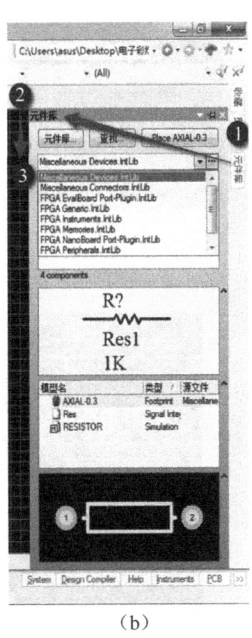

图 2-12 初识元件库

（2）放置元件封装。

在 PCB 编辑区中首先放置电路核心元件三极管（transistors）Q1 和 Q2。

方法一：选择 Miscellaneous Devices.IntLib 为当前浏览库，在【元件过滤器】区域输入 NPN 或者直接输入 2N3904，（也可以用通配符来代替分类名中的字符。如"*"号表示任意多个字符；"？"表示一个字符），在【元件列表】区域可以找到三极管元件，选择后单击【Place】放置元件按钮，弹出【放置元件】对话框，如图 2-13（a）所示。

方法二：单击【…】按钮，勾选"封装"，则此时【库列表选择】区域列出该元件库中的所有元件封装，根据表 2-2，本例中的三极管封装名称为 BCY-W3，因此，在【元件过滤器】输入栏输入 BCY-W3，从而找到三极管元件并双击选取该元件，如图 2-13（b）所示。

在弹出的【放置元件】对话框中，放置类型一栏默认【封装】，标识符一栏输入元件编号 Q1，注释一栏输入元件说明信息，如型号（NPN）或大小，如图 2-13（c）所示。单击【确定】

按钮后光标将变成十字状，并且在光标上"悬浮"着一个三极管 Q1 的轮廓，如图 2-14 所示。移动光标，在编辑区合适的位置单击鼠标左键放置 Q1，此时仍处于元件放置状态，可以再次单击鼠标左键接着放 Q2。放置三极管完成后，单击鼠标右键或者按"Esc"键将再次弹出【放置元件】对话框，单击【取消】按钮，退出元件放置状态。

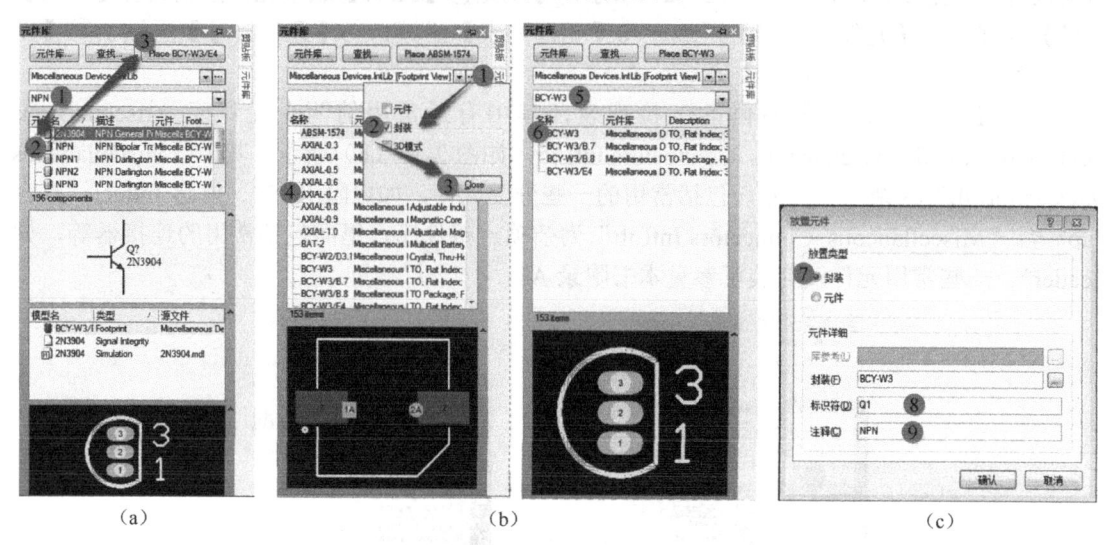

(a) (b) (c)

图 2-13 元件库操作

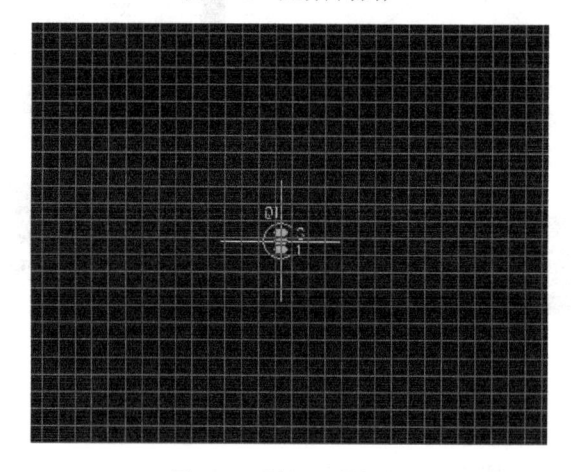

图 2-14 放置元件封装

封装注释默认隐藏，如果要修改已放置元件属性，可在编辑区双击元件封装，或者在元件处于放置状态时按下键盘上的"Tab"键，均会弹出元件属性对话框，在其中相应位置修改参数即可，如图 2-15 所示。

按照表 2-2 元件列表清单，采用同样方法，依次放置 DS1、DS2、R1~R4、C1、C2。最后在 Miscellaneous Connectors.IntLib 库选择要放置的连接件（connector）JP1，它是印制电路板与外部电路的接口，本例中 JP1 是与外部电源的接口。

各元件排列分布应合理、均匀，力求整齐、美观，方便读图，所有元件初步放置完成后如图 2-16 所示。

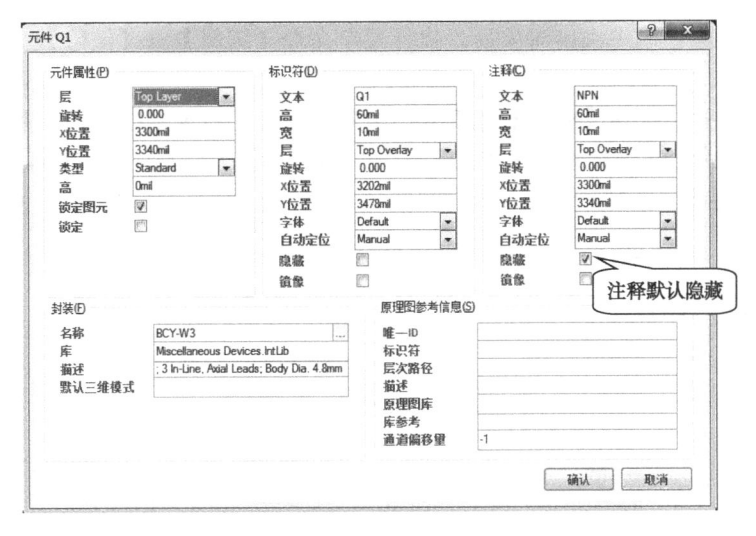

图 2-15 元件属性对话框

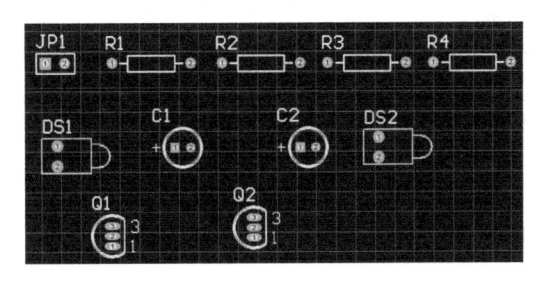

图 2-16 初步放置元件

3．元件的调整

（1）元件的选择。单击某个元件，即可将其选中。选中元件后，可以对其执行清除、剪切、复制、对齐等操作。如果需要选择多个对象，则需按住键盘上的 Shift 键，然后依次单击要选择的对象即可。

（2）取消元件选择。只需要在图中空白处单击鼠标即可。

（3）元件的翻转。在英文输入法下，用鼠标左键按住元件不放使元件处于浮动状态，同时按"空格"键，每按一次，元件实现 90°旋转；同时按下"Y"键则该元件垂直翻转；同时按下"X"键可以实现水平镜像翻转。

（4）元件的移动。选择对象后，按住鼠标左键拖动即可。本例中，用户可以根据需要适当移动对象来调整布局。元件的移动也可以通过菜单命令【编辑】→【移动】后的各个子菜单命令来执行。用户可以通过具体操作来理解各项的含义。

（5）元件的剪切。选中需要剪切的对象后，执行菜单命令【编辑】→【剪切】。该命令等同于快捷键"Ctrl+X"。

（6）元件的复制。选中需要复制的对象后，执行菜单命令【编辑】→【复制】。该命令等同于快捷键"Ctrl+C"。

（7）元件的粘贴。在已执行剪切或复制元件后，执行菜单命令【编辑】→【粘贴】，然后将光标移动到编辑区，此时，粘贴对象呈现浮动状态并且随光标一起移动，在编辑区合适位置单击左键，即可将对象粘贴到图纸中。该命令等同于快捷键"Ctrl+V"。

（8）元件的清除。选中操作对象后，执行菜单命令【编辑】→【清除】，或者按下键盘上的"Delete"键。

（9）元件的对齐。按住【Shift】键依次选中需要对齐的对象，或者框选需要对齐的对象。选中后，执行菜单命令【编辑】→【排列】。如图 2-17 所示，Protel DXP 2004 提供了多种排列方式，用户可以根据自己的需要选择。

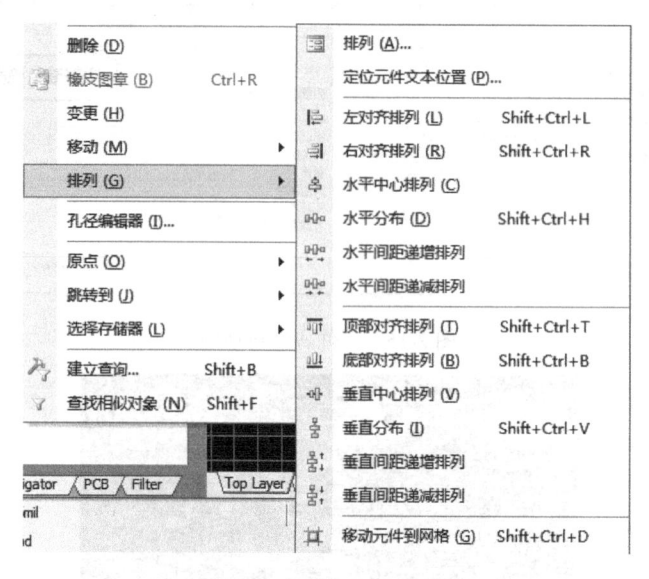

图 2-17　排列对话框

左对齐工具：将选中的对象以最左边的对象为目标，所有器件左对齐。
右对齐工具：将选中的对象以最右边的对象为目标，所有器件右对齐。
水平中心排列：将选中的对象以水平中心的对象为目标进行垂直对齐排列。
水平等距分布：将选中的对象沿水平方向等距离均匀分布。
顶部对齐工具：将选中的对象以最上边的对象为目标顶部对齐。
底部对齐工具：将选中的对象以最下边的对象为目标底部对齐。
垂直中心排列：将选中的对象以垂直中心的对象为目标进行水平对齐排列。
垂直等距分布：将选中的对象沿垂直方向等距离均匀分布。
排列对象到当前网格：表示将选中的对象都排列到网格上，前提条件是网格已打开。
经过上述操作调整后，电子彩灯印制电路板布局如图 2-18 所示。

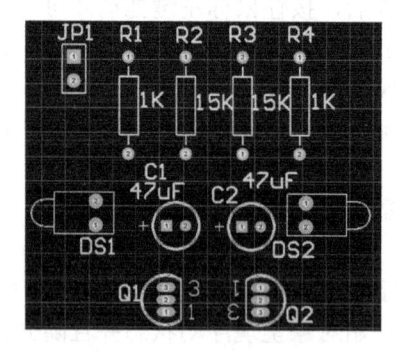

图 2-18　调整后的元件布局

4．PCB 编辑区缩放及移动快捷操作

在调整元件过程中，为了便于操作，常常需要缩放和移动编辑区域。常用的快捷操作如下，更多快捷操作详见本书附录 B。

Shift+↑ ↓ ← →	——按箭头方向以 10 个网格为增量移动光标
↑ ↓ ← →	——按箭头方向以 1 个网格为增量移动光标
PageDown,Ctrl+鼠标滚轮向下	——以光标为中心缩小画面
PageUp, Ctrl+鼠标滚轮向上	——以光标为中心放大画面
鼠标滚轮向上/下	——上下移动画面
Shift+鼠标滚轮	——左右移动画面
单击并按住鼠标右键移动	——显示手型指针并可实现任意方向移动画面
Shift+PageUp	——以设定步长的 0.1 放大画面
Shift+PageDown	——以设定步长的 0.1 缩小画面
Ctrl+Home\ End	——将光标快速跳到绝对原点

以上操作也可以通过执行【查看】菜单命令下的相应子命令实现，或者单击常用的"标准工具栏"、"实用工具栏"中的相应命令。

5．放置印制导线

（1）设置设计规则。

PCB 为当前文档时，从菜单选择【设计】→【规则】，【PCB 规则和约束编辑器】对话框出现，如图 2-19 所示，在该对话框内可以设置电气检查、布线层、布线宽度等规则。

本任务是手工布线，没有网络表，因此需设置"允许短路"，即取消选中【ShortCircuit】。另外，为了可以自由修改线宽，需要使线宽规则【Width】无效，如图 2-19 所示。

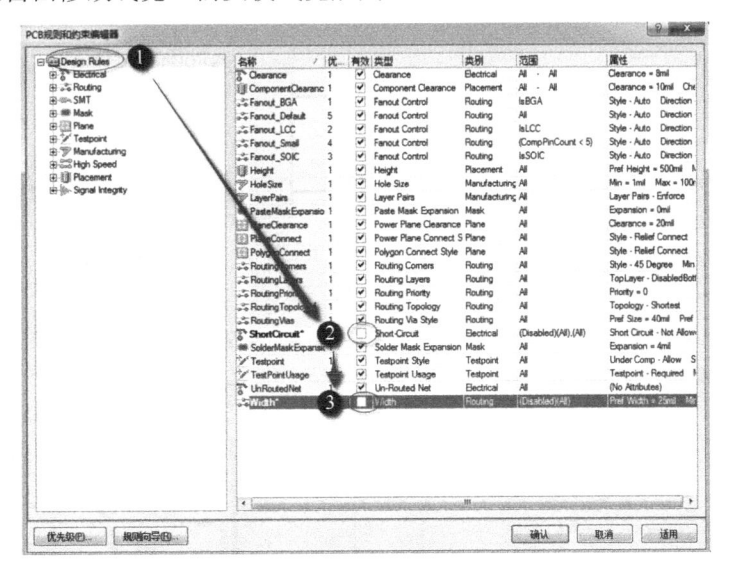

图 2-19 设置禁止规则检查

（2）选择布线层并放置铜膜导线。

在 PCB 编辑区下方可以看到很多工作层的标签，如图 2-20 所示。本任务设计的是单面板，只有一面有印制导线，因此布线层选择底层，元件放置在顶层。PCB 编辑区底部的层标签默

认激活 Top Layer（顶层），鼠标左键单击 Bottom Layer（底层）标签凸起，使当前工作层处于底层。

图 2-20　打开的工作层标签

从菜单选择【放置】→【交互式布线】或单击配线工具栏的【交互式布线】按钮，如图 2-21 所示。此时光标变成十字形状，表示处于导线放置模式。将十字光标移到起点，当光标对准焊盘或导线的中心时，会出现八角形亮环，这时单击鼠标左键固定这一点，移动光标到连接的另一焊盘或导线中心，出现八角形亮环时再次单击鼠标左键固定终点，单击鼠标右键或按"Esc"键终止。

对本任务而言，根据电路连接情况将十字光标放在电解电容 C1 的 1 号焊盘上，出现八角形亮环时单击鼠标左键固定一条导线的起点，移动光标到发光二极管 DS1 的 2 号焊盘，出现八角形亮环时再次单击鼠标左键固定终点，单击鼠标右键终止，一条蓝色的导线已连接在两者之间，如图 2-22 所示。完成一条导线后，光标仍为十字形，可以继续放置其他导线。当需要取消连线操作时，单击鼠标右键或按"Esc"键退出。

导线宽度默认 10mil，mil 是英制设计单位——毫英寸，1000mil=1 英寸=25.4mm。如果要将导线加宽到 25mil，双击导线，弹出导线属性对话框，将栏宽一栏改为"25mil"，如图 2-23 所示。设置线宽更方便的方法将在后文介绍。

按上述步骤类似的方法来完成板子上剩余的布线，调整元件标号、注释信息，使其不在焊盘上，朝向和位置一致，走线少弯折、少绕线，整齐、直观。调整后的 PCB 如图 2-24 所示。

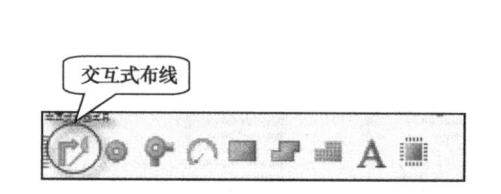

图 2-21　配线工具栏

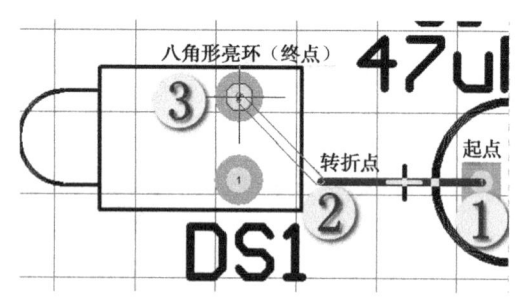

图 2-22　底层绘制一条导线

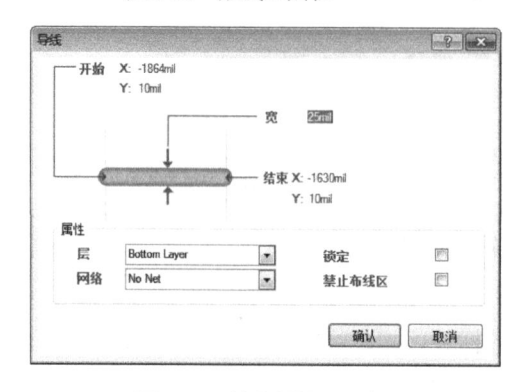

图 2-23　导线属性对话框

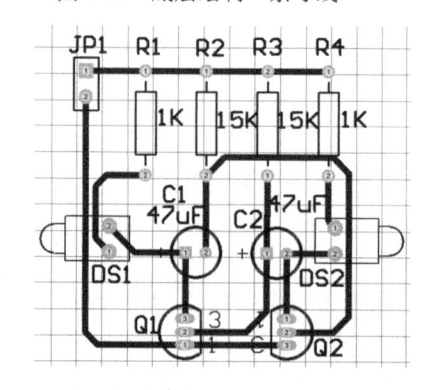

图 2-24　连线结束后的印制板

6．规划电路板形状

单击工作层标签 Mechanical 1（机械层 1），将其作为当前工作层，然后使用实用工具栏内的放置直线工具，如图 2-25 所示，画出 4 条首尾相接的闭合直线，作为电路板的机械边框。按下"Shift"键，分别单击 4 条封闭的直线，可选中 4 条矩形边框线。然后执行菜单命令【设计】→【PCB 板形状】→【根据选定的元件定义】，可见印制电路板的物理边框发生改变。注意，如果物理边框改变的同时背景颜色也发生改变，则表明 4 条直线没有完全封闭。

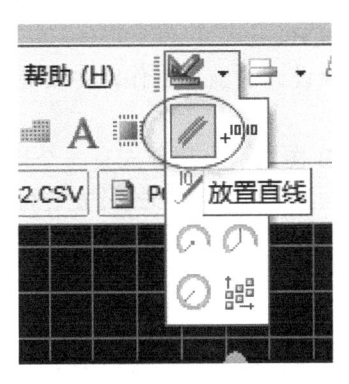

图 2-25　放置直线工具

机械层是板子的物理界限，边框线与元件引脚焊盘最短距离不能小于 2mm（一般取 2～5mm 比较合适），否则下料会比较困难。

规划了板子形状后的印制电路板如图 2-26 所示，至此手工完成了一个单面印制电路板的设计。

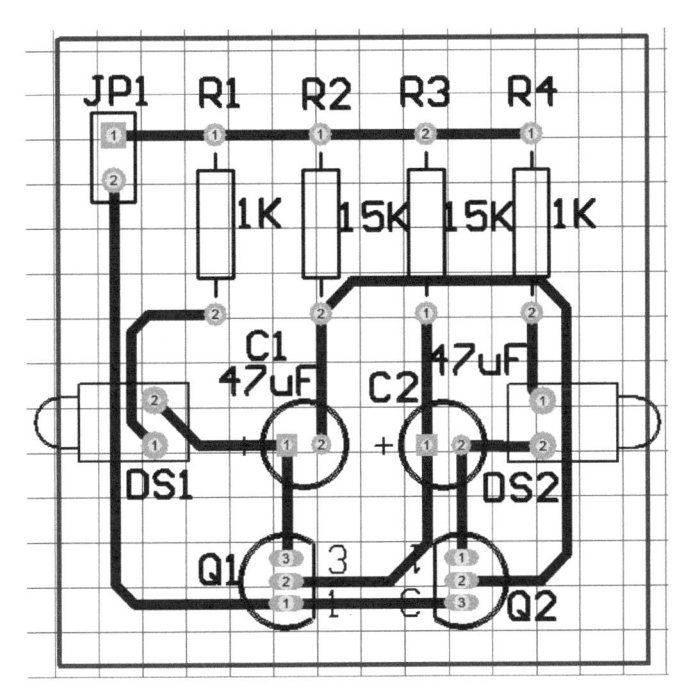

图 2-26　手工绘制单面板

2.3 设计正负电源电路 PCB

印制电路板是设计过程的最终产品，印制电路版图设计的好坏直接决定了设计结果是否能满足要求。为了更有效地设计印制电路板，通常需要先绘制电路原理图，故印制电路板设计的一般过程如下：

（1）创建 PCB 设计项目。这是印制电路板设计的必要条件，原理图和 PCB 文件必须在同一个项目下才能将网络表导入到 PCB。

（2）准备原理图。这是电路板设计的前期工作，主要完成电路原理图的绘制，生成网络表。

（3）规划电路板。在设计 PCB 图之前，用户应有一个初步规划，以确定电路板设计的框架，如电路板的外观形状和尺寸、元件的封装形式及安装位置、采用几层电路板等。这是一项极其重要的工作。

（4）设置 PCB 的设计环境。包括布置参数、板层参数、布线参数等，这些参数通常在设置后无须再修改。

（5）导入网络表信息到 PCB。网络表是原理图到 PCB 设计的接口，只有将网络表导入 PCB，才能进行电路板的自动布线。

（6）设置布局布线规则。规则设置是布局布线时依据的规范，如导线宽度、安全间距等。设置规则需要一定的实践经验。

（7）修改封装和元件布局。在原理图设计过程中，ERC 检查不会涉及元件封装问题，因此，可能会有元件需要调整封装，此时可用前述两种方法更新封装，然后将元件在 PCB 上摆放好。布局主要采用手工布局，需要一定的专业知识和实践经验。

（8）布线。根据网络表，在 Protel DXP 提示下完成布线工作，这是最需要技巧的工作，也是最复杂的一部分工作。

（9）检查错误。布线完成后，利用 DRC 设计规则检查工具检查 PCB 的基本错误。

（10）打印输出相关 PCB 文件以便日后维护、修改。

下面我们按照上述步骤设计一个如图 2-27 所示的正负电源电路的印制电路板。

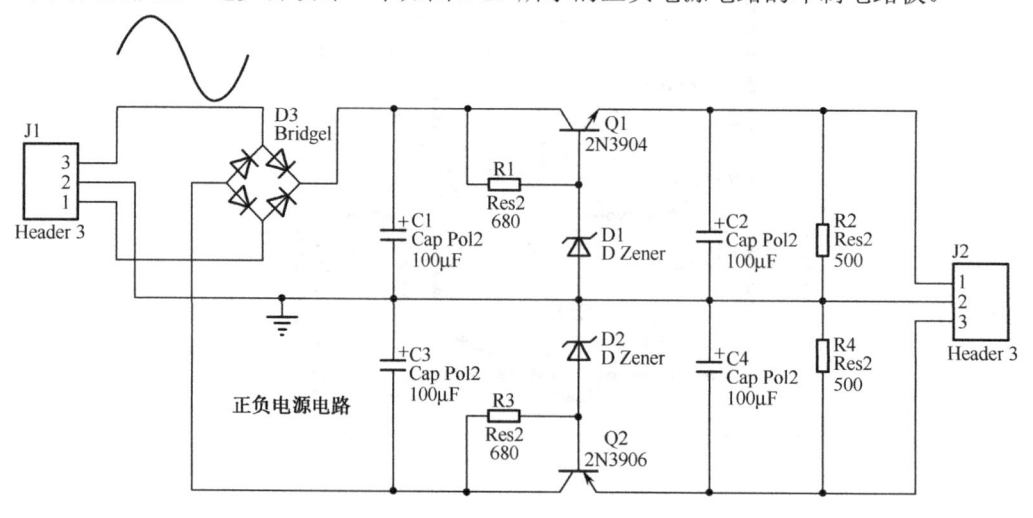

图 2-27　正负电源电路原理图

2.3.1 创建 PCB 项目文件

在 Protel DXP 2004 中,一个设计项目中可以包含若干个类型相同或不相同的设计文件,设计项目的作用在于能够把存放在不同位置的文件以一定的形式组织起来。

创建名为"正负电源电路"的文件夹,用来保存本任务的设计项目和文件。然后执行菜单命令【文件】→【创建】→【项目】→【PCB 项目】,如图 2-28 所示,则创建了一个空的 PCB 项目。右键单击该项目文件,在弹出的菜单中选择【保存项目】或者【另存项目为…】命令,将弹出如图 2-29(a)所示的项目文件保存对话框,在对话框中选择保存路径并输入项目文件名称"正负电源电路.PrjPCB",单击【保存】按钮即可保存该项目文件。若在设计 PCB 过程中,针对项目文件有任何操作未保存,则在其右侧有如图 2-29(b)所示的红色图标提示。

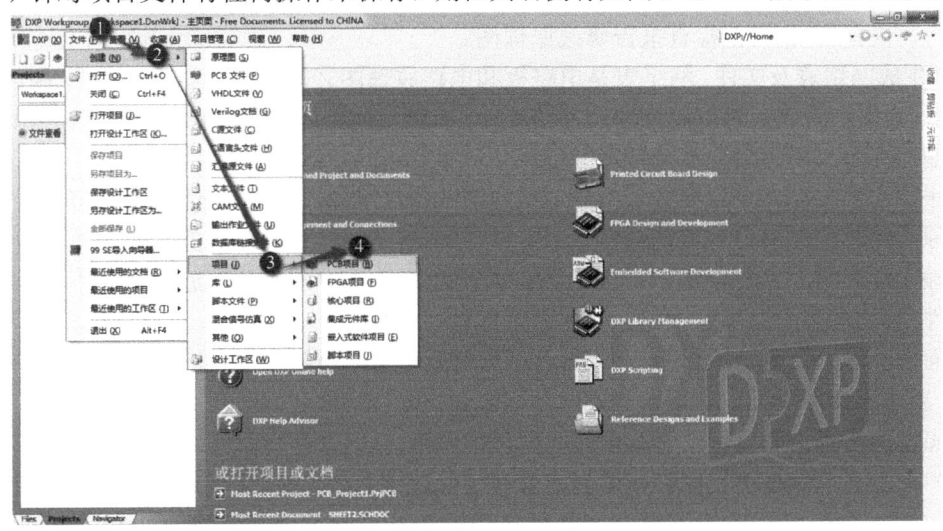

图 2-28 创建一个新的 PCB 项目

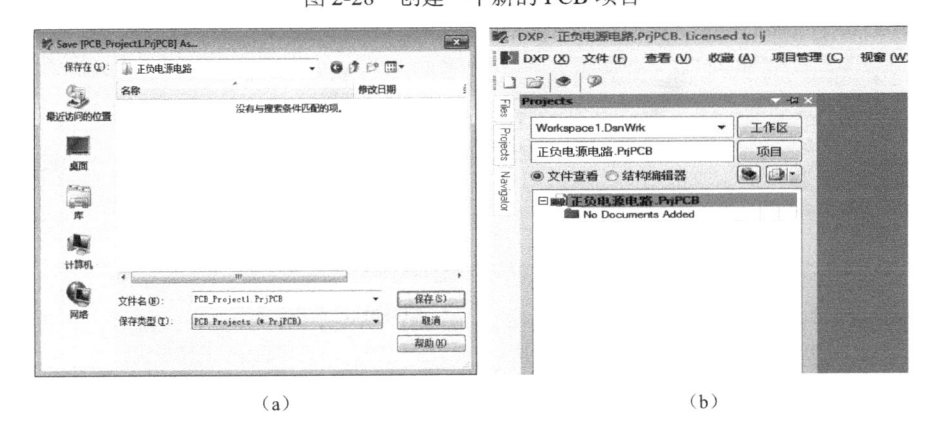

(a)   (b)

图 2-29 保存项目文件

2.3.2 绘制原理图

1. 绘制原理图步骤

电路原理图设计是印制电路板设计和电路仿真的基础。原理图设计包含以下步骤:

（1）新建原理图文件。首先要构思好原理图，即必须知道所设计的项目需要哪些电路来完成，然后用 Protel DXP 来画出电路原理图。

（2）设置工作环境。根据实际电路的要求来设置图纸的各项参数。在电路设计的整个过程中，设置合适的图纸参数是完成原理图设计的第一步。

（3）放置元件。从元件库中选取对象，放置到图纸的合适位置，并对元件的标识符、名称、封装进行设置，根据对象之间的走线连接情况对元件在工作平面上的位置进行调整和修改，使得原理图直观而且易读。

（4）原理图布线。根据实际电路的需要，利用原理图编辑器提供的各种工具进行布线，将元器件用具有电气意义的导线、符号连接起来，构成一幅完整的电路原理图。

（5）原理图电气规则检查（ERC，Electronic Rule Check）。完成原理图布线后，需要编译当前项目，根据 ERC 错误检查报告修改原理图。

（6）生成网络表及文件。网络表是电路板和电路原理图之间的重要纽带。另外，利用 Protel DXP 提供的报表生成工具可以产生元件清单等，同时可以对设计好的原理图和各种报表进行存盘和输出打印，为印制板设计做好准备。

一张好的原理图，不仅要求没有错误，还应该信号流向清晰、标注清楚、可读性强。因此在画原理图时应顺着信号流向摆放元件；电源线在上部，地线在下部，或者电源线与地线平行；输入端通常在左侧，输出端在右侧；同一功能模块中的元件靠近放置，不同功能模块中的元件稍远放置。

下面按照以上说明，绘制图 2-27 所示正负电源电路原理图。

2．新建原理图文件

按照以下步骤来为项目创建一个新的原理图图纸。

（1）单击菜单命令【文件】→【创建】→【原理图】，启动原理图编辑器，同时在原理图编辑区出现一个带有栅格的图纸。该文件自动添加（连接）到当前项目工程"正负电源电路.PrjPCB"中，默认名为 sheet1.SchDoc，默认保存路径与项目文件相同。如图 2-30 中①所示。

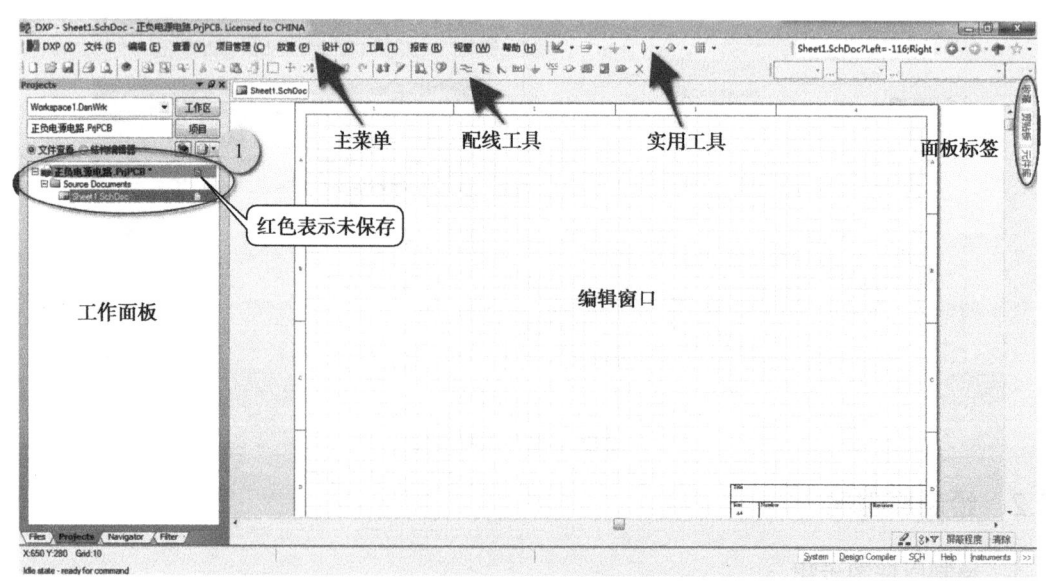

图 2-30　原理图编辑器

（2）原理图文件的保存和关闭与上节介绍的 PCB 文件操作相同，在此不再赘述。

（3）如果新建的原理图文件是自由文件（Free Documents），则单击图 2-31 中的①文件处，向上拖动到项目工程（如图 2-31 中所示②）的位置，则该文件就添加到项目中了。

图 2-31　添加自由文档到项目中

（4）原理图编辑器由主菜单、配线工具栏、实用工具栏（包括绘图工具、电源工具、常用元件工具等）、编辑窗口、工作面板、面板标签等组成，如图 2-30 所示。

执行菜单命令【查看】→【工具栏】→【原理图标准】可以打开或关闭主工具栏。同样的方法，执行其他选项可打开或关闭相应的工具栏，如配线工具栏、实用工具栏等。通过拖放可以自定义工具栏和菜单栏的位置。

3．原理图图纸的设置

双击图纸边缘，或执行菜单命令【设计】→【文档选项】，系统会弹出"文档选项"对话框。如图 2-32 所示，选中【图纸选项】选项卡进行设置。

（1）设置图纸方向。

单击【选项】区域中【方向】栏的下拉列表按钮可设置图纸方向，【Landscape】表示横向；【Portrait】表示纵向。本任务的图纸方向设为横向，如图 2-32 中①所示。

（2）设置标题栏（图纸明细表）。

标题栏是指图纸右下方的表格，用来填写文件名称、图纸序号、设计者信息等。可以根据实际情况选择是否需要或需要哪种标题栏。

选中【图纸明细表】左边的复选框，使之显示"√"，则图纸右下方显示标题栏，进而可在其下拉列表框中选择标题栏类型。Protel 系统的标题栏类型有两种：【Standard】标准模式和【ANSI】美国模式。默认为标准模式，如图 2-32 中②所示。

如果需要自定义标题栏，则取消选中【图纸明细表】，在图纸的右下方用画线工具自己动手画出标题栏即可。

（3）设置网格尺寸。

在原理图环境中网格类型有三种，即捕获网格、可视网格和电气网格。如图 2-32 中③所示，捕获网格是指图件移动一次的步长，默认为 10 个单位；如果复选框没有选中，则表示没有捕捉，光标可以任意距离移动。可视网格是指图纸放大后显示的小方格，默认为 10 个单位，此项设置只影响视觉效果，不影响图件的位移量。在"可视"前如果复选框没有选中，则表示栅格不可见。电气网格是指连线时自动寻找电气节点范围的半径。电气网格【有效】栏左

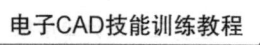

边的复选框选中时表示允许寻找电气节点，在【网格范围】中设置的值为寻找半径。如图 2-32 中④所示电气网格的设置值，表示当导线靠近元件引脚 4mil 距离时就会自动吸附到引脚端点上。本任务的网格均采用默认设置。

图 2-32 "文档选项"对话框

（4）设置图纸尺寸。

用户可根据原理图的复杂程度确定图纸大小。打开【标准风格】下拉列表，默认选择 A4 图纸。也可以选择"使用自定义风格"，自由定义图纸大小。如图 2-32 中⑤所示，本任务采用 A4 图纸。

4．默认加载库

Protel DXP 的元件存放在库文件中，这些库文件按照元件制造商和元件功能进行分类，存放在 Protel DXP 安装目录下的"Library"文件夹中。首次运行 Protel DXP 时，Miscellaneous Devices.IntLib（元件杂项库）和 Miscellaneous Connectors.IntLib（连接件杂项库）作为系统默认库被加载，一般常用的元件都能在这两个库内找到。打开工作面板【元件库】的下拉列表，可以看到当前加载的库，如图 2-33 所示。

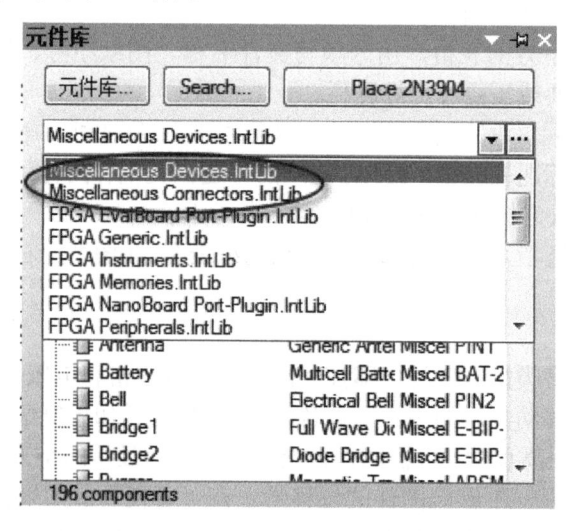

图 2-33 元件库中的默认加载库

5．定位和放置元件

（1）查找接插件 J1 和 J2。单击图 2-33 中的【库列表选择区】下拉箭头，选中"Miscellaneous Connectors.IntLib"作为当前库，如图 2-34 中①所示。在【元件过滤器】栏（图 2-34 中②的位置）输入"Header 3"，找出并双击 Header 3，或者选中该元件，然后单击【Place Header 3】按钮，元件 Header 3 会处于激活状态，此时光标变成"十"字状，并且"悬浮"着一个"Header 3"元件的轮廓，如图 2-34 中④所示。移动光标到图纸适当位置，单击左键放置元件。

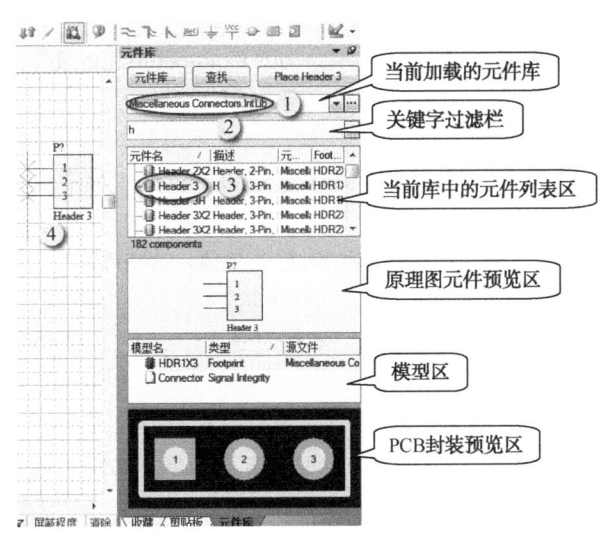

图 2-34　放置元器件

（2）属性修改。在原理图上放置元件之后，首先要编辑其属性。在元件悬浮在光标上时按下"Tab"键，或者双击编辑区元件，可以调出"元件属性"对话框，如图 2-35 所示。

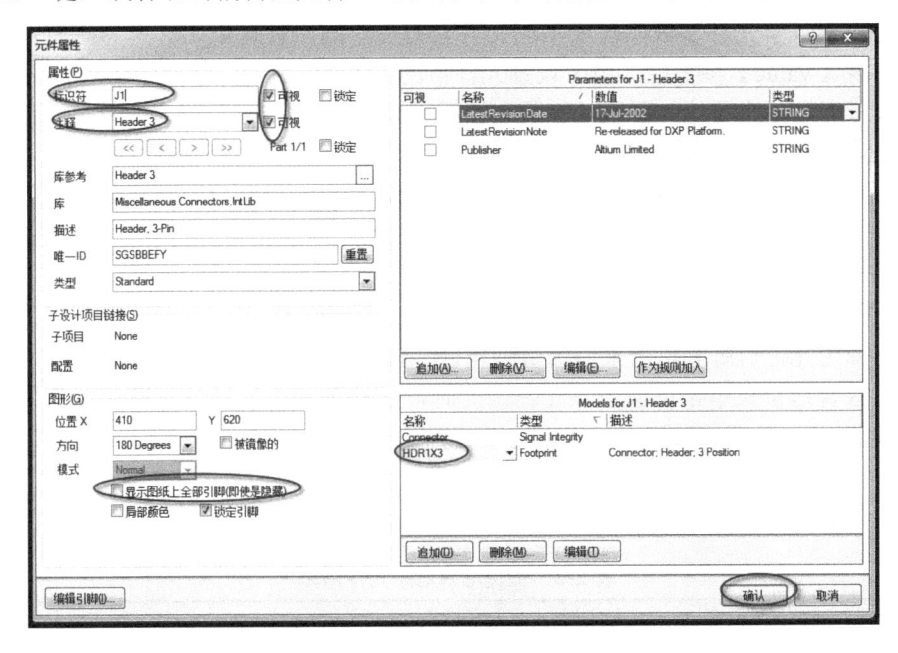

图 2-35　"元件属性"对话框

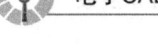

【属性】区域:
- 标识符: 用于输入元件编号, 如 "J1"。选中【可视】复选框, 则字符 "J1" 会显示在图纸上。
- 注释: 一般用于输入元件的型号, 这里默认为 "Header 3"。选中其右边【可视】复选框, 则字符 "Header 3" 会显示在图纸上。
- 库参考: 指元件在 DXP 元件库中的元件名称。一般不要修改, 否则会引起元件识别混乱。
- 库: 元件所在的库。这里为 "Miscellaneous Connectors.IntLib", 不能修改。
- 描述: 元件的功能描述。采用默认值。
- 唯一 ID: 由系统给出该元件的唯一代码, 一般不用修改。
- 类型: 元件符号的类型。这里采用默认值 "Standard"(标准类型)。

【图形】区域:
- 位置 X、Y: 设置元件在原理图中的位置坐标值, 不用修改, 需要时在编辑区移动元件即可。
- 方向: 元件在原理图中的放置方向, 有四种选择。选择 "被镜像的" 复选框, 可使元件镜像对称翻转。
- 模式: 元件的风格, 不需要修改。
- 显示图纸上全部引脚(即使是隐藏): 选中该复选框, 元件的隐藏引脚、引脚名称和编号都会显示出来。
- 局部颜色: 选中复选框, 可通过下面的颜色框修改元件局部颜色, 一般不需要修改。
- 锁定引脚: 选中该复选框, 元件的引脚不可以单独移动、编辑、查看或修改属性。默认选中。

【Parameters…】(参数)区域:

该区域用于设置元件参数, 对于不同元件会有所不同, 针对电阻、电容等有值的元件, 该区域会出现【Value】参数栏, 用于设置元件值的大小。图中从上到下依次是版本日期、版本注释、发行者、单击【追加】或【删除】按钮可添加或删除参数栏。

【Models…】(模型)区域:

该区域可能包括【Simulation】(仿真模型)、【Signal Integrity】(信号完整性分析模型)、【Footprint】(封装模型)中的一种或几种。修改或追加元件封装时, 选中【Footprint】栏, 然后单击【编辑】或【追加】按钮来完成。

【编辑引脚】按钮:

单击可弹出元件引脚编辑器来编辑引脚属性。设置完成后单击【确认】按钮。

在编辑区合适位置单击可放置该元件。此时, 光标仍处于连续放置同类元件的状态, 可继续单击放置 J2, 最后按鼠标右键退出连续放置状态。其中元件编号和注释也可以像元件一样被编辑、移动和旋转。

继续放置其他元件并调整元件位置, 所有元件放置清单如表 2-3 所示。

表 2-3 正负电源电路元件清单

标 识 符	注 释	封 装	元器件所在库	说 明
Q1	2N3904	BCY-W3/E4	Miscellaneous Devices.IntLib	三极管

续表

标 识 符	注　　释	封　　装	元器件所在库	说　　明
Q2	2N3906	BCY-W3/E4	Miscellaneous Devices.IntLib	三极管
R1～R4	Res2	AXIAL-0.4	Miscellaneous Devices.IntLib	电阻
C1～C4	Cap Pol2	POLAR0.8	Miscellaneous Devices.IntLib	电容
D1、D2	DZener	DIODE-0.7	Miscellaneous Devices.IntLib	稳压管
D3	Bridge1	E-BIP-P4/D10	Miscellaneous Devices.IntLib	整流桥
J1、J2	Header 3	HDR1X3	Miscellaneous Connectors.IntLib	接口

元件放置并旋转完成后的原理图如图 2-36 所示。从菜单选择【文件】→【保存】命令保存原理图。如果需要移动元件，在编辑区单击并拖动元件重新放置即可。

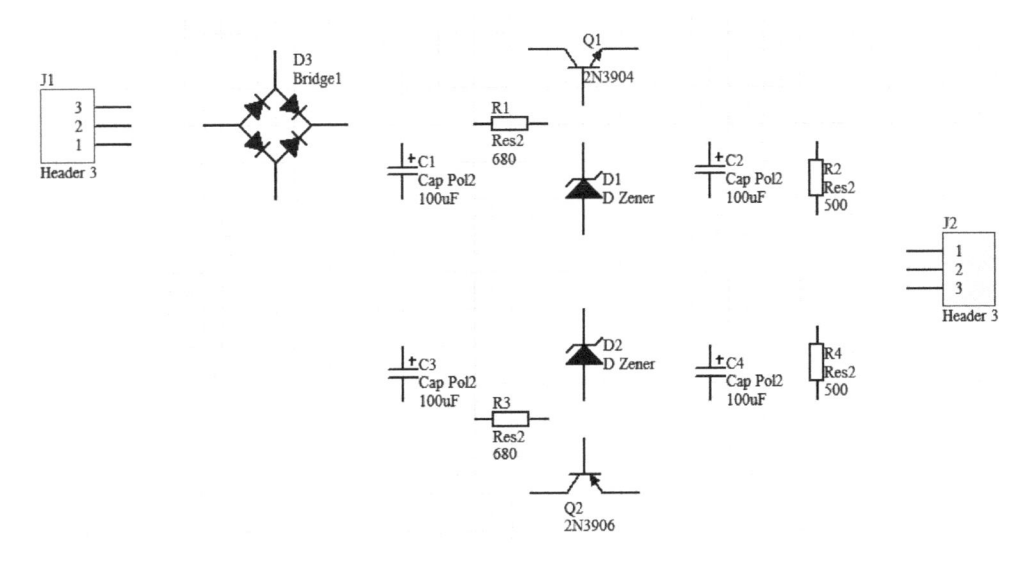

图 2-36　元件放置完成后的原理图

6．连线

在原理图中连线，首先从菜单中选择【查看】→【显示全部对象】命令，使原理图图纸有一个合适的视图，然后参照电路完成以下步骤。

（1）从菜单中选择【放置】→【导线】命令，或从配线工具栏单击【导线】工具进入连线模式。光标将变为十字形状，这时按下"Tab"键，弹出"导线属性"对话框，可修改导线的颜色和宽度。一般不修改，取默认值。如图 2-37 所示。

（2）如图 2-38 所示，当移动光标靠近 J1 的第 3 引脚时，光标会自动跳到此引脚的电气热点上，并变为红色的"×"形状，这时单击鼠标固定导线起点，则导线与该引脚可靠连接。

（3）移动光标会看见一根导线从光标①处延伸到固定点②处，左击鼠标或按"Enter"键在②点固定导线。在第一个和第二个固定点之间的导线就放好了。

（4）继续移动鼠标，到达终点 D3 的连接引脚，出现红色的"×"形状时单击固定终点③，如图 2-38 所示。注意：光标仍然为"十"字形状，表明完成一条导线后，仍处于绘制导线状态，依次绘制其他导线，直到全部导线连接完毕，右击鼠标退出绘制导线状态。

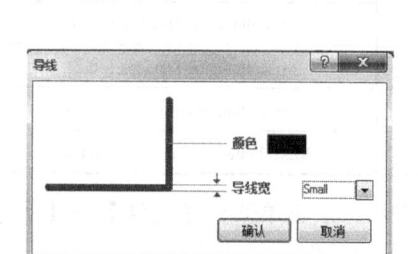

图 2-37 "导线属性"对话框   图 2-38 连线示意图

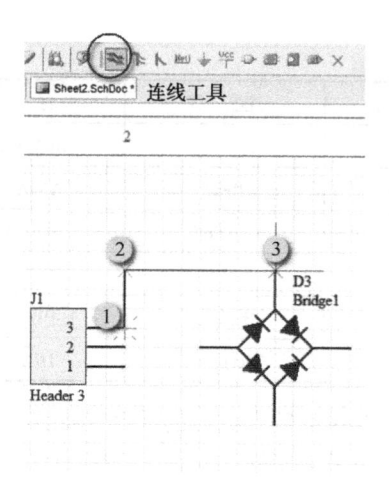

绘制导线最好从左到右、从上到下依次进行，以免遗漏。参照图 2-27 连接电路中的剩余部分，初步连线结束后的原理图如图 2-39 所示。

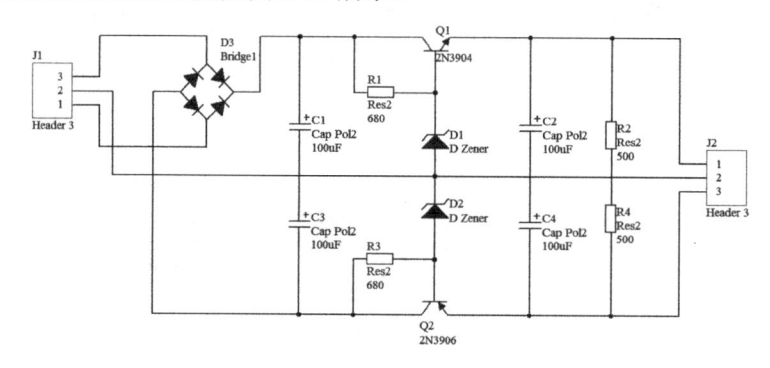

图 2-39 初步连线结束后的原理图

7．放置节点

当两条导线呈"T"形相交时，系统默认会自动放置节点，但对于呈"十"字交叉的导线，不会自动放置节点，需要连接时必须手动放置。图 2-39 中的节点表示相交的导线是连接在一起的，没有节点表示两条导线没有连接。

手动放置节点的方法是：执行菜单命令【放置】→【手工放置节点】，完成后如图 2-40 所示。

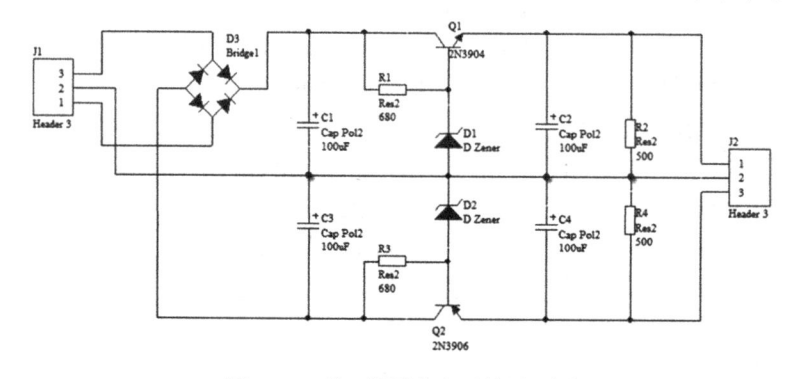

图 2-40 手工设置节点后的原理图

8. 放置电源、地符号

单击"配线"工具栏[如图 2-41（a）]或者"实用工具"工具栏[如图 2-41（b）]的接地符号，使其处于激活状态并跟着鼠标移动。当鼠标移至电气连接点出现红色"×"时，单击鼠标左键放置接地符号。双击接地符号，如图 2-42 所示，在其属性对话框中可见【网络】栏内的网络名称默认为"GND"。用户可根据图纸实际情况修改网络名称，例如在模数混合电路中通常将数字地的网络命名为"DGND"，模拟地的网络命名为"AGND"，这里地线网络采用默认值"GND"。在属性对话框的【风格】栏中，可设置四种电源符号和三种接地符号。

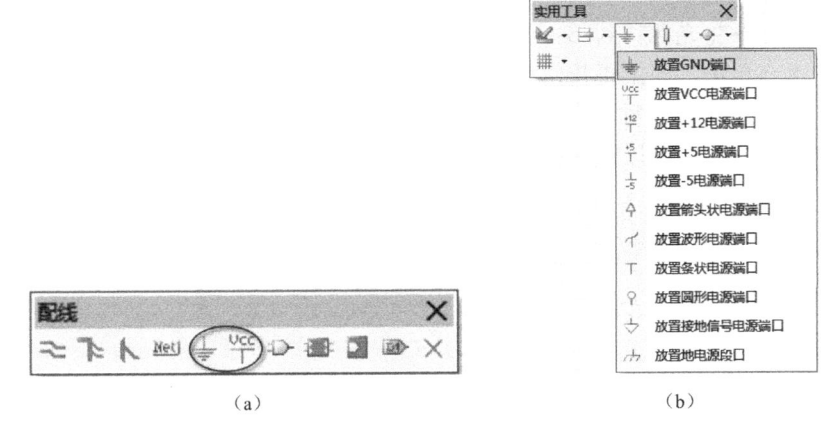

（a）　　　　　　　　　　　　　（b）

图 2-41　选取电源、地符号

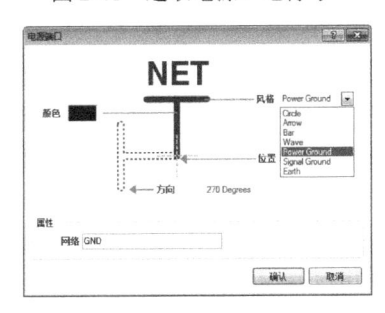

图 2-42　【电源端口】属性对话框

放置地网络后的原理图如图 2-43 所示。

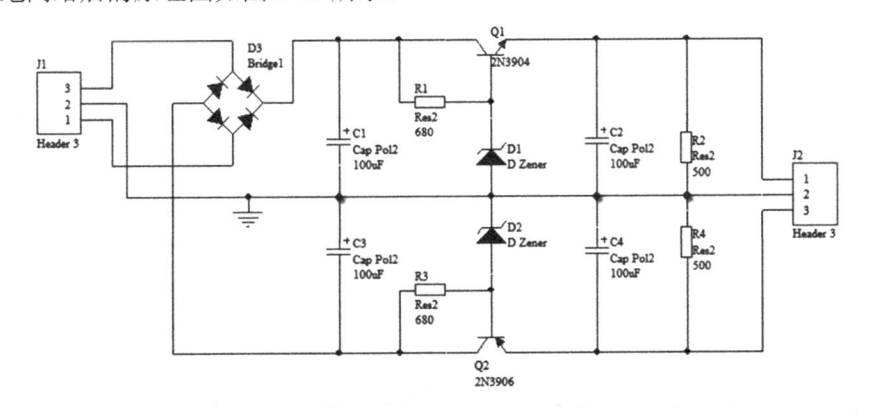

图 2-43　放置地网络后的原理图

9. 放置说明性图形和文字

"实用工具"栏中的"实用工具"图标显示窗口中的所有对象都只是图形，不具有电气连接作用，如图 2-44 所示。

（1）绘制正弦曲线

使用贝塞尔曲线工具绘制正弦信号。单击该工具，将光标移到正弦曲线的起点，如图 2-44 中所示的 1 点，单击鼠标左键固定起点→将光标移到 2 点，单击固定拐点→将光标移动到图中 3 点单击，即可看到正弦信号的正半轴波形，但这时曲线是活动的→再次在 3 点单击，固定正弦信号正半轴的形状→再次在 3 点单击，固定正弦信号负半轴的起点→将光标移到 4 点并单击固定拐点→将光标移到 5 点并单击，即可看到正弦信号的负半轴，但这时曲线是活动的→再次在 5 点单击，固定正弦信号负半轴的形状。最后右键单击退出绘图。

绘图时注意正负半轴对称。曲线绘制结束后，单击曲线使之处于选中状态，这时调节图中的控点（绿色小方块）可以调整曲线形状。

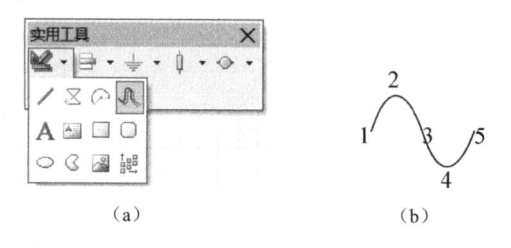

图 2-44 说明性图形及贝塞尔曲线

（2）放置说明文字

使用文本字符串工具添加注释文字。该工具常用于内容较少的文字描述。使用时可以双击该对象，弹出"注释"属性窗口，在"文本"栏中输入相应的文字内容，或者单击两次该对象，修改文字内容；在颜色栏选择文字颜色；单击属性框中的"变更…"按钮，可以改变文本的字体。

用户可以通过具体操作来理解其他各工具的使用。

10. 原理图编译及错误检查

对于简单电路，通过仔细浏览就能看出电路中存在的问题，但对于较复杂的电路原理图，单靠眼睛是不太可能查找到电路绘制过程中的所有错误的，为此，Protel 提供了编译和检错功能，执行编译命令后，系统会自动在原理图中有错的地方加以标记，从而方便用户检查错误，提高设计质量和效率。

对原理图进行编译，也叫 ERC 检查。在执行 ERC 检查之前，根据需要可以对 ERC 规则进行设置。单击【项目管理】→【项目管理选项】，打开【Options for PCB Project】对话框，可在该对话框中进行规则的设置，一般采用默认值。

ERC 检查操作方法如下：

（1）执行【项目管理】→【Compile PCB Project】菜单命令，编译 PCB 项目。若被检查文件为自由文件或单个文件，则执行【项目管理】→【Compile Document】命令。

（2）编译后，系统的自动检错结果将显示在【Message】窗口中。同时在原理图文件的相应出错位置，会出现红色波浪标记。【Message】窗口会自动打开，如果未打开也可以单击面板控制中心【System】→【Message】打开。如果没有编译错误，【Message】窗口中为空白。

（3）【Message】窗口报告的只是违反绘图规则的错误，一般包含三类错误："Warning"警告性错误；"Error"常规错误；"Fatal"致命错误。对于【Message】窗口中的错误必须认真分析，不是所有显示的错误提示都必须进行改正，应根据出错原因对原理图进行相应的修改。当然，也并不是所有错误都能被 ERC 检查出来，例如设计者的逻辑错误、绘图者粗心造成的连接错误等。常见的 ERC 错误报告注解参见附录 C。

（4）双击 ERC 检查报告中的某行错误，系统会弹出"Compile Error"对话框，在该对话框中单击提示元件，则原理图中相应的对象会高亮显示出来，而其他部分被屏蔽，这样可以快捷地定位错误，为修改原理图中的错误提供方便。错误修改后，单击编辑区右下角的【清除】按钮可退出过滤状态。

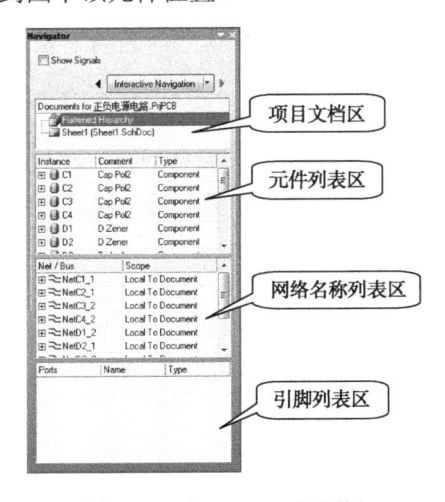

11．使用【Navigator】面板

原理图编译后，导航器面板已默认打开，可单击【Navigator】标签切换，或者执行菜单【查看】→【工作区面板】→【Design Compiler】→【Navigator】，也可单击面板控制中心的【Design Compiler】→【Navigator】启动该面板，【Navigator】面板如图 2-45 所示。

通过【Navigator】（导航器）面板来帮助浏览和查找原理图中已放置的各元件、确认网络连接关系，并可单击后定位到图中该元件位置。

图 2-45　【Navigator】面板

2.3.3　从原理图更新到 PCB

从一个元件的某一个引脚到其他元件的引脚的电气连接关系称为网络，每个网络都有唯一的网络名称，在 Protel 中，如果在网络中人为地添加了网络标签或电源、地符号，系统会以该标签作为该网络的名称，否则系统会自动以其中某一引脚编号为标志来命名网络。

1．生成并分析网络表

网络表文件是个文本文件，记录了原理图中元件类型、编号、封装形式以及各元件之间的连接关系等信息，它是原理图和 PCB 设计之间的纽带。虽然 Protel DXP 版本中网络表文件的作用已经不再那么直接，可以不需要生成网络表文件，而直接由原理图直接将元件及网络连接信息更新到 PCB，但是要观察电路中的元件资料和电气互连关系，检查原理图连线的正确性时，仍然需要生成网络表。

执行【设计】→【设计项目的网络表】→【Protel】菜单命令，系统会根据原理图的连接关系生成 Protel 格式的网络表，保存在项目中的"Generated Netist Files"子文件夹中。

双击网络表文件打开后，可以看出网络表包含两部分内容：原理图中所有元件的信息和所有网络的连接信息。具体格式如图 2-46 所示。

```
[              1.一个元件信息的开始
R4             2.元件标识符
AXIAL-0.4      3.元件封装信息
500            4.元件注释包括大小或元件型号
]              5.一个元件信息的结束
......
(              6.一个网络信息的开始
NetC1_1        7.网络名称
C1-1           8.网络连接的元件及引脚号
D3-3           9.网络连接的元件及引脚号
Q1-3           10.网络连接的元件及引脚号
R1-1           11.网络连接的元件及引脚号
)              12.一个网络信息的结束
......
```

图 2-46   部分网络表信息

从网络表中可以看出元件标识符重复、封装缺失等问题，还可以发现隐藏引脚问题。由于隐藏引脚常常是电源的地线引脚，因此查看这些问题的主要方法就是查看网络表中的电源和地网络连接情况。

2．创建 PCB 文件

PCB 文件的创建有两种方法：一种是采用向导创建，在创建文件的过程中，向导会提示用户进行 PCB 板子大小、层数等相关参数的设置；另一种是直接新建 PCB 文件，采用默认设置或手动设置电路板的相关参数。

◆ PCB 向导创建 PCB 文件

（1）启动新建 PCB 的向导。如图 2-47 所示，单击【Files】工作面板的【PCB Board Wizard】。

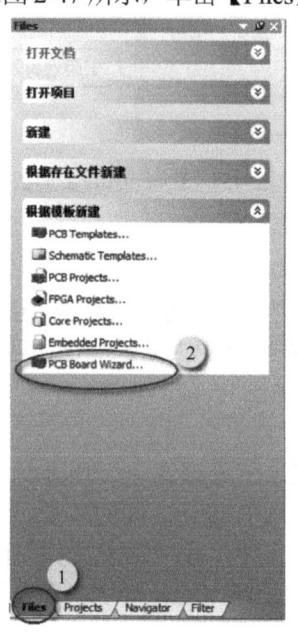

图 2-47   PCB 文件创建向导菜单

（2）打开"PCB 板向导"对话框，如图 2-48 所示，首先看见的是介绍页，单击【下一步】按钮继续。

图 2-48　PCB 创建向导起始页

（3）选择度量单位。本例选择英制单位（Imperial），如图 2-49 所示，继续单击【下一步】按钮。

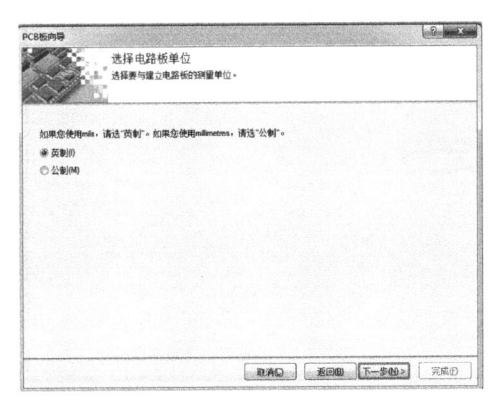

图 2-49　英制、公制选择

（4）选择板轮廓。本例 PCB 为一般矩形板，因此选择 Custom 自定义的板尺寸，如图 2-50 所示。单击【下一步】按钮。

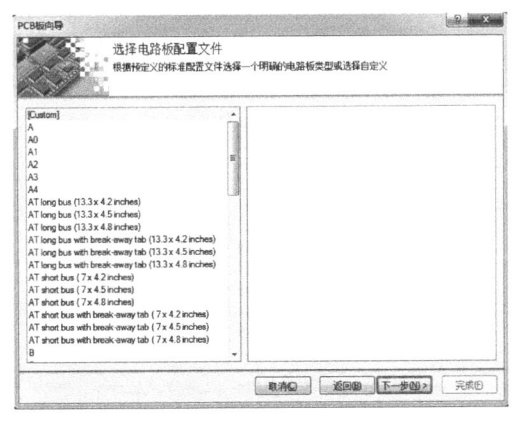

图 2-50　形状轮廓选择

(5)进入自定义板选项。如图2-51所示,本例选择默认选项。单击【下一步】按钮。

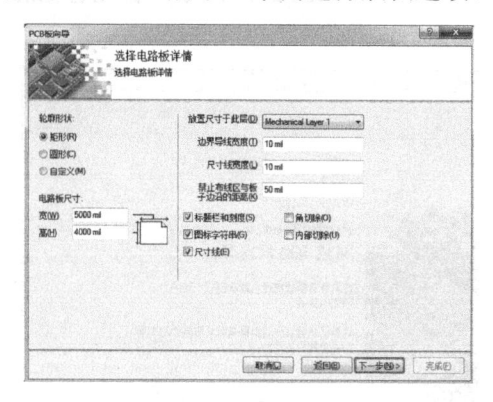

图2-51 PCB尺寸定义

(6)选择电路板层数。不管设计单层PCB还是双层PCB,此窗口的信号层均设置为2,即两个信号层Top Layer和Bottom Layer,内部电源层为0,如图2-52所示。然后单击【下一步】按钮。

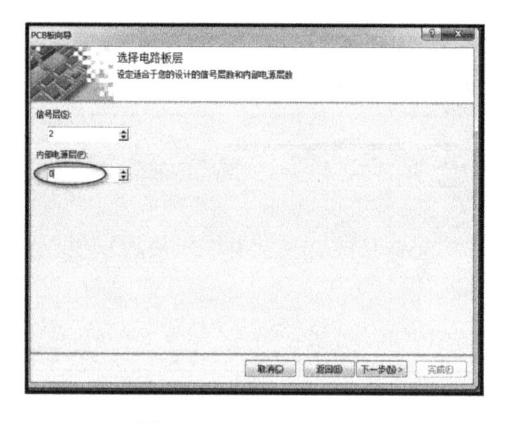

图2-52 PCB板层定义

(7)选择过孔风格。本例设计单层PCB,不会产生过孔,因此默认选择通孔设置,如图2-53所示。单击【下一步】按钮。

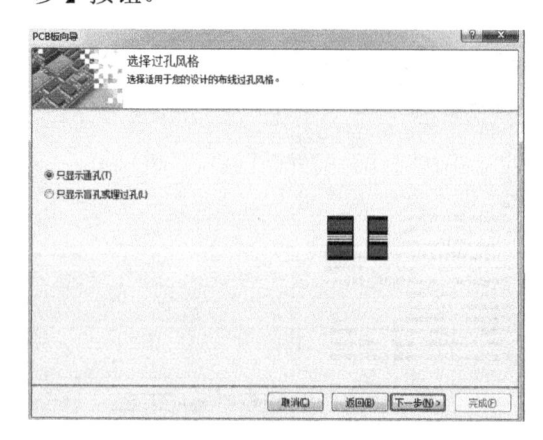

图2-53 过孔风格定义

（8）选择电路板的主要器件类型。本例是电源电路，元件不多且均为插脚元件，因此在图 2-54 中选择【通孔元件】选项，通过相邻焊盘（Pad）间的导线数设为 1 条导线。继续单击【下一步】按钮。

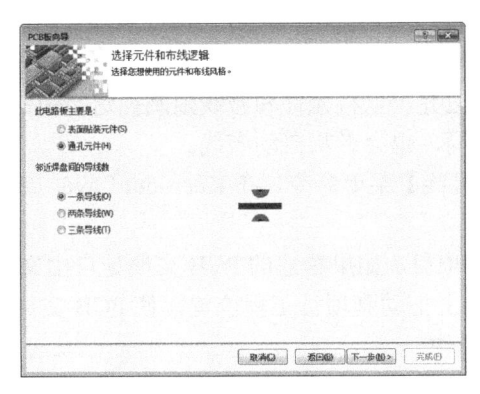

图 2-54　元件布线工艺选择

（9）设置 PCB 基本设计规则。图 2-55 所示为上一步选择后产生的默认设置值。单击【下一步】按钮继续。

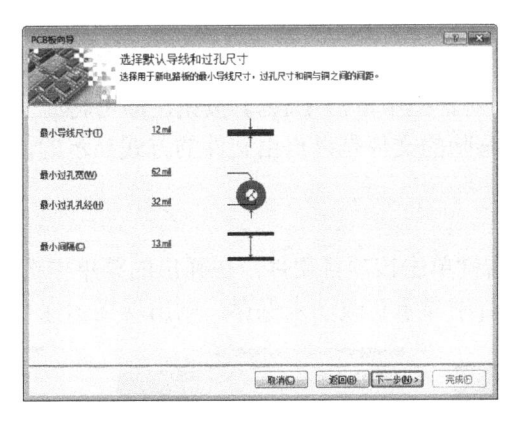

图 2-55　线宽规则定义

（10）完成自定义设置。在图 2-56 中单击【完成】按钮即新建了一个带轮廓的 PCB 文件，默认名为 PCB1.PcbDoc。

图 2-56　PCB 向导结束

(11) 保存新创建的空 PCB 文档，并将其添加到正负电源电路项目中。

◆ 直接新建 PCB 文件

(1) 执行【文件】→【新建】→【PCB 文件】菜单命令，即可启动 PCB 编辑器，同时在 PCB 编辑区出现一个带有栅格的空白图纸。

(2) 用鼠标单击编辑区下方的层标签 Keep-out Layer，即选择了禁止布线层为当前工作层，该层用于绘制电路板的电气边界，以将元件和布线限制在这个范围之内。这个操作是必需的，否则系统将不能进行自动布局，也会影响自动布线。

(3) 执行【放置】→【直线】菜单命令，在 Keep-out Layer 层绘制一个封闭边框，规划出 PCB 的布局布线区域。

(4) 将新的 PCB 添加到项目。如果新建的 PCB 文件是自由文件（Free Documents），则鼠标左键单击 PCB 文件处，向上拖动到项目工程位置，使 PCB 文件添加到项目中。

3．项目中文件的常用操作

(1) 将已有文件添加到项目中。

如果要把一个现有的文件添加到当前的项目文件中，可在【Projects】面板标签中，选中此项目，单击右键，在弹出的对话框中选【追加已有文件到项目中…】，找到现有文件所在位置，选中该文件，单击【打开】按钮，现有文件就添加到项目中来了，如图 2-57（a）所示。

(2) 文件的移除。

如果想从项目中去除文件，则用右键单击欲删除的文件，在菜单中选择【从项目中删除…】选项，并在弹出的确认删除对话框中单击【Yes】按钮，即可将此文件从当前项目中删除，如图 2-57（b）所示。此时被移除的文件是以自由文件的方式显示的，文件不再属于该项目，但仍存在于硬盘。

(3) 项目的关闭。

在【Projects】面板中右键单击该项目文件，在弹出的菜单中选择【Close Project】命令，如图 2-57（c）所示。若项目中显示有改动未保存，则出现提示保存对话框。

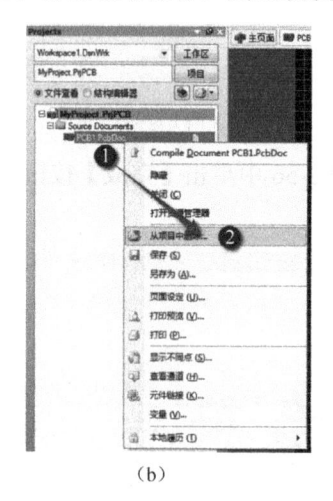

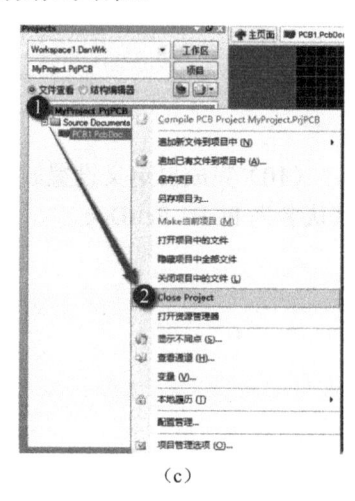

(a)　　　　　　　　　　　(b)　　　　　　　　　　　(c)

图 2-57　文件的添加、移除、关闭操作

4．加载原理图网络表

注意：执行加载命令之前，必须先确定原理图文件和 PCB 文件在同一个项目文件中，且

原理图文件和 PCB 文件都已经保存，否则不能执行加载更新命令。

将原理图的网络表导入 PCB 的方法有两种：一是在原理图编辑环境下执行【设计】→【Update PCB Document…】菜单命令；二是在 PCB 编辑环境下执行【设计】→【Import Changes From…】菜单命令，两者导入过程基本相同，本书以第一种方法为例介绍由原理图更新到 PCB 文件的操作过程。

（1）更新 PCB。打开原理图文件，在原理图编辑器环境下选择【设计】→【Update PCB Document…】，如图 2-58 所示，打开"工程变化订单（ECO）"对话框，系统将对原理图和 PCB 文件的网络连接关系进行比较。

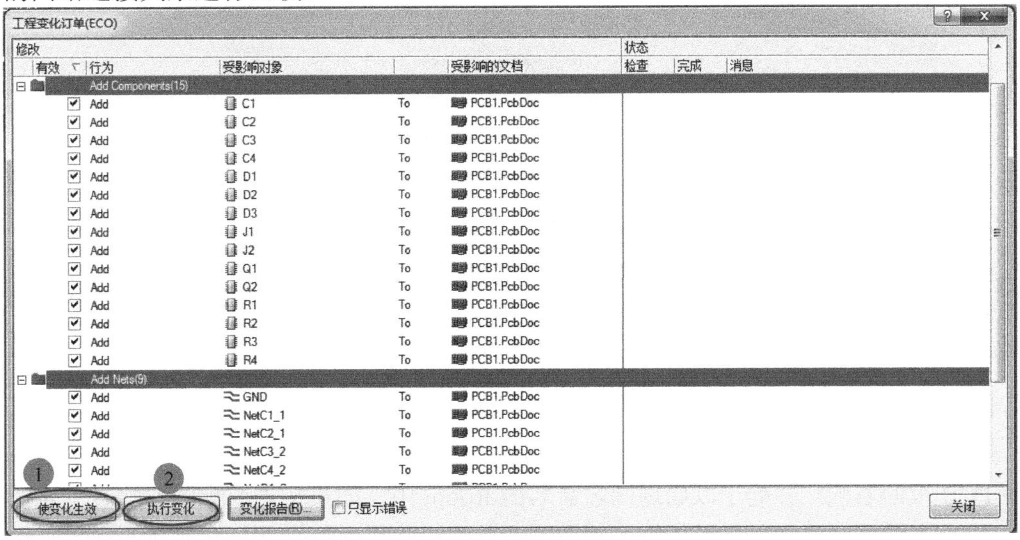

图 2-58 "工程变化订单（ECO）"对话框

（2）发送改变。点击图 2-58 中①【使变化生效】按钮将改变发送到 PCB，则检查结果在"检查"列显示，如图 2-59 所示，√表示更新操作能执行，×表示不能执行，"消息"列为出错原因。如果有错误，单击【关闭】按钮退出，分析原因并修改后再更新。

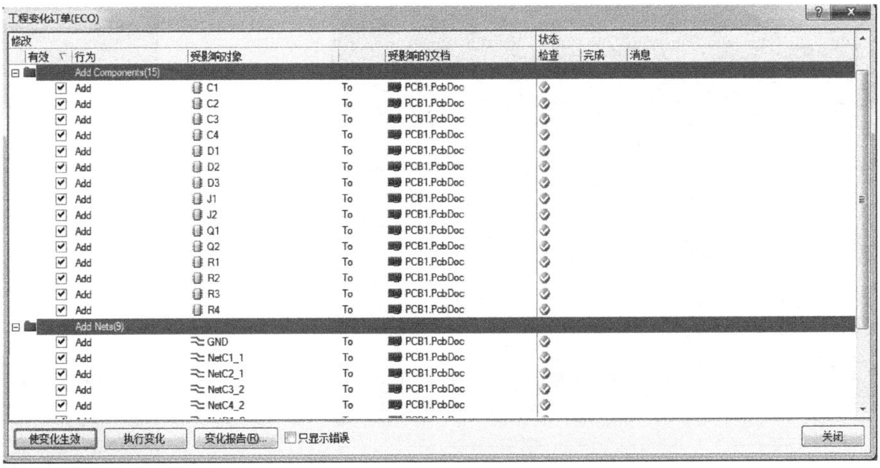

图 2-59 检查是否能执行更新

（3）执行改变。检查完成后，单击图 2-58 中的②【执行变化】按钮，系统将原理图的网络连接导入 PCB 文件中。导入成功则在【完成】栏以√标记，导入失败以×标记，如图 2-60 所示。需要时单击图 2-60 中的【变化报告】按钮，可生成 ECO 报告文件。

图 2-60　执行导入

（4）完成导入。点击【关闭】按钮，目标 PCB 文件打开，所有元件封装已全部导入，显示在 PCB 板的右侧，并处于以原理图名命名的 Room 中。如果在当前视图不能看见元件，则按下【Ctrl】键同时滑动鼠标滚轮缩小视图或者单击工具栏中的图标显示所有对象，结果如图 2-61 所示。其中，封装焊盘间的虚线称为飞线（也称预拉线），飞线的连接关系与原理图的连接关系一致，但没有实际的电气连接意义，是指引 PCB 布局布线的重要依据。

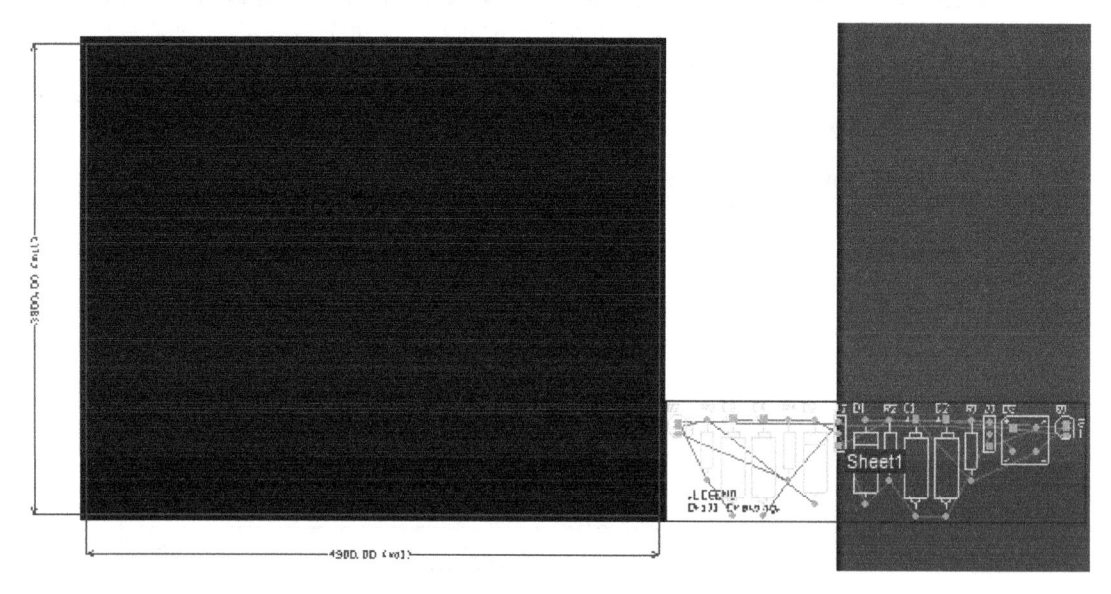

图 2-61　执行更新后 PCB 文件中的封装及飞线

5．修改元件封装

图中 C1～C4 封装需要修改成 CAPPR2-5x6.8。修改元件封装，既可在原理图中更换，也可在 PCB 中更换。下面两种操作方法效果相同，可任选其中一种。

（1）在原理图中更换封装。

在原理图编辑环境下，双击元件 C1，弹出如图 2-62 所示的"元件属性"对话框，单击图中【Models For R1】区域的【追加】按钮，弹出如图 2-63 所示"加新的模型"对话框，选择模型类型"Footprint"，单击【确认】按钮后弹出如图 2-64 所示的"PCB 模型"对话框。

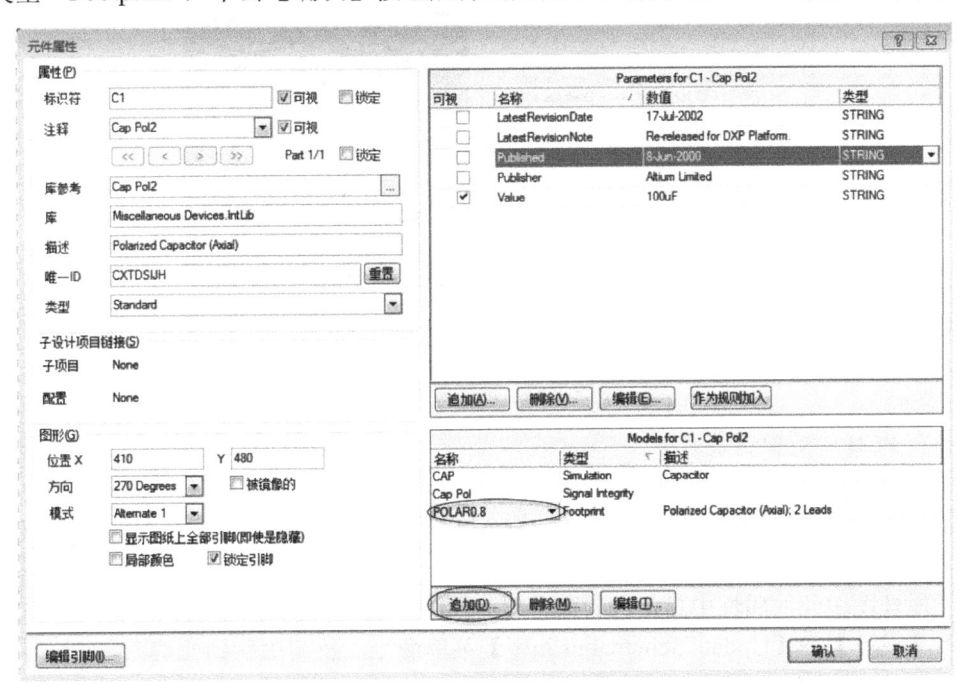

图 2-62 "元件属性"对话框

图 2-63 "加新的模型"对话框   图 2-64 "PCB 模型"对话框

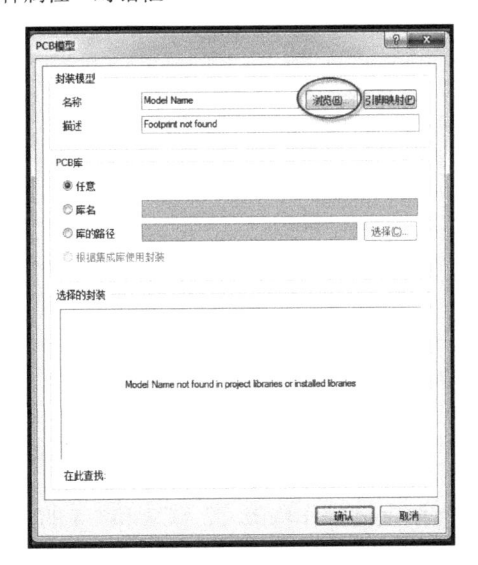

在弹出的如图 2-64 所示的"PCB 模型"对话框中单击【浏览】按钮，弹出如图 2-65 所示的"库浏览"对话框，选择 Devices 库中的封装"CAPPR2-5x6.8"，然后单击【确认】按钮。

更换封装后，在原理图编辑环境下执行【设计】→【Update PCB Document…】菜单命令，再次更新 PCB 文件，完成后可见 PCB 文件中的封装已经修改。

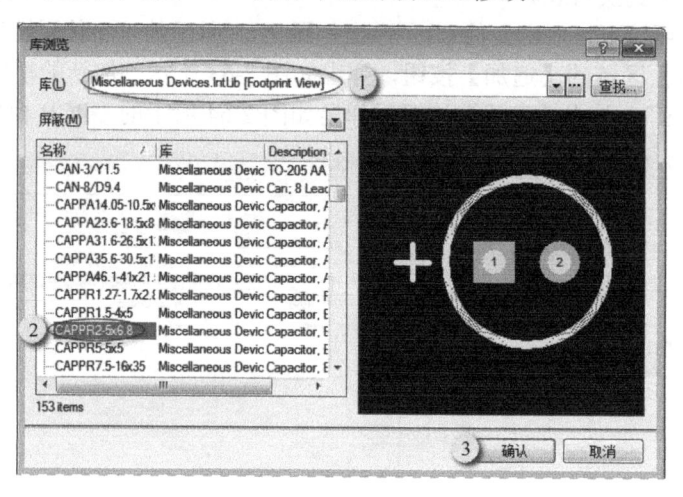

图 2-65　选择新封装

（2）在 PCB 中更换封装。

在 PCB 编辑环境下，双击元件 C1，弹出如图 2-66 所示的元件封装属性对话框，单击图中【封装】区域【名称】栏后的【…】按钮后，同样弹出如图 2-65 所示的"库浏览"对话框，选择封装"CAPPR2-5x6.8"，然后单击【确认】按钮。

由于原理图中元件属性中指定的封装并没有更换，所以在 PCB 中更换元件封装完成后，建议执行【设计】→【Update Schematics in…】菜单命令，反向更新到原理图。

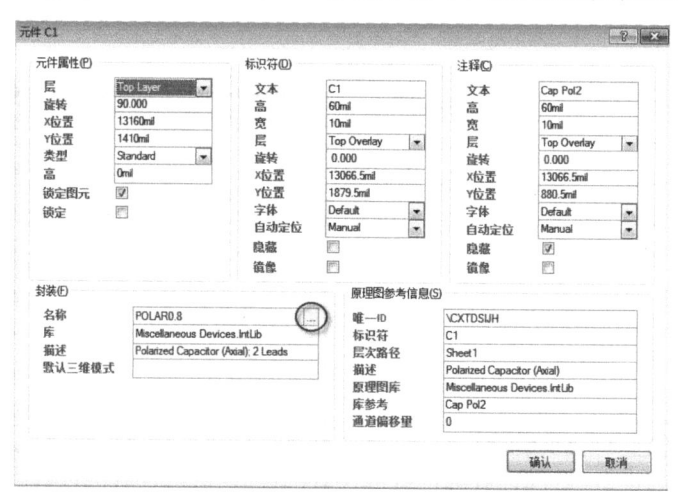

图 2-66　元件封装属性对话框

继续按照上述操作修改 C2、C3 和 C4 的封装为"CAPPR2-5x6.8"。更换封装后的 PCB 设计文件如图 2-67 所示。

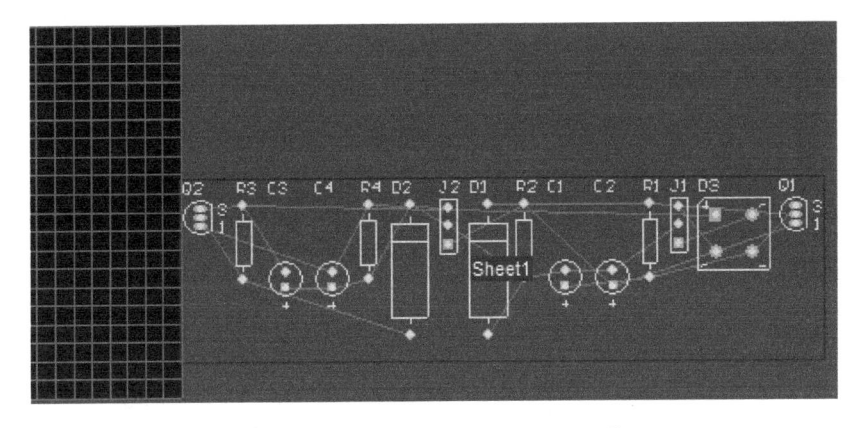

图 2-67　更换封装后的 PCB 设计文件

2.3.4　单层 PCB 设计

1. PCB 编辑器

创建 PCB 文件后即进入 PCB 编辑器，如图 2-68 所示。

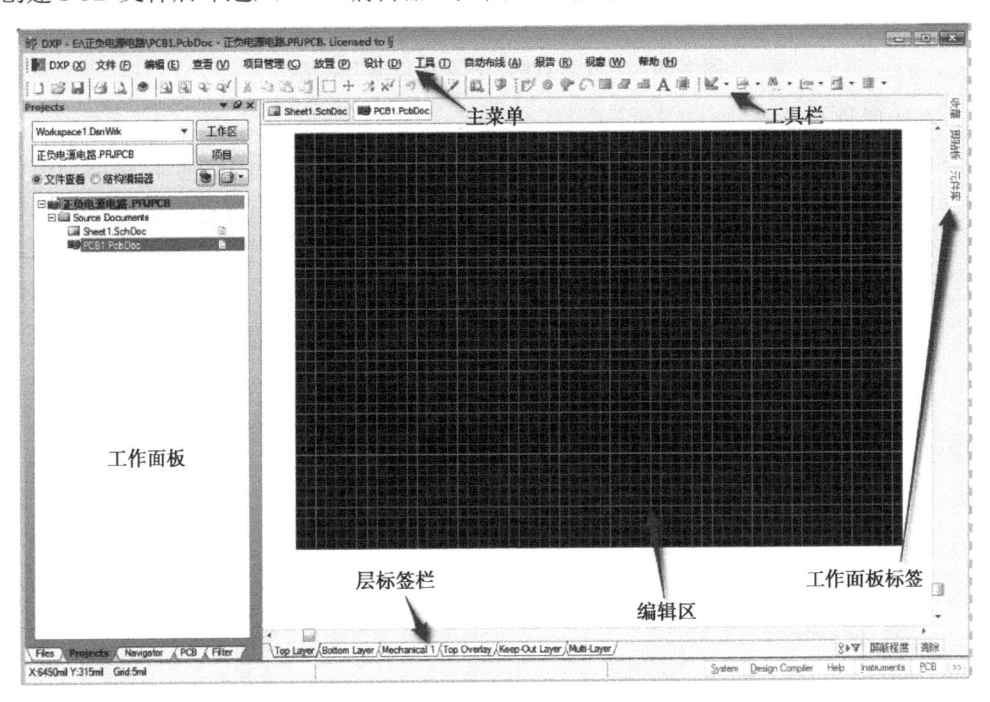

图 2-68　PCB 设计环境主界面

2. PCB 设计规则的设置

在 PCB 编辑界面下，执行【设计】→【规则】菜单命令，弹出"PCB 规则和约束编辑器"对话框，如图 2-69 所示。图中可以看到 PCB 的十项设计规则，包括 Electrical（电气规则）、Routing（布线规则）、SMT（表面贴装元件规则）等，大多数的规则项选择默认即可。

若需要自动布局，则可以设置"Placement"选项卡中的规则。手工布局一般不需要设置布局规则。

本任务设计的是单层板，所有信号线宽要求 25mil，因此仅需要设置布线"Routing"规则中的"Routing Layers"和"width"两项子规则。

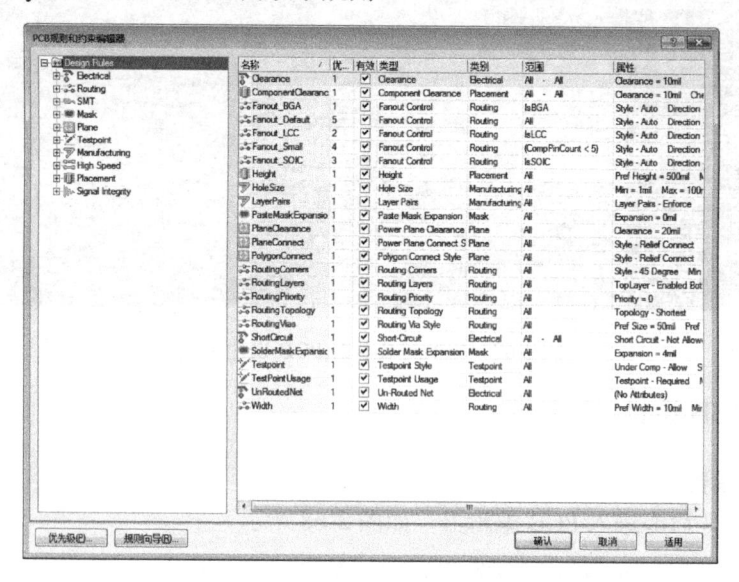

图 2-69 "PCB 规则和约束编辑器"对话框

（1）布线层规则设置。

如图 2-70 所示，双击左边栏中的【Routing】规则或单击其前面的"+"，该规则所包含的布线规则以树结构展开。对单面板，顶层只放置元件不走线，因此设置顶层不允许布线，导线只走底层。单击【RoutingLayers】子规则，在右侧窗口【约束】栏内清除勾选"Top Layer"，只勾选"Bottom Layer"。

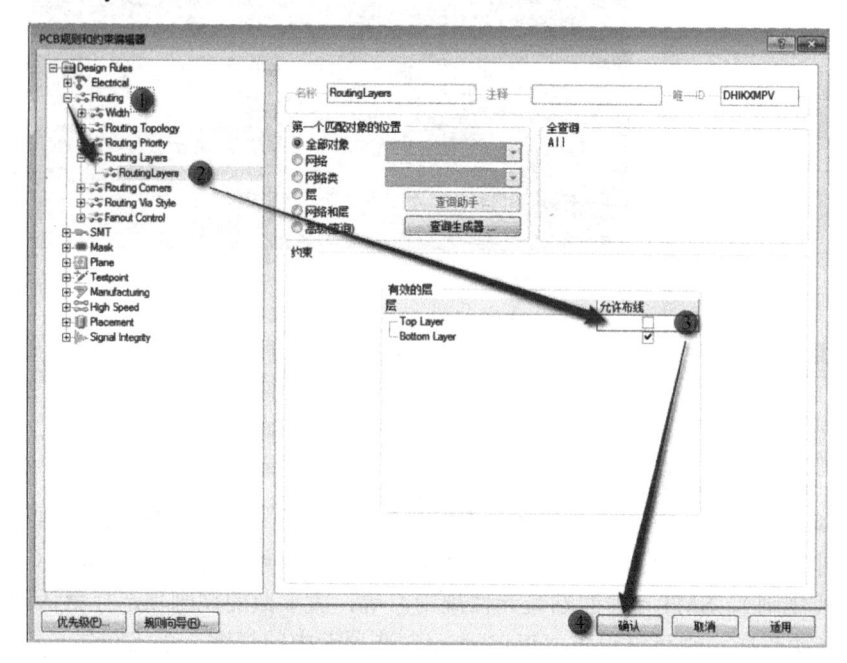

图 2-70 选择底层为布线层

（2）线宽规则设置。

单击左侧设计子规则【Width】，右侧窗口显示出布线宽度约束特性和范围，如图 2-71 所示，设置本规则适用于全部对象，修改导线宽度的 Max Width（最大宽度）、Preferred Width（首选线宽）、Min Width（最小宽度）分别为 25mil、25mil、10mil。

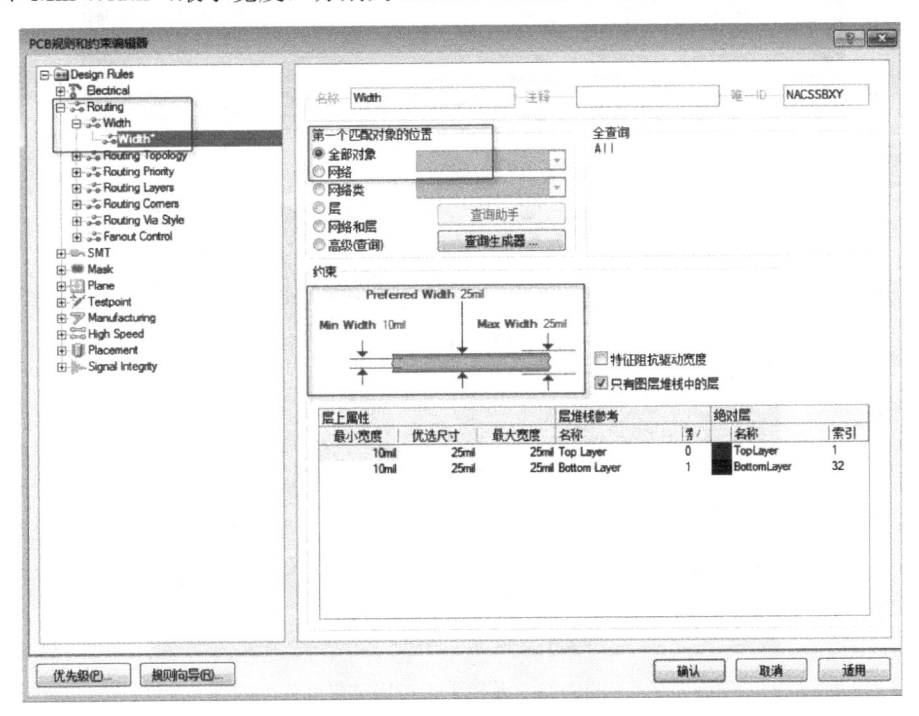

图 2-71　设置布线宽度

3．元件的布局

Protel 系统提供自动布局功能，但结果通常不能令人满意，设计时常采用手工布局。

（1）自动布局。

选择主菜单【工具】→【放置元件】→【自动布局】，基于元件的数量和布局策略的考虑，可以选择"分组布局"或者"统计式布局"，然后单击【确认】按钮即可。

（2）手工布局。

移动覆盖在元件上面的红色区域 Room，将元件整体拖入到 PCB 编辑区（图 2-72），选中 Room，按下【Delete】键删除 Room，即可开始布局。对于本任务，布局时要遵循以下原则：

- ◆ 按照信号流向，从左到右或者从上到下，依次为输入（交流信号）→整流→滤液→稳压。
- ◆ 为方便操作，接插件 J1、J2 靠近板边。
- ◆ 调整元件使飞线交叉尽量少，连线尽量短。
- ◆ 元件朝向尽量一致，整齐美观。

根据上述原则调整元件的位置和方向。强烈建议不要在 PCB 中镜像翻转元件，以免造成安装时元件引脚无法对应的问题。手工布局调整后的 PCB 如图 2-73 所示。

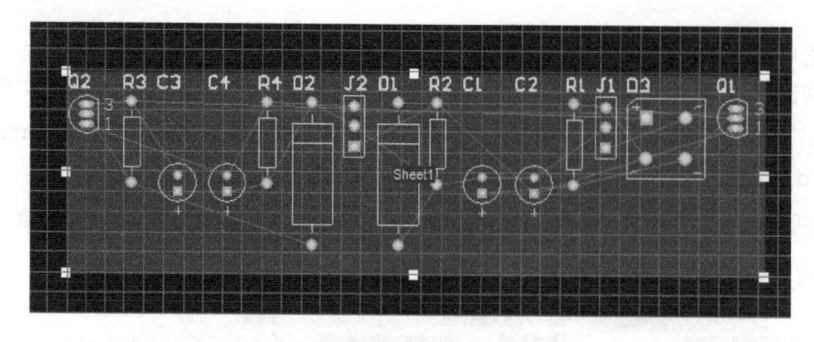

图 2-72　删除 Room

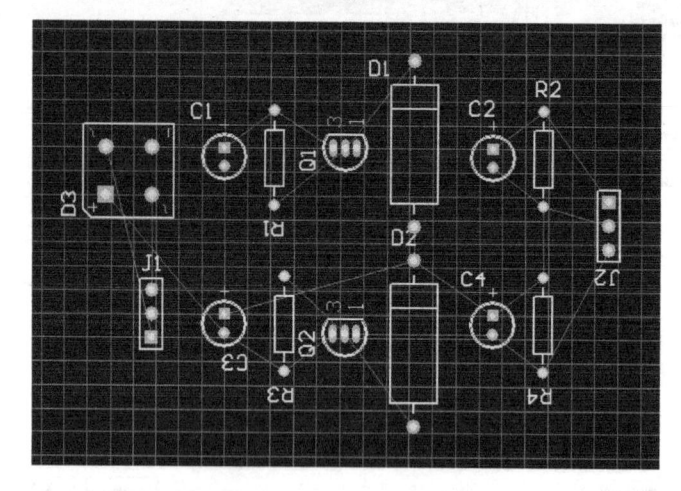

图 2-73　元件手工布局结果

4．调整电气边界

上述介绍的 PCB 板的大小采用的是向导默认设置 4900mil×3900mil，从布局结果上看，该尺寸不合适，根据布局情况适当移动电气边界的边框线，使其距元件焊盘和轮廓最短距离约 3mm，如图 2-74 所示。

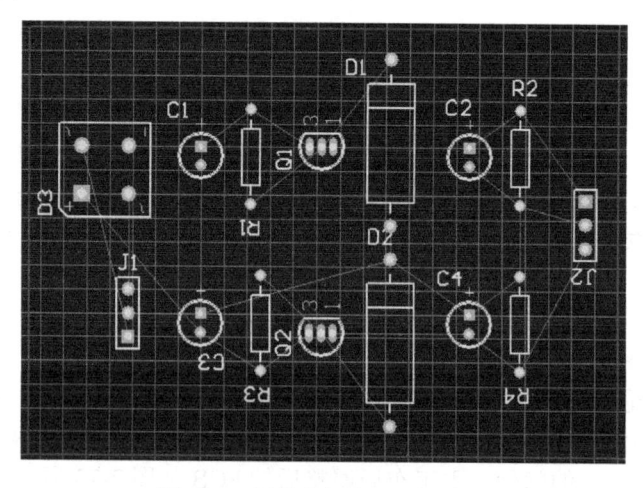

图 2-74　调整电气边界后的结果

5．布线

布线就是在预先设置的设计规则下，在板上放置导线和过孔将元件连接起来的操作。Protel 提供了自动布线和手工布线两种方法。自动布线效率高，但常不尽如人意；手工布线虽然效率低，但能根据需要去控制导线放置的状态。对用户来说，通常先自动布线再手工修改。

（1）自动布线。

- ◆ 设置布线策略：执行菜单命令【自动布线】→【设定】，弹出"Situs 布线策略"对话框，如图 2-75 所示。其中"布线设置报告"栏内列出了详细的布线规则和受影响的对象，并以超链接方式将规则链接到各规则设置窗口，以便进行更改和修正。单击【编辑层方向】按钮，弹出"层方向"对话框，可更改各层走线方向；单击【编辑规则】按钮，弹出"PCB 规则和约束编辑器"对话框，可以继续修改规则；单击【另存报告为】按钮，可将规则报告导出为*.htm 格式文件保存。"布线策略"栏显示系统提供了六种布线策略供选用，分别是：Cleanup（优化的布线策略）、Default 2 Layer Board（默认双面板）、Default 2 Layer With Edge connectors（带边沿链接器的双面板）、MultiLayer Board（默认多层板）、General Orthogonal（普通直角布线策略）和 Via Miser（过孔最少化布线策略）。也可以追加新的布线策略。
- ◆ 若在执行自动布线前，PCB 上已经布有导线（即预布线），又不希望自动布线过程中改变其位置，可勾选【锁定全部预布线】选项然后单击【OK】按钮，确定并退出。
- ◆ 运行自动布线。执行【自动布线】→【全部对象】菜单命令，弹出的对话框如图 2-76 所示，单击【Route All】按钮系统开始自动布线。自动布线过程中，系统会在【Messages】面板中显示当前布线进程。自动布线可能需要几秒或者更长时间，若在自动布线过程中发现异常，可执行【自动布线】→【停止】菜单命令，终止布线。

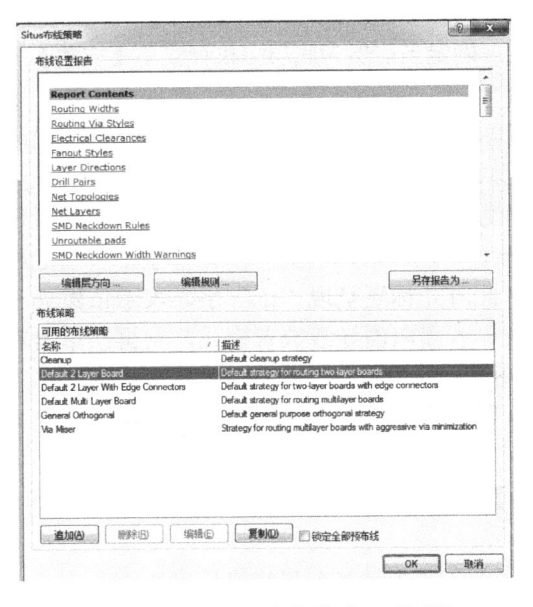

图 2-75　"Situs 布线策略"对话框　　　　图 2-76　运行自动布线

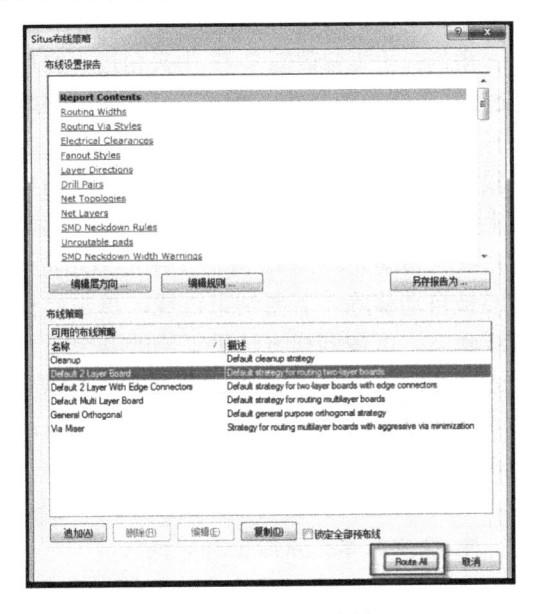

当【Messages】面板中出现"Routing Finished…"，表示布线结束，同时显示布通率和未布导线条数。自动布线并不总是 100%布通的，布局不合理，布局过于密集，布线规则设置不

合理，或者规则设置太严格都会导致部分导线无法布通。

除对全部对象自动布线外，还可以对指定的区域、网络、元件进行局部布线。如单击菜单命令【自动布线】后，执行【网络】命令可对选定的网络进行布线；执行【连接】命令可布两个焊盘之间的连接导线；执行【元件】命令可布与指定元件焊盘相连的所有连线。自动布线结束后如图2-77所示。

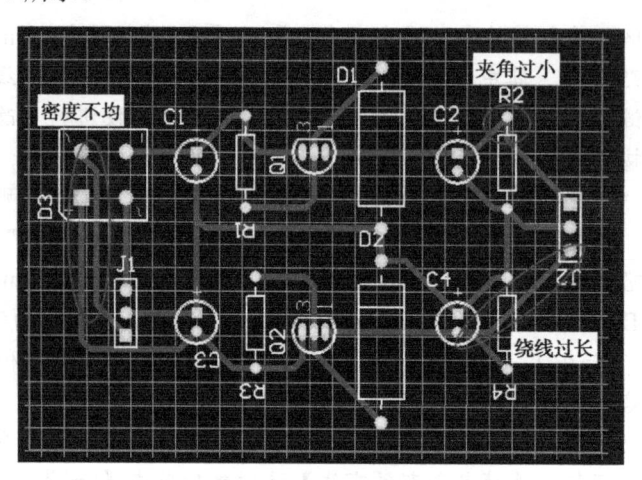

图2-77 自动布线结果

（2）手工修改布线。

由图2-77可见，尽管自动布线器提供了一个容易且强大的布线方式，自动布线的结果仍有多处不理想的情况，最常见的现象有走线转弯太多造成导线过长、夹角太小导致夹角处电阻突变、密度不合理导致没有充分利用印制板空间等。

举例：手工修改图2-77中夹角过小的那条连线：确定当前层为底层；执行菜单【放置】→【交互式布线】或单击"配置"工具栏上的 按钮，将十字光标放在电阻R2焊盘2中心，单击鼠标确定导线的第一个点；水平移动光标到连接件J2上方，往下移动光标，这时导线出现两段，第一段是蓝色实线，是正在放置的导线，第二段是空心线，称为先行段导线，连在光标上，这一段位置灵活，易绕开障碍物；移动光标使导线拐角处出现45°时单击确定转折位置，继续移动光标到J2焊盘1中心双击固定该条导线，这时可以看到，原来那条不合理走线已经被自动移除。若要结束连线，单击鼠标右键，此时光标还呈现"十"字，表示依然处于连线状态，可按同样方法手工修改其余不合理导线，若需取消导线放置模式，则再次单击右键或按【Esc】键。手工修改布线后的结果如图2-78所示。

也可以先取消已布导线，再手工布线，这时在手工连线过程中，飞线连在光标上，随光标移动。

取消布线的方法是执行【工具】→【取消布线】菜单命令，具体有以下几种操作：

◆ 全部对象：清除全部导线。
◆ 网络：单击某网络连接上的任一点，则取消与之同名的整个网络连接导线。
◆ 连接：单击某连接线上的任一点，则取消两个焊盘间的连接导线。
◆ 元件：单击某元件，即可清除与该元件所有焊盘连接的导线。

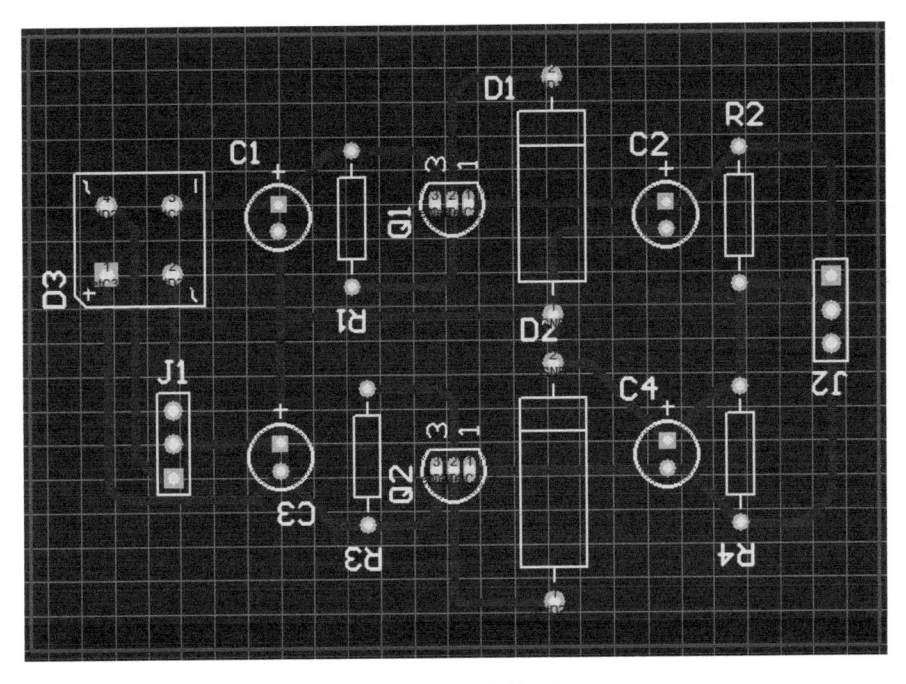

图 2-78　手工布线结果

6. 后续操作

（1）调整元件标注。

元件标注一般要求排列整齐、方向一致，不能放在元件的框内、焊盘上或过孔上。如图 2-78 所示的 PCB 图中，元件标注存在反向等问题，为提高 PCB 的可读性，必须手工调整元件标注，主要采用移动和旋转的方式进行，与元件的操作相似。

（2）绘制物理边框。

单击层标签 Mechanical 1，使机械层 1 作为当前工作层，按照上节介绍的方法，使用"实用工具"工具栏中的"放置直线"工具，在机械层 1 画出封闭的 PCB 物理边框。

以上操作完成后如图 2-79 所示。

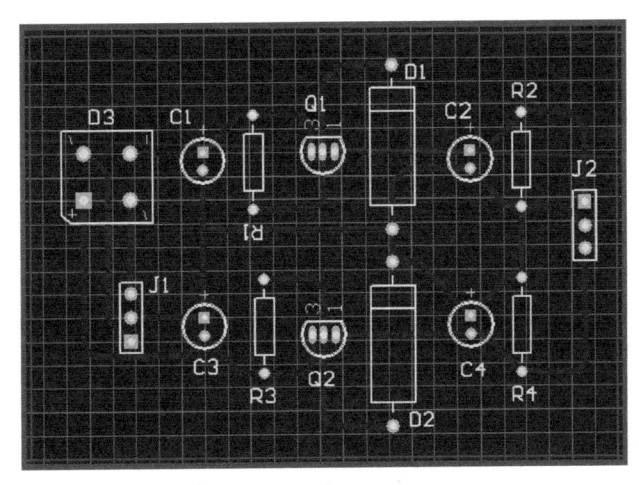

图 2-79　正负电源电路 PCB

7．PCB 设计的检查

Protel DXP 提供一个规则管理对话框来设计 PCB，并允许你定义各种设计规则来保证版图的完整性。比较典型的是，在设计进程的开始就设置好设计规则，然后在设计进程的最后用这些规则来验证设计。

设计规则检查用于检验 PCB 板上是否有违反规则的情况。

执行【工具】→【设计规则检查】菜单命令。保留所有选项为默认值，单击【运行设计规则检查】按钮。DRC 将运行，其结果将显示在 Messages 面板，并可以产生一个 DRC 报告。如图 2-80 所示，检验无误后即完成了 PCB 设计，准备生成输出文档。

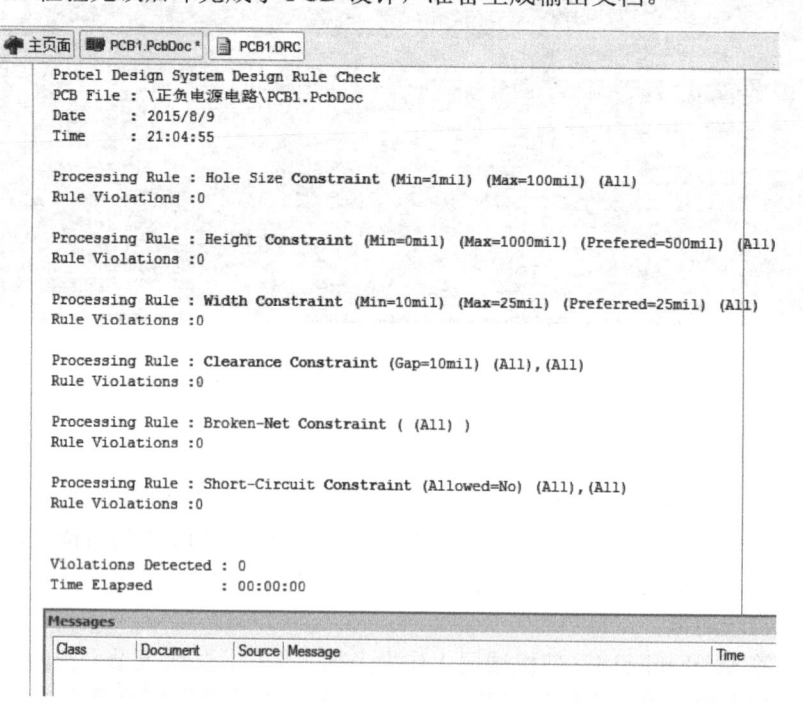

图 2-80　DRC 检查结果

8．三维视图

Protel 提供有 3D 预览功能，可以从不同角度在电脑上观察元件、丝印层文本、导线、电路板等的形状和位置，还可以查看布板密度，以便根据情况重新调整元件布局。

执行【查看】→【显示三维 PCB 板】菜单命令，系统将弹出如图 2-81 所示的窗口。

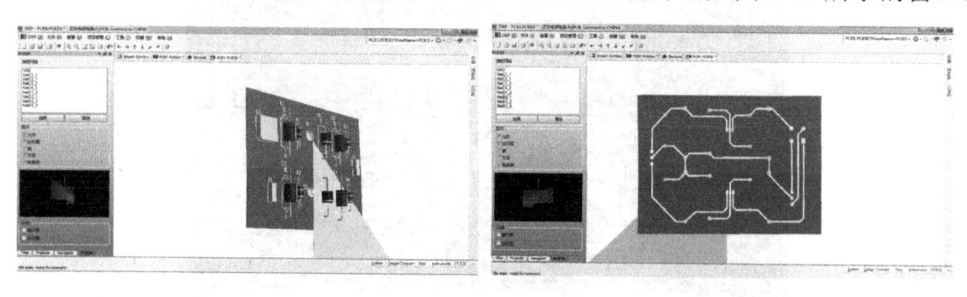

图 2-81　显示三维 PCB 板的顶层和底层

【动手练一练】

实训一 设计两级放大电路 PCB

一、实训目的

（1）熟悉 Protel DXP 2004 原理图编辑环境，熟悉 PCB 编辑环境。
（2）熟练使用常用的分立元件，熟练设置元件属性。
（3）掌握手工绘制单面板的方法。

二、实训任务

采用手工方式将图 2-82 所示的两级放大电路设计为单面 PCB。要求线宽 20mil，并合理规划印制板。

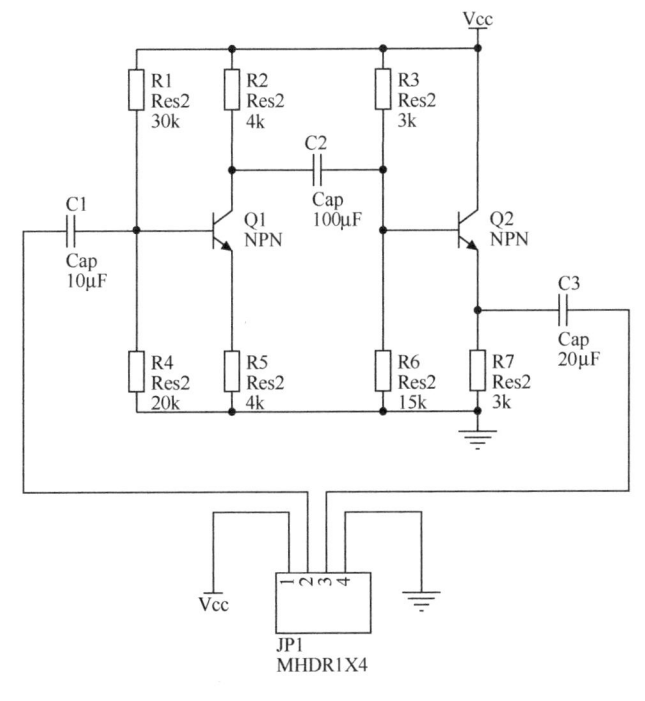

图 2-82 两级放大电路原理图

三、实训内容

（1）在 D 盘根目录下以自己的"学号+姓名+实训 1"建立文件夹，用于保存实训一的文件。
（2）在上述文件夹中建立 PCB 文件，打开【元件库】面板，浏览库文件，按照表 2-4 提示放置各元件的封装。在放置元件之前按下【Tab】键设置其属性。

表 2-4 两级放大电路元件清单

标 号	元器件名称	封 装	元器件所在库	说 明
Q1、Q2	NPN	BCY-W3	Miscellaneous Devices.IntLib	三极管
R1～R7	Res2	AXIAL-0.4	Miscellaneous Devices.IntLib	电阻

续表

标 号	元器件名称	封 装	元器件所在库	说 明
C1、C2、C3	Cap	RAD-0.3	Miscellaneous Devices.IntLib	电容
JP1	MHDR1X4	MHDR1X4	Miscellaneous Connectors.IntLib	接口

（3）执行【设计】→【规则】菜单命令，在弹出的"PCB 规则和约束编辑器"对话框中，取消选中"Short Circuit"检查项的"有效"栏，以禁止短路规则检查。

（4）调整元件的位置，使其朝向尽可能一致，并利于布线。将所有线宽设置为 20mil。

（5）单击层标签【Bottom】使之突起，用交互式布线工具在底层画线，使元件间的连接关系与图 2-82 所示一致。连接导线尽可能短而少转弯，导线夹角呈 45°（外角）。

（6）在机械层绘制电路板边框，并执行【设计】→【PCB 板形状】→【根据选定的元件定义】菜单命令。

实训二　设计锯齿波发生电路 PCB

一、实训目的

（1）熟悉 Protel DXP 2004 PCB 编辑环境。
（2）掌握电路原理图及说明性图形的绘制。
（2）掌握由原理图更新 PCB 的方法。
（3）掌握单面板的设计方法。

二、实训任务

将图 2-83 所示的锯齿波发生电路设计为单面 PCB。要求线宽 25mil，并合理规划印制板，按照表 2-5 提示放置各元件的封装。

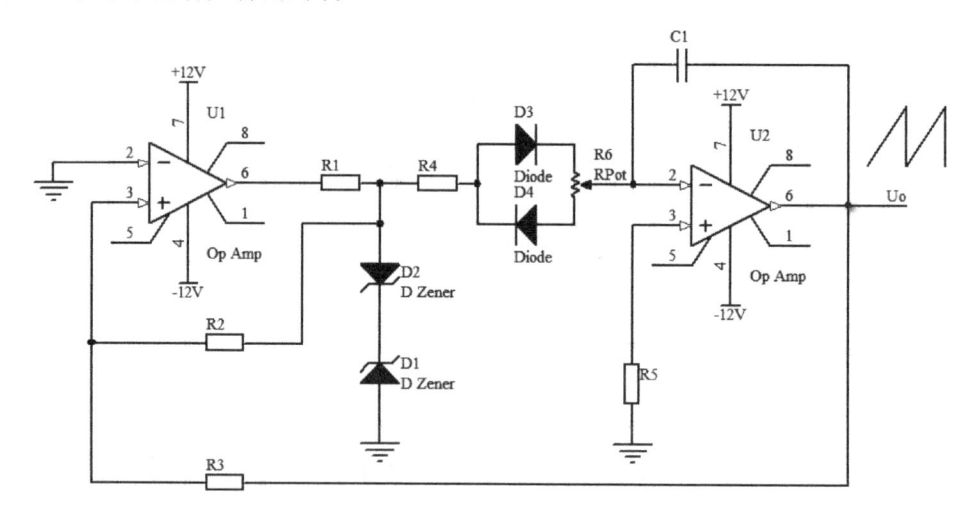

图 2-83　锯齿波发生电路原理图

表 2-5　锯齿波发生电路元件清单

标 号	元器件名称	封 装	元器件所在库	说 明
U1、U2	Op Amp	CAN-8/D9.4	Miscellaneous Devices.IntLib	集成运放

续表

标 号	元器件名称	封 装	元器件所在库	说 明
R1~R5	Res2	AXIAL-0.4	Miscellaneous Devices.IntLib	电阻
C1	Cap	RAD-0.3	Miscellaneous Devices.IntLib	电容
D1、D2	D Zener	DIODE-0.7	Miscellaneous Devices.IntLib	稳压二极管
D3、D4	Diode	DIO7.1-3.9x1.9	Miscellaneous Devices.IntLib	二极管
R6	RPot	VR5	Miscellaneous Devices.IntLib	可调电阻

三、实训内容

（1）在 D 盘下以自己的"学号+姓名+实训 2"为名建立文件夹，用来保存实训二的设计项目和文件。

（2）以自己姓名拼音的首字母为名字建立项目文件，保存在上述文件夹中。

（3）在上述项目中建立原理图文件，打开原理图文件并适当放大编辑区。

（4）按照图 2-83 绘制原理图。绘制完成后运行编译命令 ERC 检查原理图是否存在错误，并修正编译错误。

（5）在上述项目中利用导航建立 PCB 文件，并保存。

（6）在原理图编辑窗口，执行【设计】→【Update PCB Document...】菜单命令，更新 PCB。若更新过程中存在错误，需修正后再次更新。

（7）元件布局，并规划电路板形状大小。

（8）设置布线规则。执行【设计】→【规则】菜单命令，将整板线宽设为 25mil；将布线层设为底层，顶层禁止布线。

（9）执行自动布线，手工调整布线。

（10）DRC 检查，并修正至无错误。

（11）在机械层绘制电路板边框，执行【设计】→【PCB 板形状】→【根据选定的元件定义】菜单命令。

实训三 设计可调式稳压电源电路 PCB

一、实训目的

（1）熟悉原理图编辑环境和 PCB 编辑环境。

（2）掌握电路原理图的绘制。

（3）练习加载元件库。

（4）熟悉单面板的设计方法。

二、实训任务

将图 2-84 所示的可调式稳压电源电路设计为单面 PCB。要求线宽 25mil，并合理规划印制板，按照表 2-6 提示放置各元件的封装。

三、实训内容

（1）在 D 盘下以自己的"学号+姓名+实训 3"为名建立文件夹，用来保存实训三的设计项目和文件。

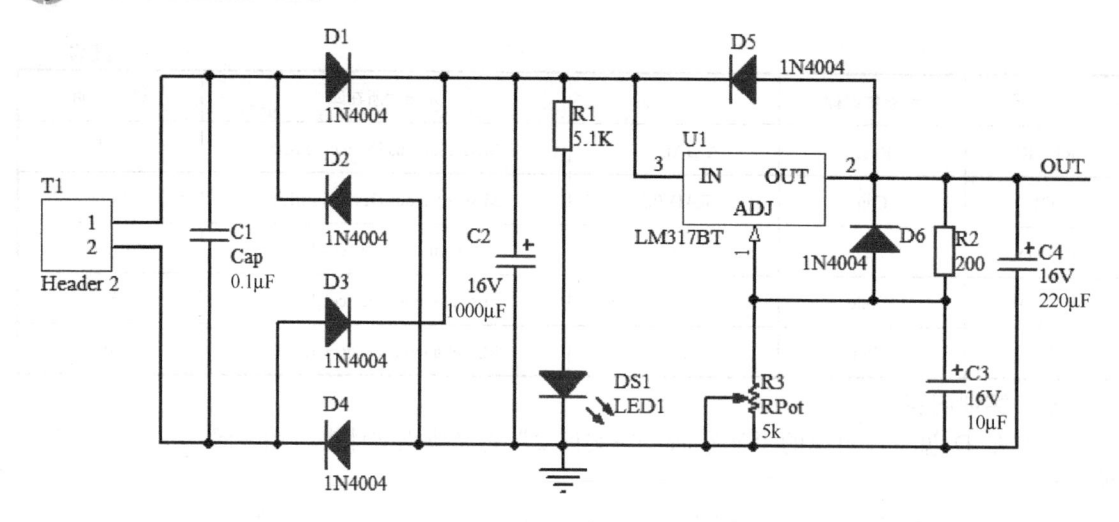

图 2-84 可调式稳压电源电路原理图

表 2-6 可调式稳压电源电路元件清单

标　号	元器件名称	封　装	元器件所在库	说　明
T1	Header 2	HDR1X2	Miscellaneous Connectors.IntLib	接口
C1	Cap	RAD-0.3	Miscellaneous Devices.IntLib	电容
D1～D6	Diode 1N4004	DIO10.46-5.3x2.8	Miscellaneous Devices.IntLib	整流二极管
C2～C4	Cap Pol2	POLAR0.8	Miscellaneous Devices.IntLib	电解电容
R1、R2	Res2	AXIAL-0.4	Miscellaneous Devices.IntLib	电阻
DS1	LED1	LED-1	Miscellaneous Devices.IntLib	发光二极管
U1	LM317BT	221A-04	Motorola Power Mgt Voltage Regulator.IntLib	三端可调稳压器
R3	RPot	VR5	Miscellaneous Devices.IntLib	可调电阻

（2）以自己姓名拼音的首字母为名建立项目文件，保存在上述文件夹中。

（3）在上述项目中建立原理图文件，按照图 2-84 绘制原理图，并保存。

（4）编辑完成后运行编译命令进行 ERC 检查，并修正编译错误。

（5）在上述项目中建立 PCB 文件，并保存。

（6）由原理图更新 PCB。若更新过程中存在错误，改正后再次更新。

（7）元件布局。

（8）设置布线规则。执行【设计】→【规则】菜单命令，将整板线宽设为 25mil；将布线层设为底层，顶层禁止布线。

（9）自动布线，手工调整布线。

（10）DRC 检查，并修正至无错误。

（11）在机械层绘制电路板边框，执行【设计】→【PCB 板形状】→【根据选定的元件定义】菜单命令。

任务三

设计双层板

任务描述

- 绘制模拟交通灯控制电路原理图
- 设计双层 PCB
- 电源和地线宽 40mil，其他信号线 15mil，放置 4 个 3mm 安装孔

学习要点

- 双层 PCB 设计流程
- 各层的作用
- 绘制电路原理图
- 规则设置
- 布局布线的方法

学习目标

- 掌握 PCB 设计的工作流程
- 熟练绘制电路原理图
- 能够选择合适的元件封装
- 能够根据要求设置相应规则
- 能够根据检查的提示信息修改原理图和 PCB
- 能够设计双层 PCB

专业词汇

signal: 信号　　　　　　　internal planes: 内电层　　　mask layer: 屏蔽层
silkscreen layer: 丝印层　　keep-out layer 禁止布线层　　install 安装　　grid 网格
net label: 网络标签　　　　bus: 总线　　　　　　　　　port: 端口
through hole components: 插脚元件　　surface mount components: 表贴元件

【任务说明】在本任务中，我们将设计模拟交通灯的印制电路板，完成一个基本的 PCB 设计过程。通过绘制一个较复杂的原理图，学会使用网络标签、总线等工具，并在设计双层电路板的过程中，掌握 PCB 设计的流程、布局布线的基本原则、设计规则的作用和设置方法，学会根据系统检查提示来修改原理图和 PCB。

在这个任务中，我们需要解决以下几个问题：
（1）PCB 设计中各层的作用是什么？
（2）如何加载元件库？
（3）元件连接有哪几种方式？
（4）怎样选择更新元件封装？
（5）布局布线的原则和步骤是什么？
（6）布局布线的规则怎样设置？
（7）如何检查设计过程的错误？

3.1 认识 PCB 的工作层

1. PCB 设计中的层

Protel DXP 提供有多种类型的工作层。只有在了解了这些工作层的功能之后，才能准确、可靠地进行印制电路板的设计。通过执行【设计】→【PCB 板层次和颜色】菜单命令，打开"板层和颜色"对话框，可以设置各工作层及某些系统对象的可见性、颜色等，如图 3-1 所示，其中与 PCB 设计相关的工作层介绍如下。

（1）信号层（Signal Layers）。主要用于放置与信号有关的电气对象，分为顶层（Top Layer）、底层（Bottom Layer）和中间层（Mid Layer）。顶层和底层可以放置元件和铜膜导线，中间层只能布设铜膜导线。单层板的信号层为底层，双面板为顶层和底层。Protel DXP 能够设置 32 个信号层，每层用不同的颜色来表示。

（2）内电层（Internal Planes）。一般不布线，由整片铜膜构成，专门用于多层板系统供电，信号层内需要与电源或地线相连接的网络通过焊盘、过孔实现与内电层相连接，这样可缩小供电线路的长度，降低电源阻抗。同时，专门的电源层在一定程度上隔离了不同信号层，有助于降低不同信号层间的干扰。Protel DXP 能够设置 16 个内电层。

（3）机械层（Mechanical Layers）。用于放置电路板的物理边界、关键尺寸信息、电路板生产过程中所需要的对准孔等。置于该层的对象不具备导电特性。Protel DXP 能够设置 16 个机械层。

（4）屏蔽层（Mask Layers）。包括两层阻焊层（Top Solder，Bottom Solder）和两层锡膏层（Top Paste，Bottom Paste）。阻焊层为负性输出，放置其上的焊盘等代表电路板上未覆铜区域。设置阻焊层是为了防止焊锡的粘连，避免在焊接相邻但不同网络焊点时发生短路。锡膏层主要用于 SMD 元件的安装，该层也是负性输出。设置锡膏层是为了在安装贴片元件时保护电路板上不需镀锡的地方不被镀锡。

（5）丝印层（Silkscreen Layers）。用于显示电路板上元件的外形轮廓、编号或其他文本信息。包括顶层丝印层（Top Overlay）和底层丝印层（Bottom Overlay），系统默认为顶层丝印层。

（6）禁止布线层（Keep-Out Layer）。用于定义 PCB 的闭合电气边界，划定了元件放置和布线的区域范围。

（7）多层（Multi-Layer）。凡是放置在该层的对象均表示自动放到所有的信号层上，设计过程中主要用于放置电路板上所有的通孔式焊盘和过孔。

（8）钻孔层（Drill Layer）。提供制造过程的钻孔信息，包括钻孔指示图（Drill Guide）和钻孔图（Drill Drawing）。Drill Guide 主要是为了与手工钻孔以及与老的电路板制作工艺保持兼容，对于现代制作工艺而言，更多采用 Drill Drawing 来提供钻孔参考文件。一般在 Drill Drawing 工作层中放置钻孔的指定信息。无论是否将 Drill Drawing 工作层设置为可见状态，在输出时自动生成的钻孔信息在 PCB 文档中均可见。

设计单层或双层板时，按照图 3-1 设置各层的可见性即可。板层在系统中的颜色建议不要更改，以免误导用户。

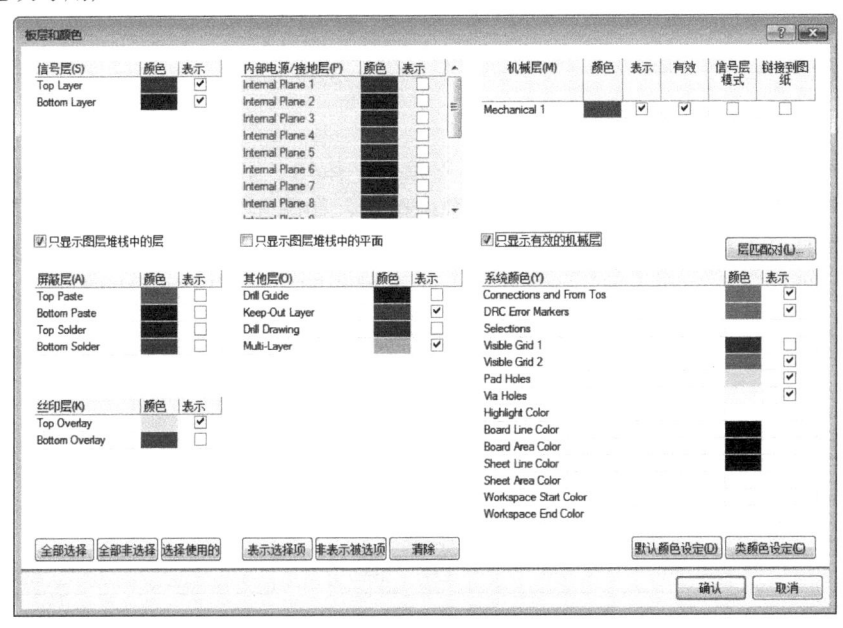

图 3-1 电路板层及颜色设置对话框

2．工作层的管理

在 PCB 编辑器界面下，执行【设计】→【层堆栈管理器】菜单命令，弹出如图 3-2 所示的"图层堆栈管理器"对话框。

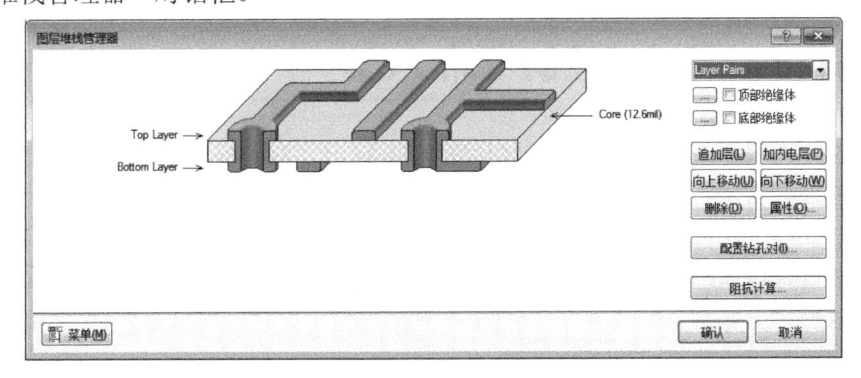

图 3-2 "图层堆栈管理器"对话框

（1）编辑信号层。选定 Top Layer 或 Bottom Layer，单击【追加层】按钮，则完成一个中间信号层的添加，如图 3-3 所示；选定信号层，单击【属性】按钮，可以打开"编辑层"对话框，设置该层的名称和印刷铜的厚度，如图 3-4 所示；选中层，单击【删除】按钮或【向上/下移动】按钮，可以实现对该层的删除、移动操作。

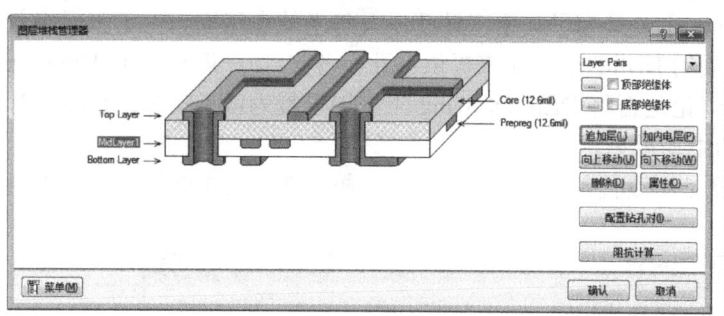

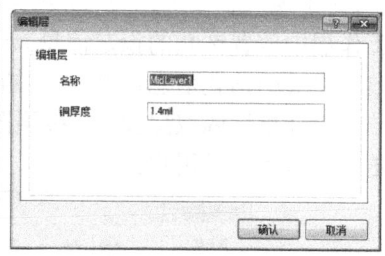

图 3-3 添加信号层　　　　　　图 3-4 信号层的属性修改

（2）编辑内电层。选定顶层，单击【加内电层】按钮，则完成一个内部电源或接地层的添加。单击两次【加内电层】按钮，添加两个内电层，如图 3-5 所示；选定内电层，单击【属性】按钮，在打开的如图 3-6 所示的"编辑层"对话框中可以设置内电层名称、印刷铜厚度、相连的电源或地网络名称和去掉边铜宽度。与信号层相同，也可以对内电层进行删除和移动。

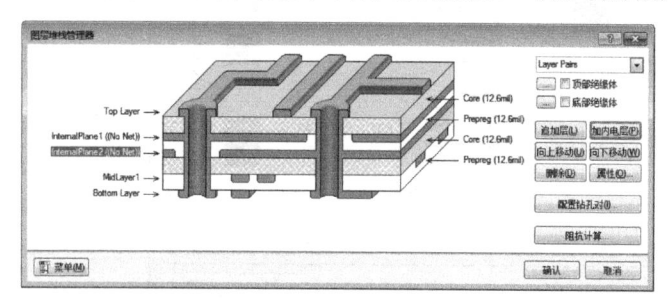

图 3-5 添加内电层　　　　　　图 3-6 内电层的属性修改

当需要几个网络共享一个电源层时，可以将其分割成几个区域。通常的做法是将引脚最多的网络最先指定到电源层，然后再为将要连接到电源层的其他网络定义各自的区域，每个区域由被分割网络中所有引脚的特定边界规定。

3.2　设计模拟交通灯控制电路 PCB

双层板也称为双面板，它是包括顶层和底层的 PCB，双面都布线。顶层和底层的电气连接通过焊盘或过孔实现，无论是焊盘还是过孔内壁都经过金属化处理。相对于单层板而言，双层板极大地提高了布线的灵活性和布通率，适应比较复杂的电气连接要求。

本任务通过设计如图 3-7 所示的模拟交通灯控制电路的 PCB，介绍双层电路板的设计过程及相关操作技巧。

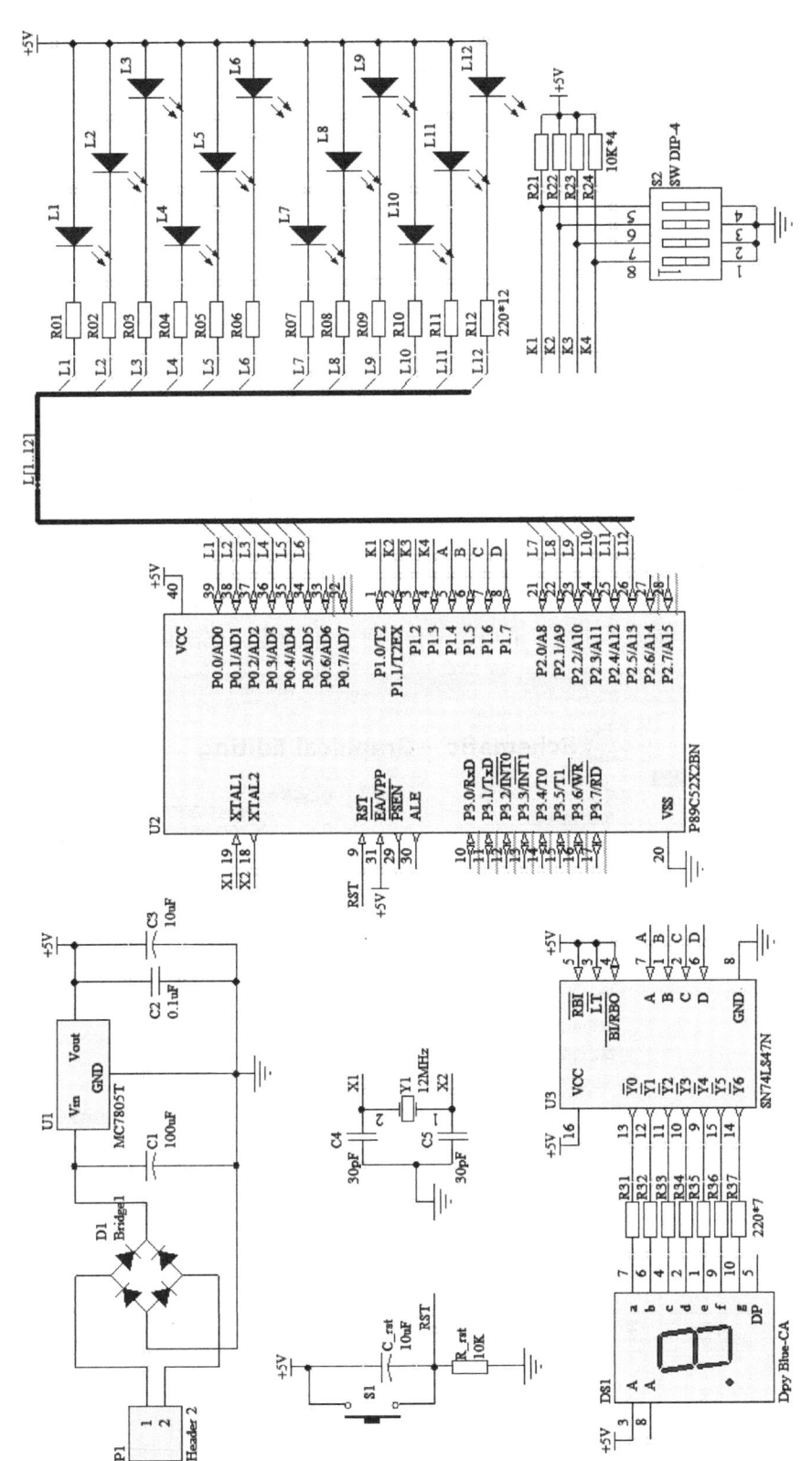

图3-7 模拟交通灯控制电路

首先，创建 PCB 项目，保存为"模拟交通灯.PrjPCB"，并在其下新建原理图文件，保存为"模拟交通灯.SchDoc"，然后进行下面的操作。

3.2.1 编辑原理图

与任务二的图 2-27 正负电源电路相比，图 3-7 所示电路比较复杂，元件种类增多，个别元件不能在常用元件库中找到，图中还用到了网络标签和总线的连接方式，基于此，本节介绍一些原理图的高级编辑技巧和相关技术。

1. 设置原理图相关参数

执行【工具】→【原理图优先设定】菜单命令，在弹出的"优先设定"对话框中可以看到，与原理图相关的选项有九类。一般情况下使用系统默认值即可，此处仅对比较常用的两个选项进行介绍。

（1）自动平移设置。

有些时候，在放置元件或导线时，随着鼠标的移动，光标在视图中快速移动，界面切换不易控制，这时可以单击"优先设定"对话框的【Graphical Editing】选项，如图 3-8 所示。选择"自动摇景选项"中的"风格"下拉列表为"Auto Pan Off"（关闭自动平移）或者"Auto Pan ReCenter"（以光标位置为中心自动平移），也可以使用默认的"Auto Pan Fixed Jump"（按设置的步长自动平移），同时拖动"速度"滑块调节自动平移的速度。修改后单击【确认】按钮。

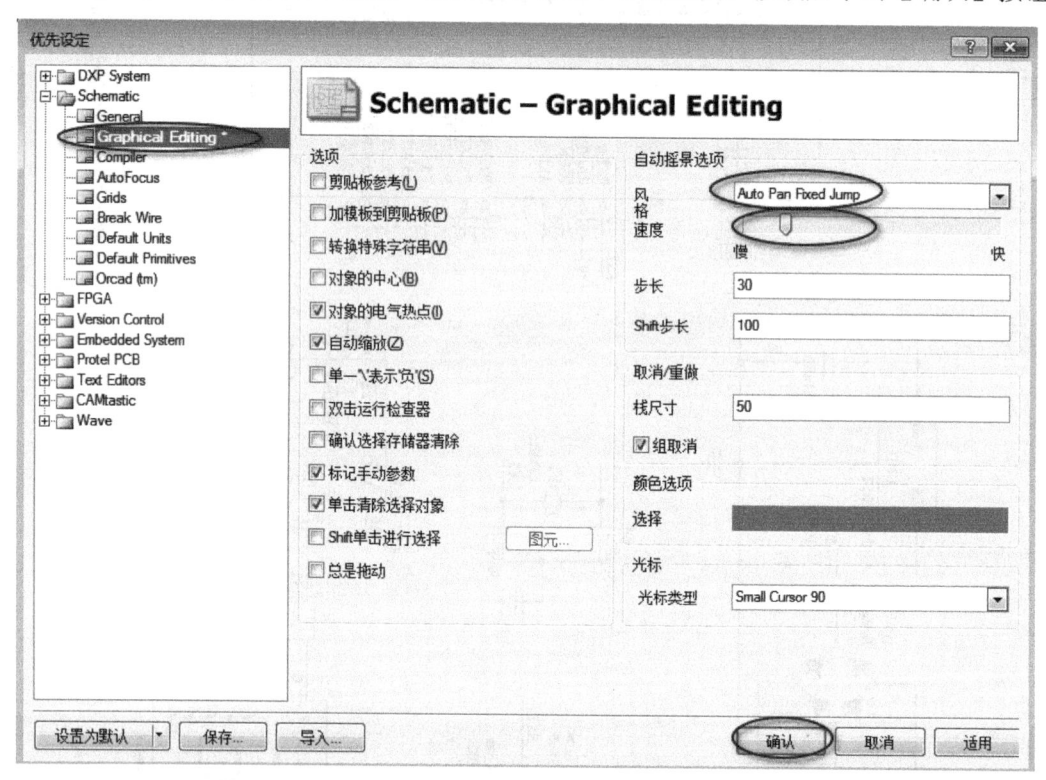

图 3-8　光标自动平移设置

（2）网格颜色设置。

绘制原理图时，如果图纸中的网格颜色太浅，会影响设计者对齐元件、拉直导线；网格颜色太深不易看清元件及引脚，这时可以单击"优先设定"对话框中的【Grids】选项，修改网格颜色，如图3-9所示。但是，这样修改后原理图编辑器的捕获网格会自动变为"1"，为了使电气对象能够放在网格上，应将捕获网格设置回原来的"10"。

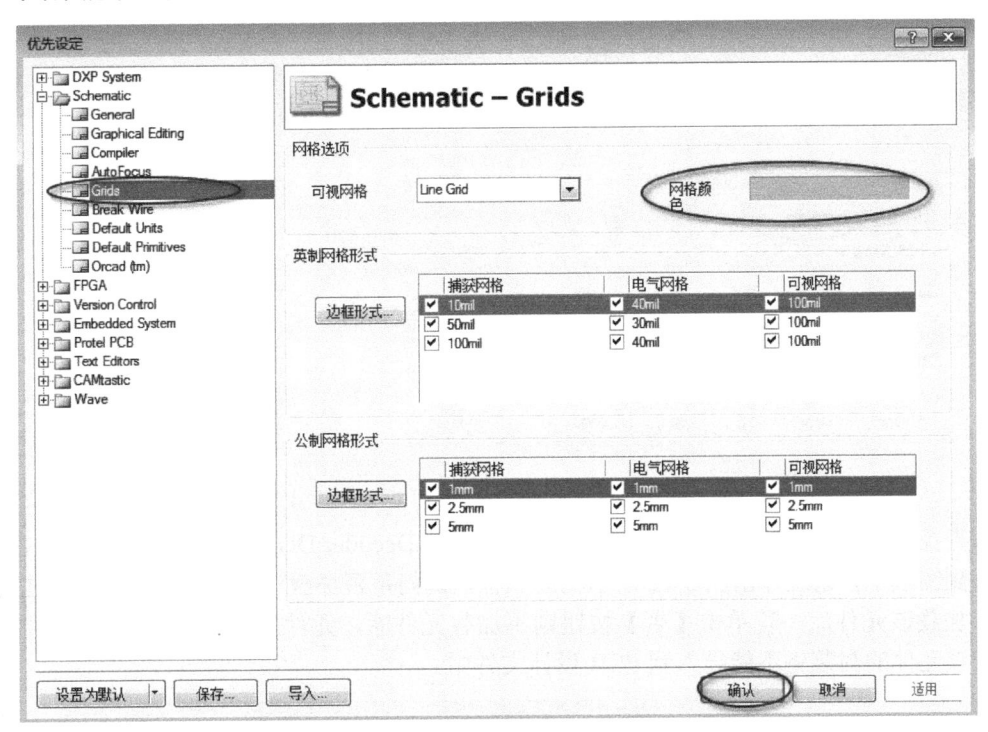

图3-9　图纸网格颜色设置

2．查找元件

（1）搜索元件并加载库。

本例中的元件SN74LS47N不能在常用元件库中查找到，对初学者而言又不清楚该元件所在的库，这种情况下，可以使用系统提供的查找功能搜索元件，并加载相应元件库。

单击工作面板【元件库】中的【Search…】按钮，弹出"元件库查找"对话框，如图3-10所示。

在空白文本栏输入要查找的元件名，为了提高查找的效率，也可以使用"*"通配符进行模糊查找。

在【选项】栏中的"查找类型"下拉列表选择"Components"，表示查找原理图元件，选择"Protel Footprints"表示查找PCB封装；勾选"清除现有查询"表示清除当前存在的查询结果。

【范围】若选中"可用元件库"表示在已经加载的元件库中搜索元件，若选中"路径中的库"则表示按照指定路径搜索。

【路径】用来指定元件库所在路径，通常设置为安装目录下的"Library"文件夹；勾选"包含子目录"表示指定目录中的子目录也将被搜索。

【文件屏蔽】能够设置查找的库文件类型，默认为"*.*"表示在任意文件中查找。

本例按如图3-10所示设置后，单击【查找】按钮开始查找，系统弹出【元件库】工作面板，显示正在搜索，单击【Stop】按钮可停止搜索，查找结束后，面板中将显示查找到的元件情况，如图 3-11 所示。

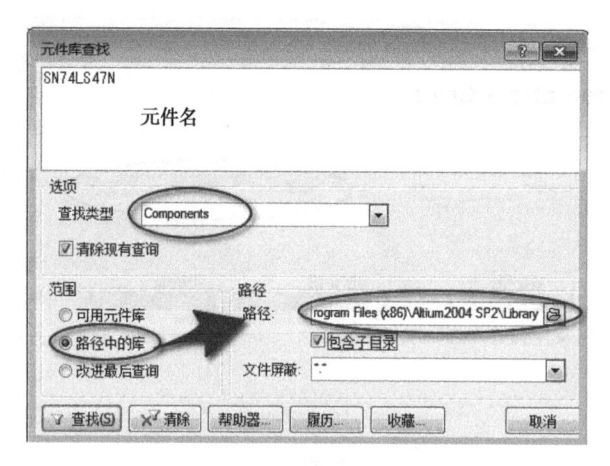

图 3-10　查找元件设置

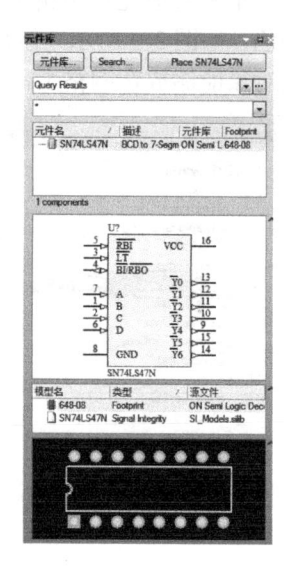

图 3-11　元件查找结果

从查找结果中可以看出该元件在"ON Semi Logic Decoder Demux.IntLib"库中，双击该元件放置到图纸中，系统弹出图 3-12 所示的对话框，询问是否加载该元件所在的库，单击【是】按钮，加载该元件库。若单击【否】按钮则不加载元件库，元件仍然可以放置用于绘制原理图，但该元件的封装将不能导入到 PCB 设计文件中。

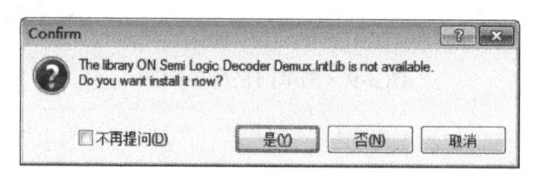

图 3-12　加载元件库提示框

（2）直接加载元件库。

Protel DXP 的库文件是按照元件制造商和元件功能进行分类的，并且存放在"Library"下的以公司名称命名的文件夹中，例如"Texas Instruments"文件夹中存放的是德州仪器公司生产的元件，其中集成元件库 TI Logic Gate 1.IntLib 里有常用的 74 系列门电路；而"Philips"文件夹中存放的是飞利浦公司生产的元件，其中"Philips Microcontroller 8-Bit.IntLib"库中包含 P89C51 系列单片机，也就是说图 3-7 中的核心元件 P89C52X2BN 就在该库中。基于此，如果用户知道某个元件在哪个库中，那么可以直接加载相应的库，从而提高查找元件的效率。

下面将通过直接加载 P89C52X2BN 元件所在库的方法，查找该元件。

在原理图编辑界面中，单击【元件库】工作面板的【元件库】按钮，弹出"可用元件库"对话框，如图 3-13 所示，选择【安装】选项卡，窗口中显示当前已加载的元件库。【项目】选项卡中显示的是当前选项中的库文件。

单击图 3-13 中的【安装】按钮加载库文件，系统将弹出"打开"对话框，此时可以选择库文件并单击【打开】来加载，如图 3-14 所示为加载库文件 Philips Microcontroller 8-Bit.IntLib 时的情况。加载完成后元件库列表如图 3-15 所示。

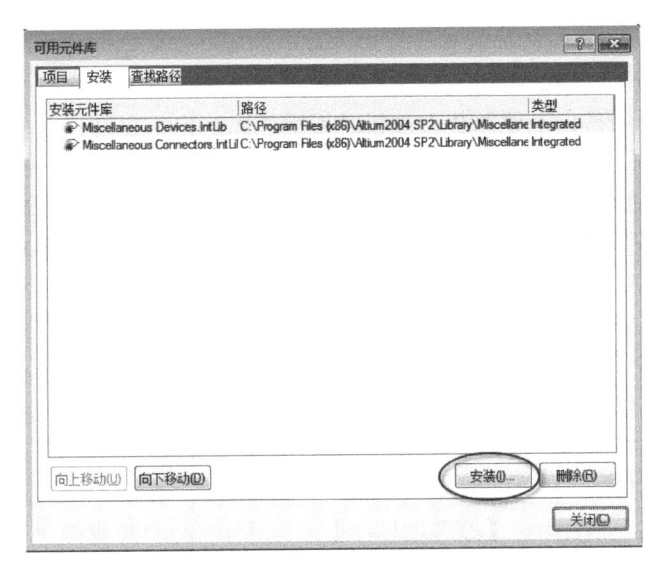

图 3-13 "可用元件库"对话框

图 3-14 加载元件库

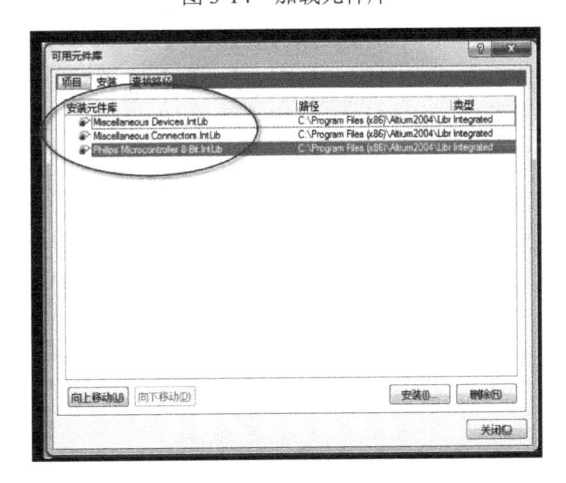

图 3-15 已加载的库文件

图 3-15 窗口所示的是已经加载到计算机内存中的库文件，这些库中的所有元件都可以被用户直接使用。而存放在硬盘中还没有被加载到元件库列表下的那些库中的元件是不能被直接取用的。需要注意的是，不要加载太多暂时不用的库，也不要打开太多设计项目，以免内存不足造成 DXP 运行过慢甚至无法保存文件。

若要卸载已添加的元件库，可在图 3-15 所示的窗口中选中待卸载的库文件名，然后单击【删除】按钮。也可同时按下【Ctrl】键，选中多个库文件删除。卸载库文件并不是彻底删除它，只是从内存中移除库文件，但仍然保存在硬盘中 DXP 安装路径下的"Library"文件夹中，下次需要时再加载进来即可。

3．复制和粘贴

在原理图编辑过程中，除了能够使用快捷键"Ctrl+C"和"Ctrl+V"进行复制、粘贴操作，设计者还可以通过合理使用橡皮图章和粘贴队列工具来提高绘图的效率。

（1）橡皮图章工具。

选中待复制对象，然后单击【原理图标准】工具栏中的 "橡皮图章"按钮或使用快捷键"Ctrl+R"，则对象被复制，如图 3-16 所示。此命令可连续复制对象。单击鼠标右键或按【Esc】键退出复制。

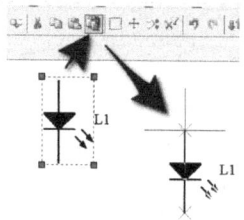

图 3-16 橡皮图章工具复制

（2）粘贴队列命令。

使用粘贴队列命令可以将剪贴板中的一个对象按照指定间距和有序编号复制到图纸上，在放置多个相同对象时非常有效。

按快捷键"Ctrl+C"复制对象后，执行【编辑】→【粘贴队列】菜单命令，弹出"设定粘贴队列"对话框，如图 3-17 所示。【项目数】设置复制对象的个数；【主增量】设置粘贴元件编号的递增值；【次增量】与原理图中的粘贴队列无关；【水平】设置粘贴对象间的水平距离，正值表示向右排列复制，负值表示向左排列复制；【垂直】设置粘贴对象间的垂直距离，正值表示向上排列复制，负值表示向下排列复制。按照图 3-17 设置后，在图纸待放置位置单击左键，即一次完成 7 个元件的复制。

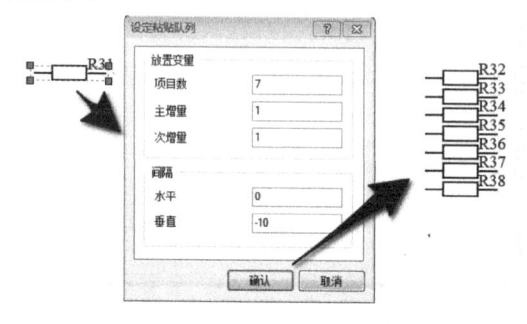

图 3-17 粘贴队列命令复制

4．放置网络标签

原理图中能实现电气连接的方法有四种：导线、网络标签、总线+总线入口+网络标签、端口。

在一些比较复杂的原理图中，直接使用导线连接元件，会使图纸显得杂乱，不利于读图，使用网络标签来连接，省去冗长的导线，则可以使图纸清晰易读。

网络标签具有电气连接特性，在元件引脚的端点处或者导线的任意位置处放置两个同名的网络标签，就建立起了它们的电气连接关系。

单击【配线】工具栏上的"放置网络标签" Net 工具，或执行【放置】→【网络标签】菜单命令，光标变为十字状并黏附着一个最近放置的网络标签。按【Tab】键，打开"网络标签"属性对话框，如图 3-18 所示，修改网络名称。确认后，将光标移动到需要放置该网络标签的引脚端点、导线或者总线上，当出现红色"×"时，表示捕捉到一个电气热点，单击放置网络标签，如图 3-19 所示。

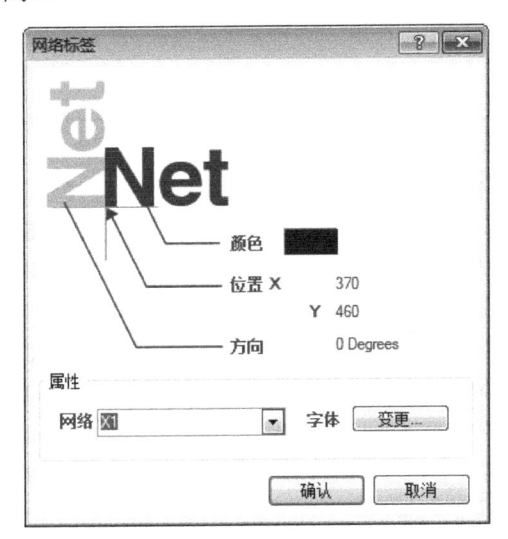

图 3-18 修改网络标签的网络名称

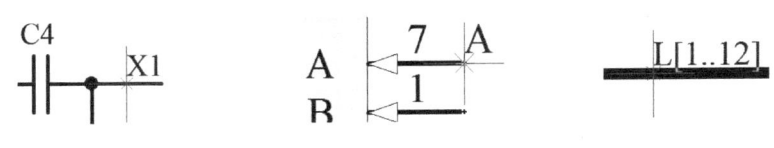

图 3-19 网络标签的放置

如果网络标签是以数字结尾的，连续放置时，其末尾的数字会自动加 1。单击右键取消放置。若要放置低电平有效的网络标签，则输入"\"符号，如 $\overline{CE}$，则输入 C\E\。

5．使用总线

绘图时，为了简化原理图、表达更专业，常用总线代替数条性质相同的并行导线。但总线和总线入口本身没有电气连接作用，实际连接电路时必须与网络标签配合使用，由网络标签完成电气连接。

单击【配线】工具栏上的"放置总线"工具和"放置总线入口"工具，或执行【放置】→【总线】→【总线入口】菜单命令绘制总线和总线入口，如图 3-20 所示。

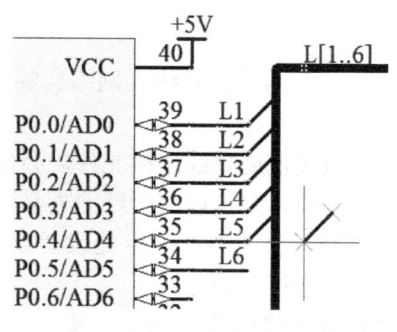

图 3-20 放置总线和总线入口

为了使制图标准化，且在 ERC 检查时不出现总线无连接的提示，可以在总线上放置总线网络标签。总线的网络标签格式为"总线名[n1..n2]"，其中 n1，n2 分别为起始分支导线号和末分支导线号。如图 3-20 所示，总线网络标签 L[1..6]表示该总线代表了 L1～L6 一组导线。总线的网络标签可以不放置，不会引起连接错误。

6．放置端口

端口通常表示电路的输入或输出，因此也称为 I/O 端口。端口通过导线与元件引脚相连，具有相同名称的 I/O 端口在电气上是相互连接的。

单击【配线】工具栏上的"放置端口"工具，或执行【放置】→【端口】菜单命令，进入放置端口状态，将光标移动到所需位置，单击左键确定端口起点，拖动光标调整端口的大小，再单击左键，即可放置一个端口，如图 3-21 所示。单击右键退出放置状态。

双击 I/O 端口，弹出其属性对话框，如图 3-21 所示。其中，"名称"栏设置 I/O 端口的名称；"I/O 类型"栏选择设置 I/O 端口的电气特性，共有 4 种类型，分别是 Unspecified（未指明或不指定的）、Output（输出）、Input（输入）、Bidirectional（双向的）。

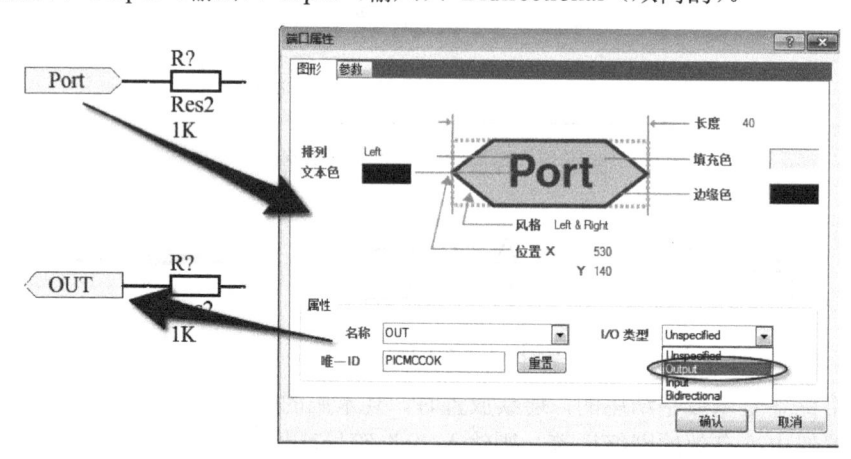

图 3-21 I/O 端口属性设置

7．自动标注元件

原理图中元件的默认编号为"类型+?"，绘图时由设计者在元件属性窗口中手工指定元件编号。当原理图中元件数目较多时，手工编号可能会出现重号、漏编的情况，采用自动标注则可以避免这种问题，而且可以提高效率，不过自动编号不适合已指定元件编号的图纸。

执行【工具】→【注释】菜单命令，弹出如图 3-22 所示的"注释"对话框。在【处理顺序】区选择编号的顺序；在【原理图注释】区勾选需要自动编号的文件及编号的设置等。右边窗口列出了元件的当前编号情况，若要重新编号则单击【Reset All】按钮，将元件编号全部恢复为"类型+?"的形式，然后单击【更新变化表】按钮重新对元件进行编号，最后单击【接受变化】按钮，系统弹出 3-23 所示的"工程变化订单"对话框。单击【使变化生效】按钮，确认元件编号修改无误后，单击【执行变化】按钮，完成元件编号的自动标注。

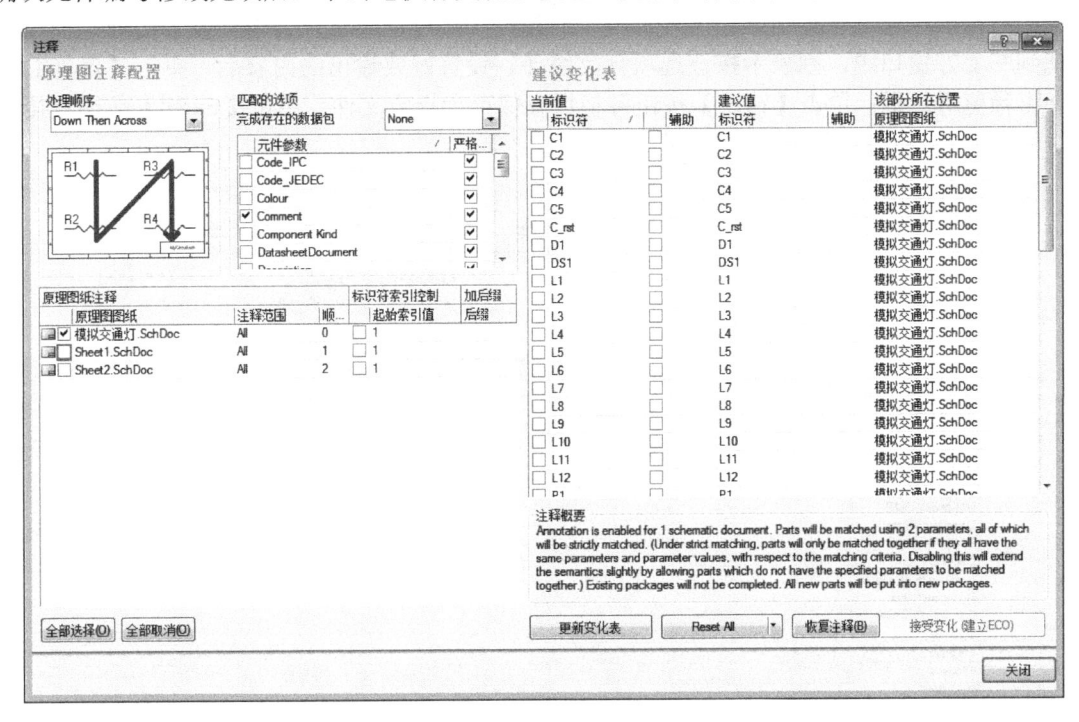

图 3-22　元件编号自动标注设置

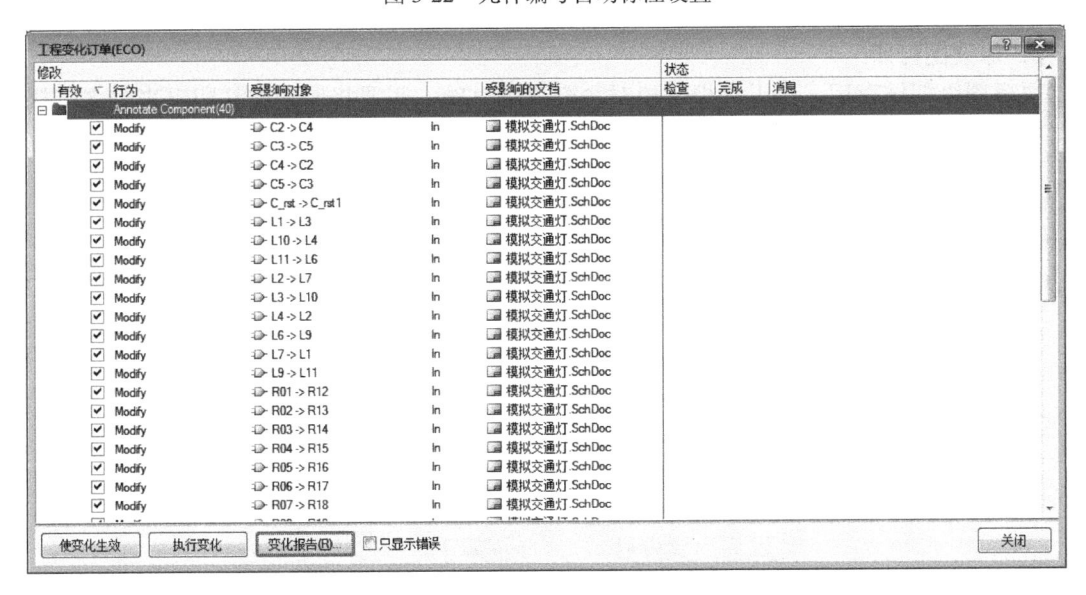

图 3-23　执行元件编号自动标注

8. 元件清单报表输出

当一个项目设计完成后，会进行元件采购。对于比较大的设计项目，元件的种类和数目都比较多，而且同种元件封装形式可能还有所不同，单靠人工很难将项目中的所有元件统计准确，为此，Protel 提供了专门的工具来完成这一任务。

打开模拟交通灯原理图，执行【报告】→【Bill of Materials】菜单命令，弹出如图 3-24 所示的对话框。勾选该对话框左下方窗口中的相关项，可以设置报告中要显示的列；按住某项拖到左上方窗口中，则表示按该选项分类统计。设置好要输出的内容后，单击【报告】按钮弹出预览对话框；单击【输出】按钮可将报表保存为指定文件；单击【Excel】按钮直接将报表输出为 Excel 文档。

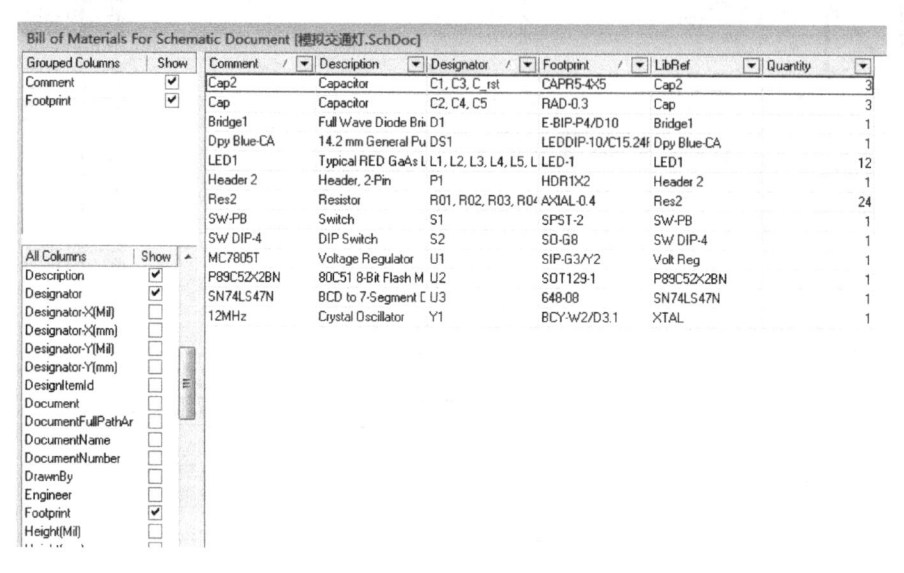

图 3-24　项目元件清单

9. 原理图打印

原理图绘制结束后，出于存档、校对、交流等目的，需要将原理图打印出来。这时执行【文件】→【页面设定】菜单命令，在如图 3-25 所示的对话框中设置打印纸、缩放比例、色彩等，设置方法与打印方法与 Office 的打印类似，此处不再赘述。

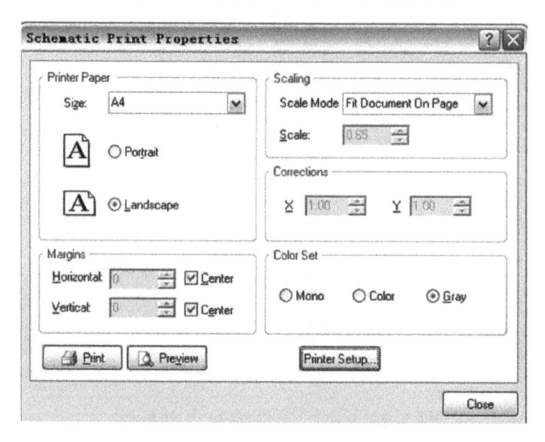

图 3-25　原理图打印设置

10．封装选择

在原理图绘制阶段，元件符号中引脚的编号必须与实物一致。如果有不熟悉的元件应该通过上网查找、向厂家咨询，或者购买实物的办法，明确元件引脚的作用和元件的封装。本例中的元件均为常用元件，对初学者推荐部分元件封装如表 3-1 所示，其余元件的封装采用默认设置。

表 3-1　元件封装清单

标　识　符	封　　装	标　识　符	封　　装
C1	CAPPR2-5x6.8	L1～L12	LED-1
C2	RAD-0.2	S2	DIP-8
C3、C_rst	CAPPR2-5x6.8	U1	SFM-T3/A4.7V
C4、C5	RAD-0.1		

3.2.2　双层 PCB 设计

1．创建 PCB 文件

原理图绘制完进行 ERC 检查，无误后执行【文件】→【创建】→【PCB 文件】菜单命令，保存为"模拟交通灯.PCBDOC"。用这种方法新建的 PCB 文件默认为双层板 PCB。将 PCB 文件拖放到与原理图在同一项目下，然后将原理图网络表加载到 PCB。

2．加载网络表

在 PCB 编辑界面下，执行【设计】→【Import Changes From 模拟交通灯.PRJPCB】菜单命令，将网络表导入 PCB，如图 3-26 所示。

在导入网络表过程中可能会出现错误。常见的错误有"Footprint Not Found …"、"Unknown Pin …"等，其原因主要是未指定元件封装或者封装名称不正确、元件封装库没有加载致使封装找不到、元件引脚数与封装焊盘数不对应等。根据消息提示返回原理图修改，再更新网络表到 PCB。

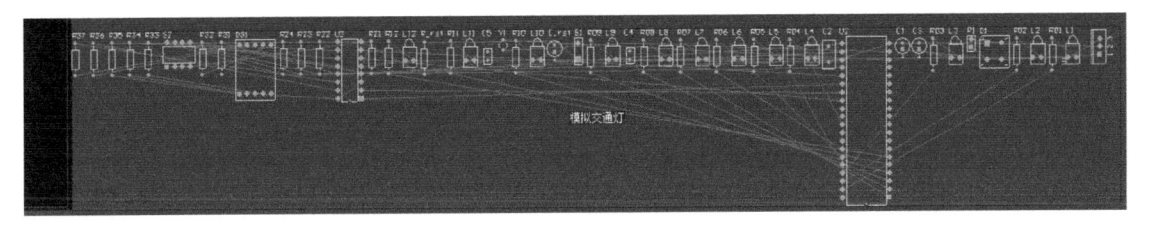

图 3-26　网络表加载到 PCB

3．规则设置

PCB 的设计规则可以在绘制原理图时就设置好，加载网络表时设计规则就会随网络表导入到 PCB；也可以在导入网络表后在 PCB 设计界面下设置规则。此处简单介绍在原理图中设置规则的方法，详细介绍在 PCB 下的规则设置。

依据布局布线的基本原则，本例设置各导电对象间的间距（Clearance）为 10mil；电源线和地线宽度为 40mil，其他信号线为 15mil；焊盘孔径最大值为 4mm。

方法一，在原理图中使用 PCB 布局标记设置规则：

在原理图编辑窗口中，执行【放置】→【指示符】→【PCB 布局】菜单命令，光标变成十字状并黏附着一个 PCB 布局标记，移动光标到需要设置规则的位置，单击放置该符号。如图 3-27 所示拟设置地线线宽为 40mil。

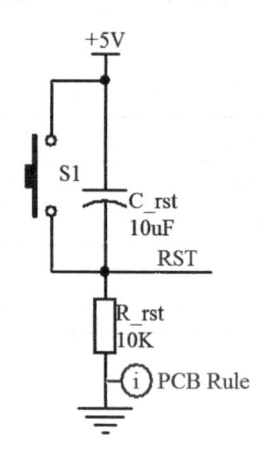

图 3-27　在地网络上放置一个 PCB 布局标记

双击该符号，弹出 PCB 布局"参数"对话框，单击【编辑】按钮，在弹出的"参数属性"对话框中单击【编辑规则值】按钮，可以看到"选择设计规则类型"对话框。该对话框包含了 PCB 设计的所有规则，双击"Routing"布线规则下的 "Width Constrain"就可以设置 GND 网络的线宽了，如图 3-28 所示。

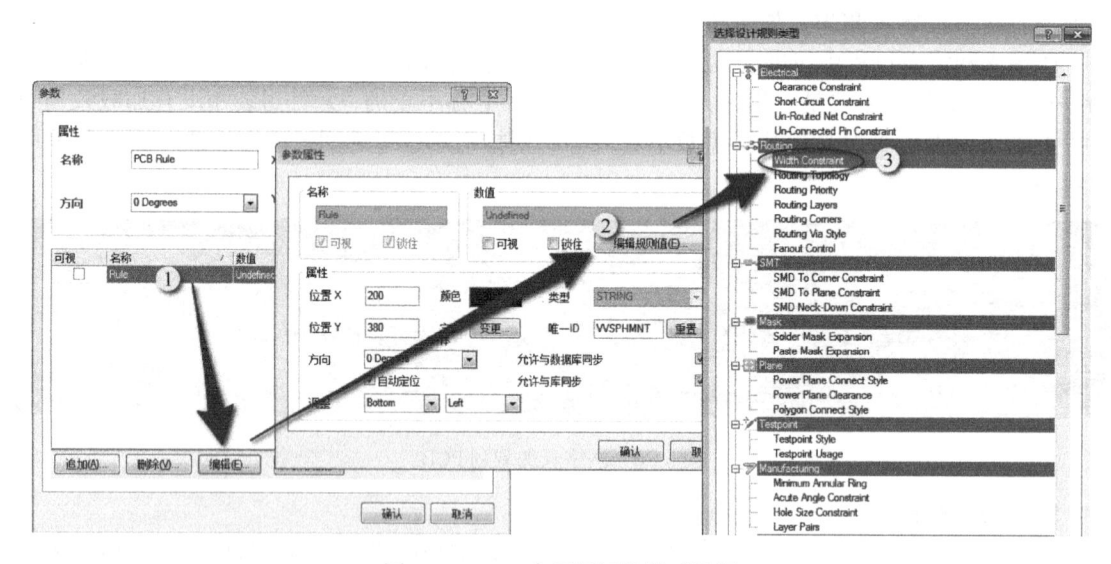

图 3-28　PCB 布局标记设置对话框

方法二，在 PCB 中设置设计规则：

（1）设置间距规则。执行【设计】→【规则】菜单命令，弹出"PCB 规则和约束编辑器"对话框，双击"Electrical"，再双击"Clearance"，打开"间距规则"，将"约束"选项设置为 10mil，如图 3-29 所示。

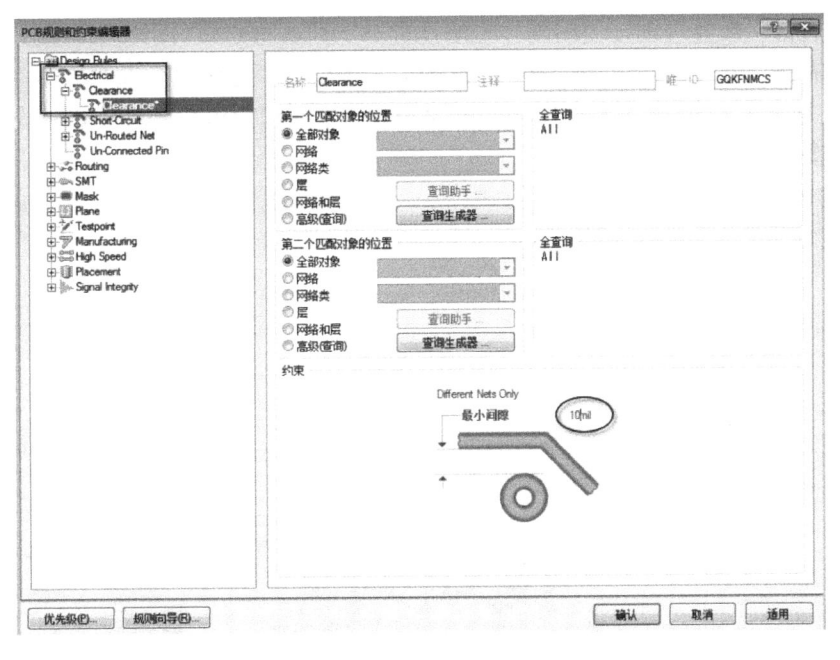

图 3-29 设置间距规则

（2）设置线宽规则。

◆ 右击"Routing"子规则下的"Width"，选择"新建规则"。在默认新建规则"Width_1"窗口中进行如下设置："名称"可以不用修改，本例为使规则设置更清晰，将名称改为"GND"；"第一个匹配对象的位置"选中"网络"，并在下拉列表框选中"GND"；"约束"中将"Min Width"设置为10mil，"Preferred Width"设置为40mil，"Max Width"设置为50mil，如图 3-30 所示。

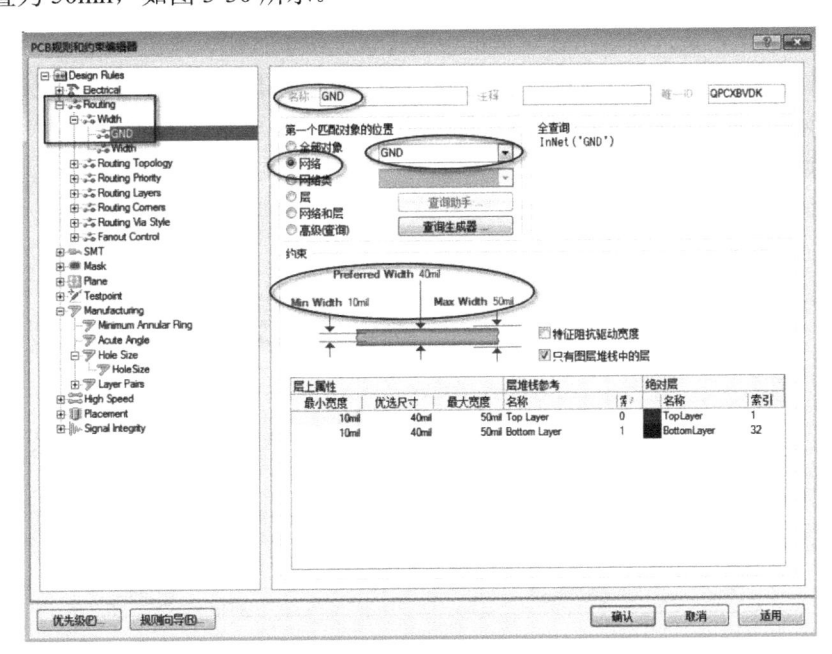

图 3-30 设置地线线宽

◆ 单击右键，新建规则，使用同样方法设置+5V 网络与 GND 网络同样的线宽。
◆ 单击右键，新建规则，在"第一个匹配对象的位置"选中"全部对象"；"约束"中将"Min Width"设置为 10mil，"Preferred Width"设置为 15mil，"Max Width"设置为 50mil，如图 3-31 所示。

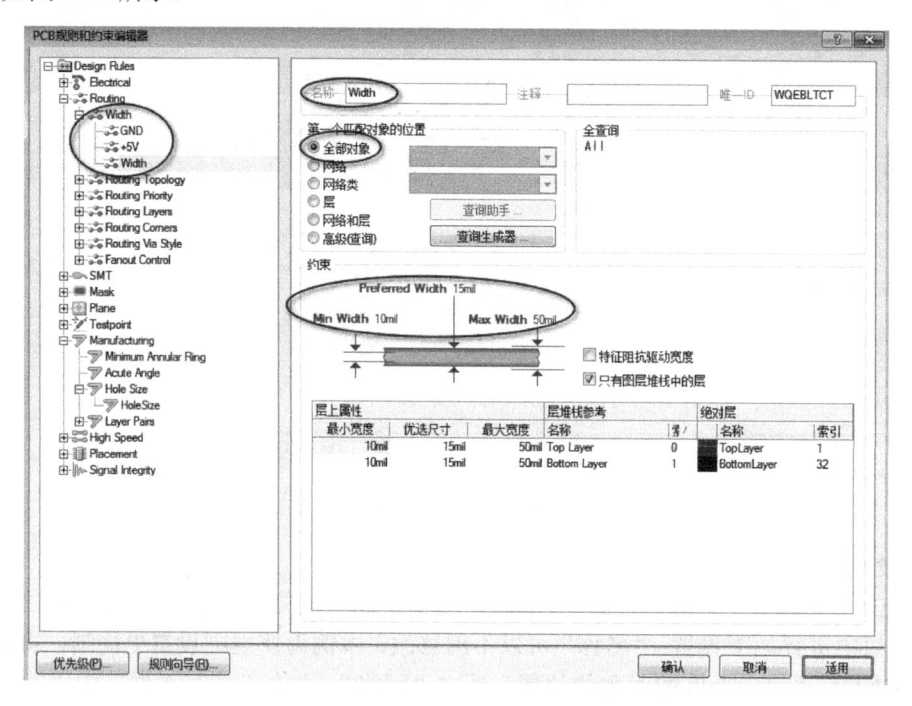

图 3-31　设置其他信号线线宽

◆ 查看图 3-31 左边窗口中"Width"子规则，规则顺序从上到下是否是 GND→+5V→Width，如果不是，则单击该对话框中的【优先级】按钮，弹出"编辑规则优先级"对话框，如图 3-32 所示。选择相应规则，根据情况单击【增加优先级】或者【减小优先级】按钮，调节规则的优先顺序，使 GND 规则排列在第一的位置，其次是+5V，最后是其他信号线。

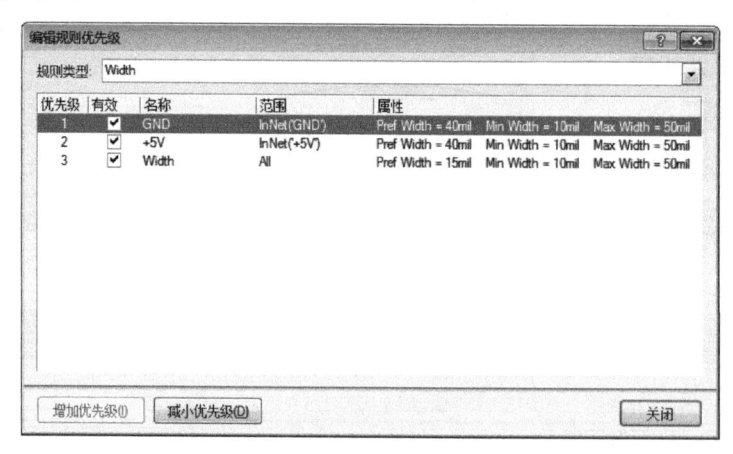

图 3-32　调整布线规则的优先顺序

（3）设置焊盘孔规则。双击"Manufacturing"子规则，选择"Hole Size"规则。将"约束"项下孔的"最大"值改为"4mm"，如图 3-33 所示。设置完毕后单击【确认】按钮。

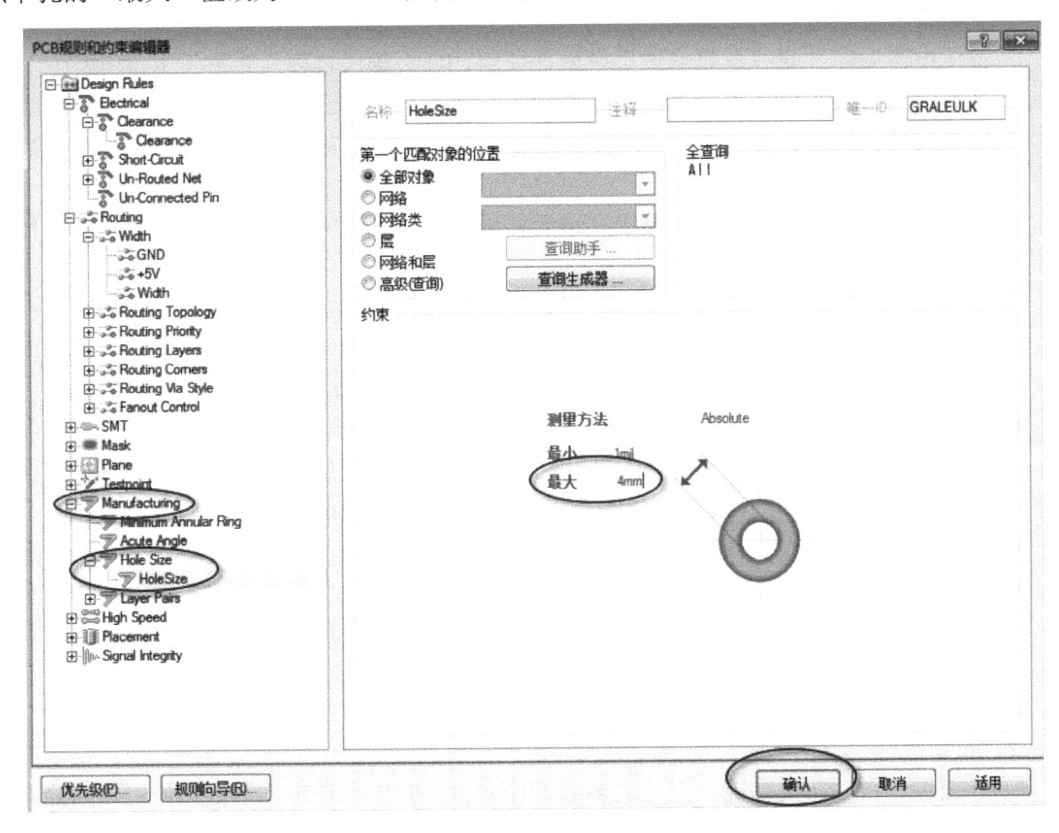

图 3-33　设置焊盘孔规则

4．PCB 布局

大多数电子设备对 PCB 板都有形状、大小的要求，这时应根据 PCB 的结构要求规划电路板的物理形状及尺寸，然后按布局规则摆放元件。本例对电路板的大小和外形无特殊要求，因此先布局再规划电路板。

PCB 布局首先要满足电路的设计性能，其次要满足安装空间的限制，在没有特殊要求时，应使布局尽量紧凑，尽量减小 PCB 设计尺寸，以降低生产成本。此外，PCB 的布局还应遵循一些基本原则，否则设计出来的电路板往往不能正确实现电路设计要求，产生一些干扰。

（1）布局基本原则。

◆ 为便于自动焊接，每边要留出 3.5mm 传送边。

◆ 按电路板结构布置安装孔、接插件等需要定位的器件，并给这些器件设置不可移动属性。

◆ 遵照"先大后小，先难后易"的布局原则，即重要的单元电路、核心元件应当优先布局。时钟电路务必将其振荡器放在离器件很近的地方。

◆ 参考原理图，根据单板的主信号流向规律安排主要元器件。

◆ 相同结构电路部分，尽可能采用"对称式"标准布局。

◆ 为便于生产和检验，同类型插装元器件在 X 或 Y 方向上应朝一个方向放置。同一种类型的有极性分立元件也尽量在 X 或 Y 方向上保持一致。
- 在印制板上增加必要的去耦电容，滤除电源上的干扰信号，使电源信号稳定。对双层板而言，去耦电容的布局及电源的布线方式将直接影响到整个系统的稳定性。一般应该使电流先经过滤波电容滤波再供器件使用，IC 去耦电容要尽量靠近 IC 的电源引脚，并使之与电源和地之间形成的回路最短。
- 发热元件应均匀分布，以利于单板和整机的散热，除温度检测元件以外的温度敏感器件应远离发热量大的元器件。
- 元器件的排列要便于调试和维修，小元件周围不要放置大元件，需调试的元器件周围要留有足够的空间。
- 采用波峰焊生产工艺时，焊接面的阻、容贴装元件轴向要与波峰焊传送方向垂直；贴片排阻及 SOP 元器件（引脚间距大于等于 1.27mm）轴向与传送方向平行；引脚间距小于 1.27mm（50mil）的 IC、SOJ、PLCC、QFP 等有源元件避免用波峰焊焊接。
- BGA 与相邻元件的距离大于 5mm。其他贴片元件相互间的距离大于 0.7mm；贴装元件焊盘的外侧与相邻插装元件的外侧距离大于 2mm；有压接元件的 PCB，压接的接插件周围 5mm 内不能有插装元器件，在焊接面其周围 5mm 内也不能有贴装元器件。
- 元件布局时，应适当考虑使用同一种电源的器件尽量放在一起，以便于将来的电源分隔。
- 布局应尽量满足：总的连线尽可能短；关键信号线最短；高电压、大电流信号与小电流、低电压的弱信号完全分开；模拟信号与数字信号分开，尽量远离；高频信号与低频信号分开；高频元器件的间隔要充分。
- 按照均匀分布、重心平衡、版面美观的标准优化布局。

（2）布局操作。

Protel 提供了自动布局功能，但对大多数设计来说，效果不理想，不推荐使用，因此本例仍然采用手工布局。

根据本例实际情况，结合上述基本原则，本例布局的操作过程是：首先分析原理图，将元件按功能进行模块单元化归类，根据单板的主信号流向按功能模块布局。在每个模块中找出核心元件，其他元件按照走线尽量短的原则围绕核心元件进行布局。另外，还要考虑到本例为模拟交通灯控制电路，配合功能的特殊性，12 只灯需要按照交通十字路口的状态摆放。

- 本例功能模块分为：电源模块、输入设置模块（S2、R21~R24）、控制模块（U2、S1、C_rst、R_rst、C4、C5、Y1）、交通灯模块（R01~R12、L1~L12）、时间显示模块（U3、R31~R37、DS1）。
- 电源模块相对独立，放于电路板下方，模块内按信号流向从左到右排列。
- 核心元件 U2 放到板中间位置。
- 按照引脚就近原则，移动各模块元件到单片机的相应引脚附近。
- 时钟电路尽量靠近单片机，连接引脚信号线尽量短，电容对称分布两边。晶振下方杜绝走其他信号线。
- 适当使用空格键旋转元件，使预拉线尽量最短、交叉最少，注意不要使用 X 键、Y 键水平或垂直翻转元件，以免元件安装不正确。
- 使用排列功能，使同一行或同列元件对齐且分布均匀。
- 通过执行【设计】→【PCB 板选择项】菜单命令修改"元件网格"的大小，可以设置移动元件的最短距离，使其更精准对正。

布局结果如图 3-34 所示。

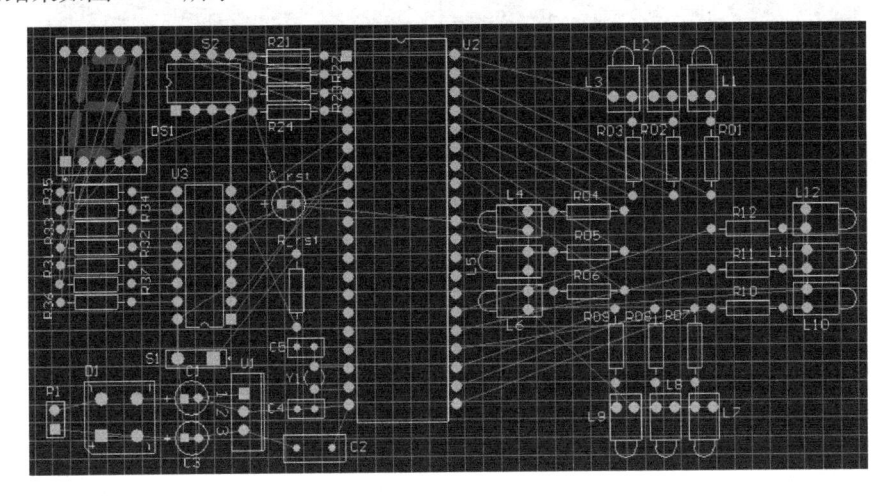

图 3-34 PCB 布局

5．放置安装孔

在 PCB 上，经常需要用到螺钉等来固定散热片、PCB，或者放置定位孔，当使用波峰焊工艺生产时，这些孔都应为非金属化孔。设计中是利用焊盘或过孔来制作螺钉孔的。

本例中，单击【配线】工具栏上的"放置焊盘"工具，进入放置焊盘状态，按下键盘上的【Tab】键，弹出焊盘的属性对话框，设置焊盘的孔径和尺寸均为"3mm"，标识符为"0"，取消"镀金"，如图 3-35 所示。依次在板的四个角放置 4 个安装孔，利用排列工具对齐。注意，螺钉这样的安装孔周围 4mm 内不要放置元件。放置了安装孔的 PCB 如图 3-36 所示。

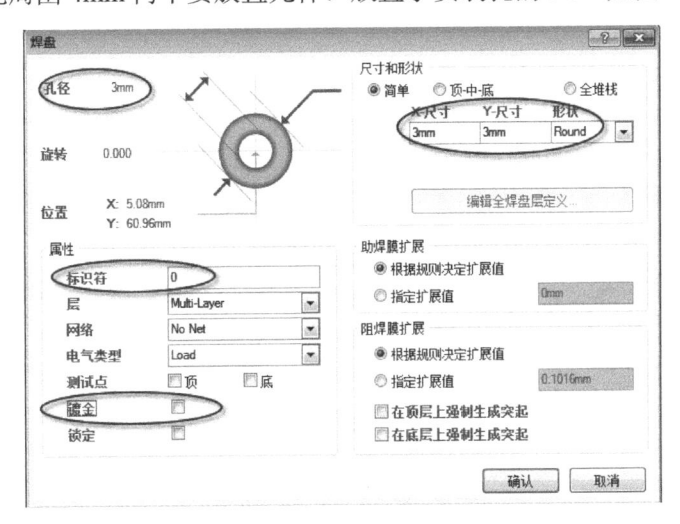

图 3-35 安装孔属性设置

6．规划电路板

印制电路板的尺寸过大，一方面增加了成本，另一方面会加长印制导线，导致阻抗加大，抗噪能力降低；印制电路板尺寸过小，一方面会增加安装难度，另一方面会造成散热不好，加大器件间的影响。因此，有必要合理规划电路板尺寸。

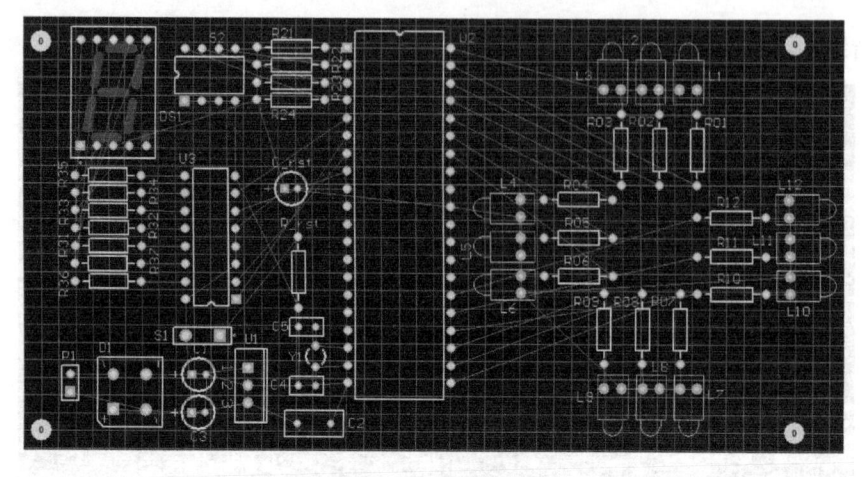

图 3-36 PCB 添加了安装孔

规划电路板就是定义 PCB 的物理边界和电气边界。物理边界就是电路板的实际开关及外形尺寸大小，绘制在机械层 1（Mechanical 1）。其他机械层用来放置外形结构信息、定位标记、标题信息等。

电气边界用于设置元器件及铜膜走线放置的范围，在禁止布线层（Keep-out Layer）绘制。根据结构图和生产加工时所需的夹持边设置印制板的禁止布线区，对没有特殊结构要求的电路板，物理边界与电气边界重合，这时可以只绘制禁止布线层上的电气边界，此规划区域也就认为是电路板的物理轮廓大小。

本例 PCB 的最佳形状是矩形。依据布局结果，正确选定坐标原点的位置，然后按照设置坐标的方法绘制闭合的电气边界和机械轮廓。

（1）显示原点标记。

执行【工具】→【优先设定】菜单命令，在弹出的如图 3-37 所示的"优先设定"对话框中勾选"Display"选项组中的"原点标记"复选框，然后单击【确认】按钮，在 PCB 设计界面将出现原点标记，即坐标原点（0，0）。

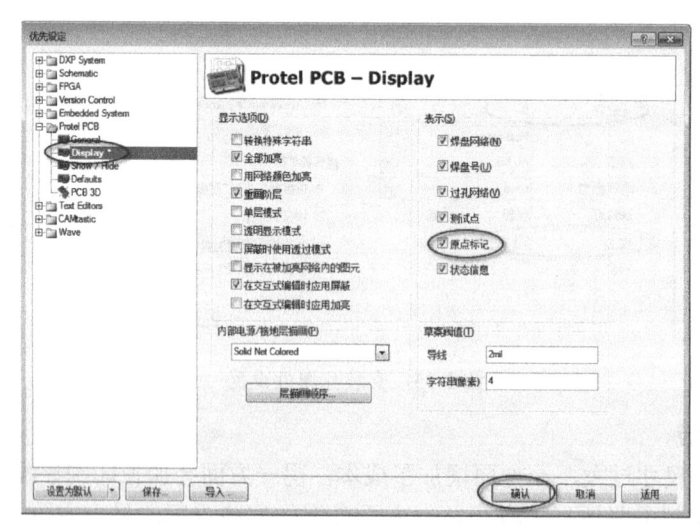

图 3-37 显示原点标记

（2）规划物理边界。

执行【设计】→【PCB板形状】→【重定义PCB板形状】菜单命令，如图3-38所示，光标变成十字形状，将光标移动到距离左上角安装孔5mm左右位置单击确定板边起点，移动光标并单击，依次确定矩形板四个角的其余各点，本例设置4800mil×2600mil的PCB。

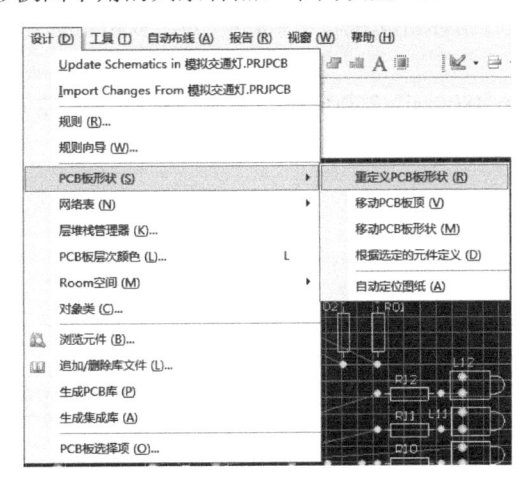

图3-38 重新定义PCB板形状命令

（3）重设原点标记。

选择Mechanical 1层为当前工作层，在【实用】工具栏的下拉列表中单击"设定原点"图标⊗，如图3-39所示，将带十字光标的鼠标移动到PCB的左下角位置单击左键，则设定好新原点，如图3-40所示。

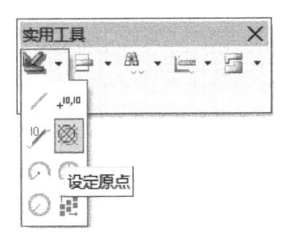

图3-39 设定原点工具

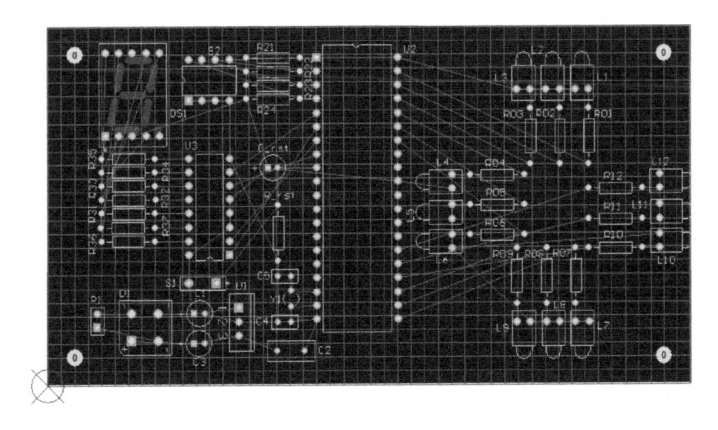

图3-40 重设板大小和坐标原点

(4)绘制物理边框。

参考图 3-39，在【实用】工具栏的下拉列表中单击"放置直线"图标，按键盘【J】键，在弹出的对话框中，如图 3-41 所示，选择"当前原点"，光标自动跳转到当前的坐标原点，单击确定直线的起点；再按键盘【J】键，选择"新位置…"，在弹出的对话框中输入直线的终点坐标（4800，0），【确认】后光标自动跳转（4800，0），双击鼠标左键，绘制完成物理边框的第一条直线。

采用同样方法绘制一个 4800mil×2600mil 的闭合边框，图 3-42 就是电路板的机械轮廓。

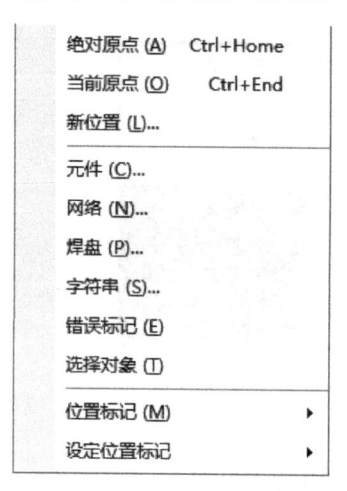

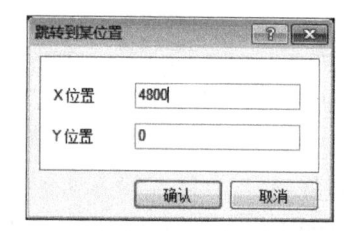

图 3-41 定义位置坐标

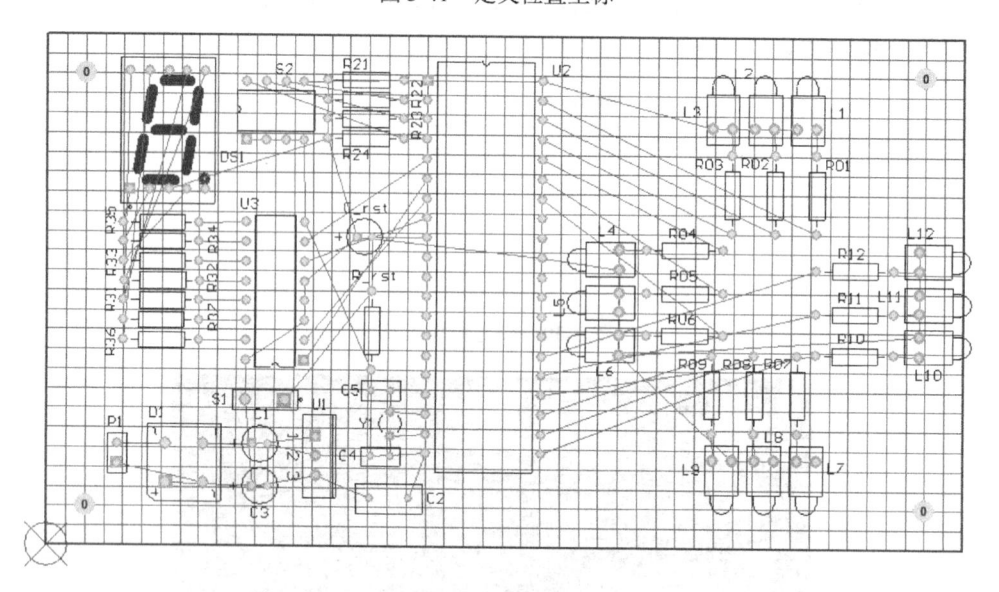

图 3-42 绘制了机械轮廓后的 PCB

(5)绘制电气边界。

选择 Keep-Out Layer 层为当前工作层，在机械边框内侧，与绘制物理边框的方法一样，绘制电气边界，绘制结果如图 3-43 所示。

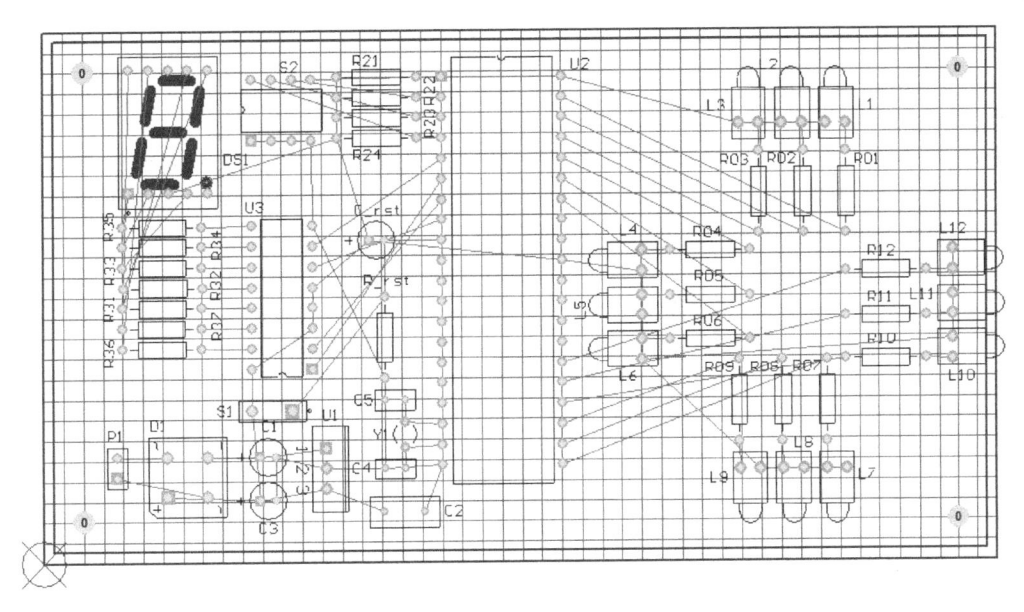

图 3-43 绘制了电气边界后的 PCB

（6）标注机械边框尺寸。

选择 Mechanical 1 层为当前工作层，在【实用】工具栏的下拉列表中单击"放置直线尺寸标注"图标，如图 3-44 所示。光标变成十字状，移动光标到左机械边框，出现小圆圈后单击，确定起始标注点，再移动光标到右机械边框，单击小圆圈后，稍往下移动光标，单击确定机械边框的宽度标注。放置机械边框的高度标注方法与宽度相似，只是需要在移动光标过程中，按一次空格键，翻转标注放置的方向，如图 3-45 所示。

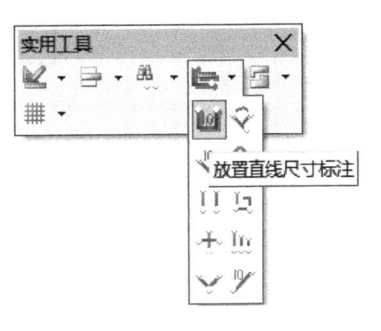

图 3-44 放置直线尺寸标注工具

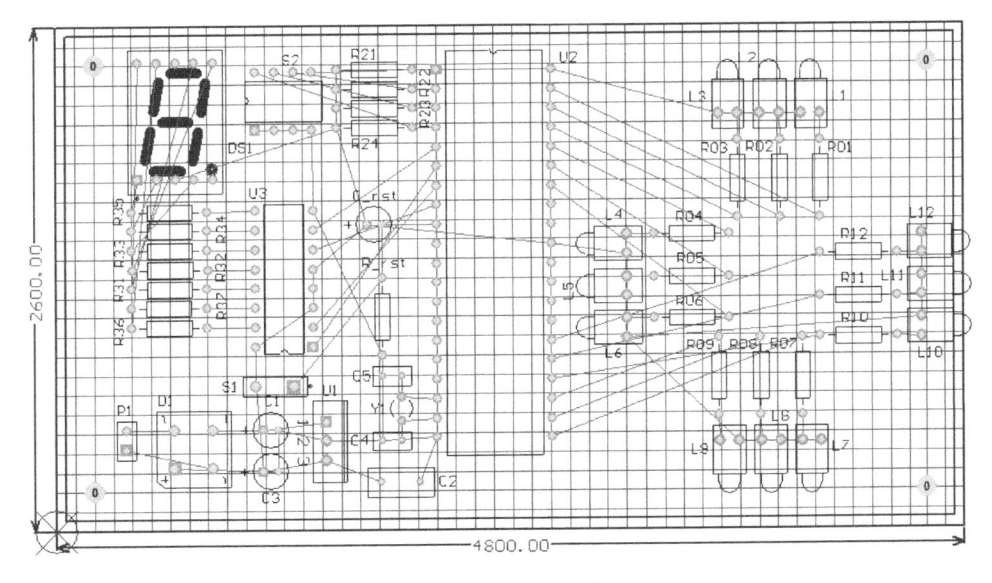

图 3-45 放置了尺寸标注后的 PCB

7. 布线

（1）布线的基本原则。

- 导线要精简，走线密度要均匀。
- 短线规则：在设计时应该让布线长度尽量短，以减少由于走线过长带来的干扰问题，如图 3-46 所示。特别是一些重要信号线，比如时钟电路。但对有些高频电路，为了阻抗匹配需要对导线进行特殊延长处理。

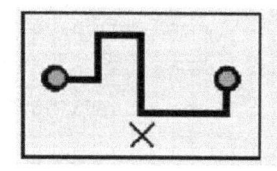

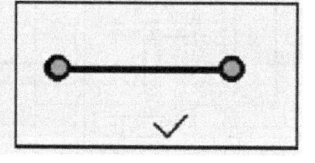

图 3-46　短线规则示意图

- 倒角规则：PCB 设计中应避免产生锐角和直角，产生不必要的辐射，同时工艺性能也不好，如图 3-47 所示。

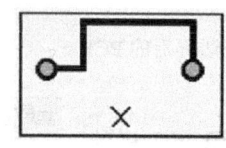

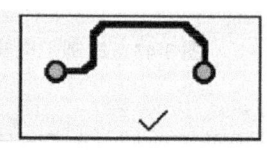

图 3-47　倒角规则示意图

- 相邻层的走线方向成正交结构。避免将不同的信号线在相邻层走成同一方向，以减少不必要的层间窜扰。
- 关键信号优先原则：自动布线前应手工布一些对走线距离、线宽、线间距、屏蔽等有特殊要求的重要网络，比如时钟电路等。布线优先顺序为：电源、模拟小信号、高速信号、时钟信号、同步信号。
- 密度优先原则：从单板上连接关系最复杂的器件着手布线；从单板上连线最密集的区域开始布线。
- 毫米安培原则：铜膜线的宽度应以能满足电气特性要求而又便于生产为准则，尽可能粗，它的最小值取决于流过的电流。一般而言，35μm 厚的铜箔能走的最大电流安培值等于铜箔的宽度厘米值。例如，1mm 宽导线，最大能通过 1 安培电流。根据这一原则选择具体信号的走线宽度，其中电源和地线应尽量加粗。但是一般不宜小于 0.2 mm。只要板面积足够大，铜膜线宽度和间距最好选择 0.3 mm。
- 3W 规则：相邻铜膜线之间的间距应该满足电气安全要求，同时为了便于生产，间距应该越宽越好，最小间距至少能够承受所加电压的峰值。在布线密度低的情况下，间距应该尽可能大。为了减小线间串扰，应保证线间距足够大，当线中心间距不少于 3 倍线宽时，则可保持 70%的电场不互相干扰，称为 3W 规则。如要达到 98%的电场不互相干扰，可使用 10W 的间距，如图 3-48 所示。

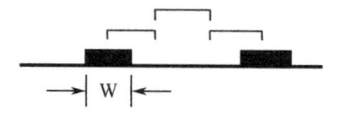

图 3-48　3W 规则示意图

- 走线的分支长度控制规则：尽量控制分支的长度，一般的要求是 Tdelay<=Trise/20，如图 3-49 所示。

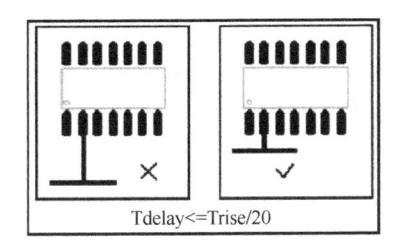

图 3-49 分支长度规则示意图

- 环路最小规则：信号线与其回路构成的环面积要尽可能小，环面积越小，对外的辐射越少，接收外界的干扰也越小，如图 3-50 所示。

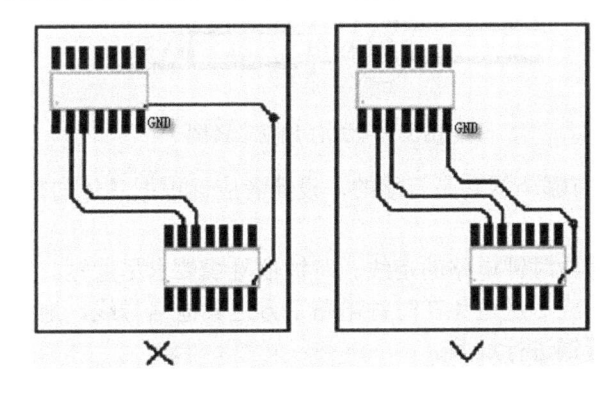

图 3-50 环路最小规则示意图

- 强电之间、强弱电之间的距离不小于 2.5mm。其他走线间距与布线层数、信号性质、厂家生产工艺水平有关。
- 一般要避免强电电路与弱电电路共用地线，数字电路与模拟电路共用地线等。同类电路内部用串联单点接地，不同类型的电路采用并联单点接地，如图 3-51 所示。当信号频率低于 1 MHz 时可采用单点接地的方法，使其不形成回路；信号频率高于 10 MHz 时最好采用多点接地。对混合电路，也有将模拟与数字电路分别布置在印制板的两面，分别使用不同的层布线，中间用地层隔离的方式。

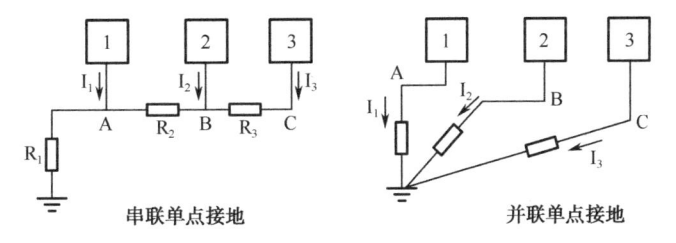

图 3-51 串并联单点接地示意图

- 重叠电源与地线层规则：不同电源层在空间上要避免重叠，如图 3-52 所示。主要是为了减小不同电源之间的干扰，特别是一些电压相差很大的电源之间，电源平面的重叠问题一定要设法避免，难以避免时可考虑中间隔地层。

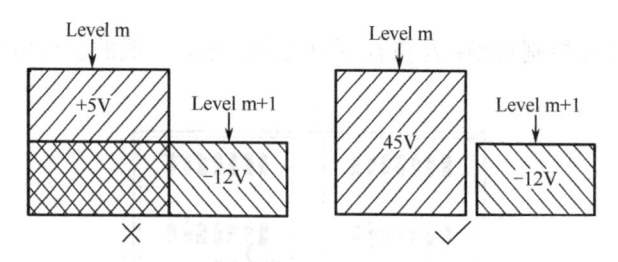

图 3-52 重叠电源层规则示意图

- 20H 规则：由于电源层与地层之间的电场是变化的，在板的边缘会向外辐射电磁干扰。称为边沿效应。解决的办法是将电源层内缩，使得电场只在接地层的范围内传导。以一个 H（电源和地之间的介质厚度）为单位，若内缩 20H 则可以将 70%的电场限制在接地层边沿内；内缩 100H 则可以将 98%的电场限制在内，如图 3-53 所示。

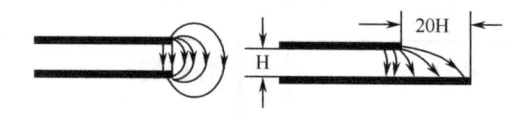

图 3-53 20H 规则示意图

需要说明的是，没有哪个规则是万能的，设计者应该根据具体的需要和经验进行取舍。

（2）布线操作。

- 手工布关键信号线时钟电路的走线。时钟信号线要求尽量短。对双层板而言，由于没有地线层屏蔽，应尽量避免在时钟电路下方走其他信号线，地线尽量围绕时钟电路。底层放置接地覆铜进行屏蔽。
- 按照布线优先顺序，首先布地线。执行【自动布线】→【网络】菜单命令，光标变为十字形，放大编辑区，单击 GND 网络中的任意焊盘或预拉线，系统自动对 GND 网络布线，布线结果如图 3-54 所示。依据布线基本原则手工修改地线，结果如图 3-55 所示。

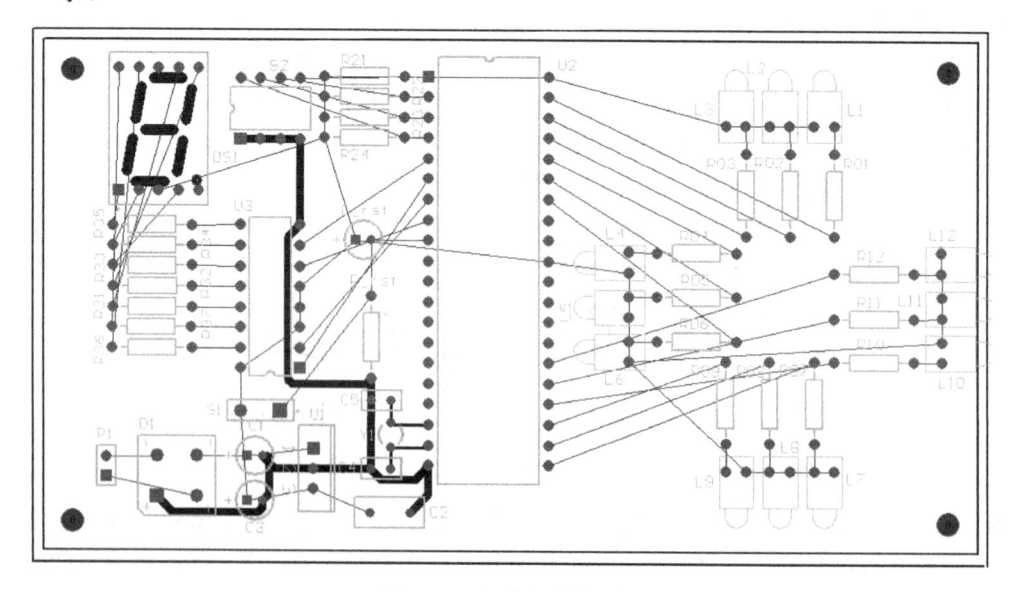

图 3-54 自动布地线网络

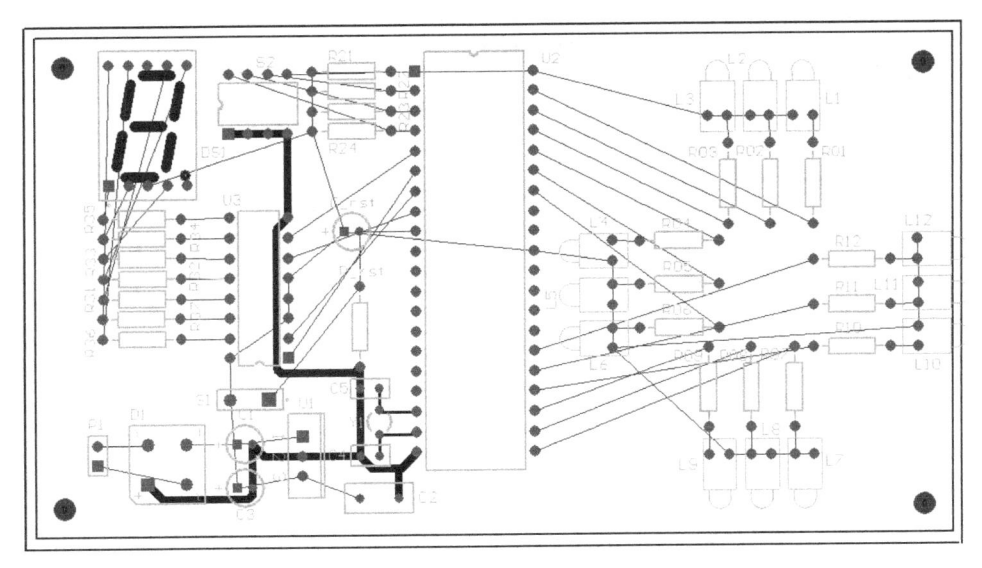

图 3-55　手工修改地线网络

- 以同样的操作方法布电源线。自动布+5V 网络的结果如图 3-56 所示。经手工修改后 PCB 的布线结果如图 3-57 所示。

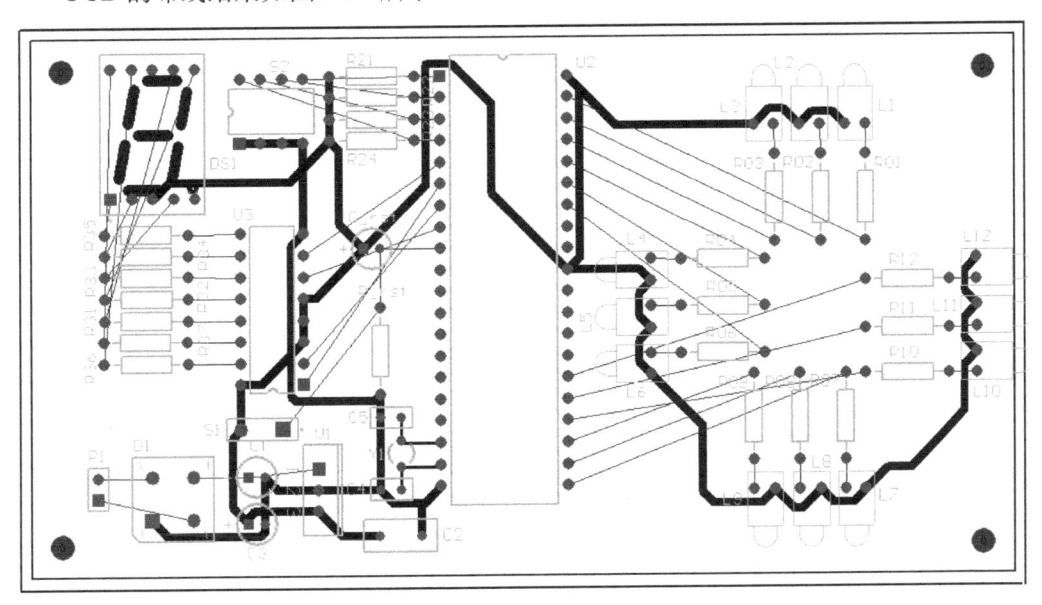

图 3-56　自动布地线网络

- 关键信号线布完后，自动布其他信号线。执行【自动布线】→【全部对象】菜单命令，在弹出的如图 3-58 所示的对话框中勾选"锁定全部预布线"，然后单击【Route All】按钮，启动自动布线。

手工修改布线时可以利用"单层模式"工具使 PCB 分层显示，线路看起来更清晰，方便走线。方法是：执行【工具】→【优先设定】菜单命令，在弹出的如图 3-59 所示对话框中，单击【Display】选项卡，勾选"单层模式"，单击【确认】即可。

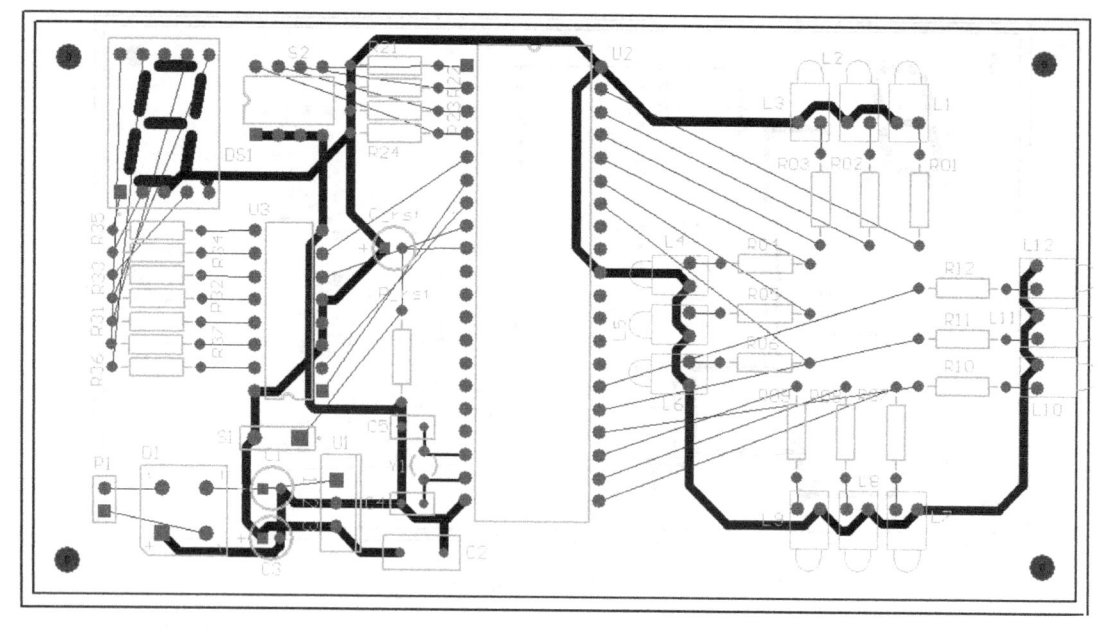

图 3-57 手工修改电源线网络

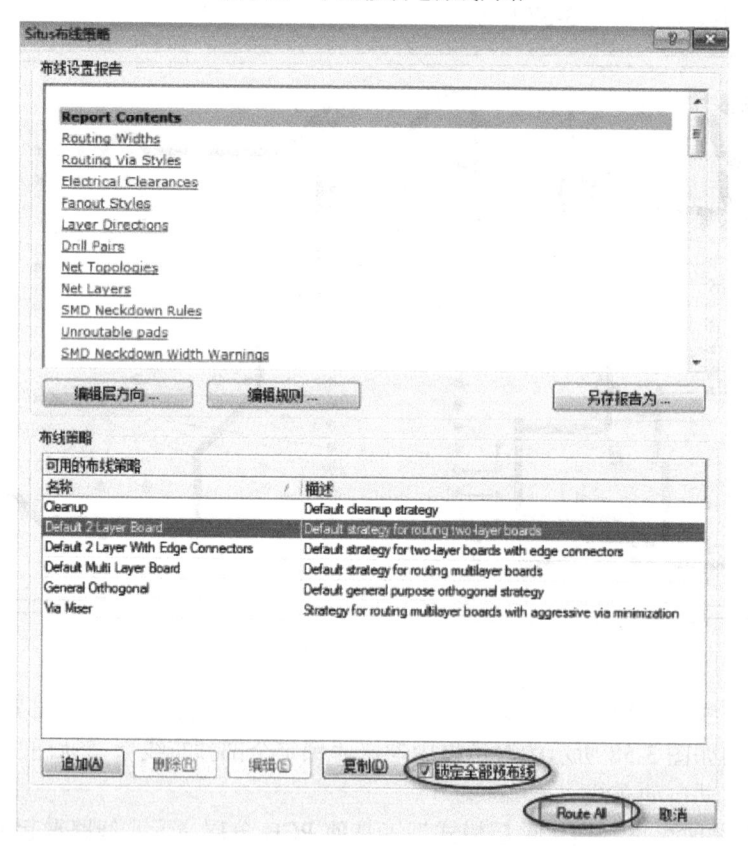

图 3-58 启动自动布线对话框

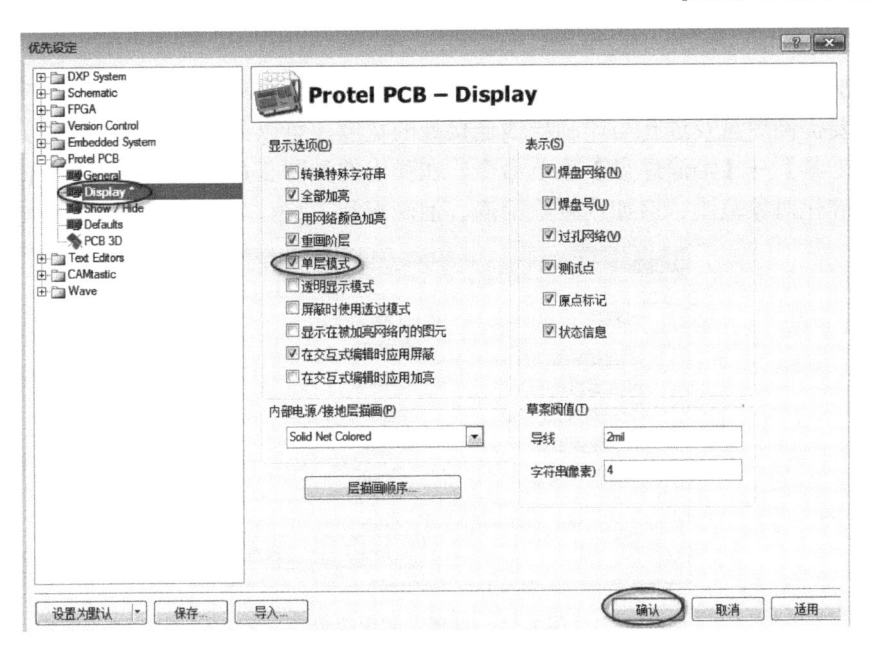

图 3-59 单层模式设置

经过手工修改后的 PCB 如图 3-60 所示。

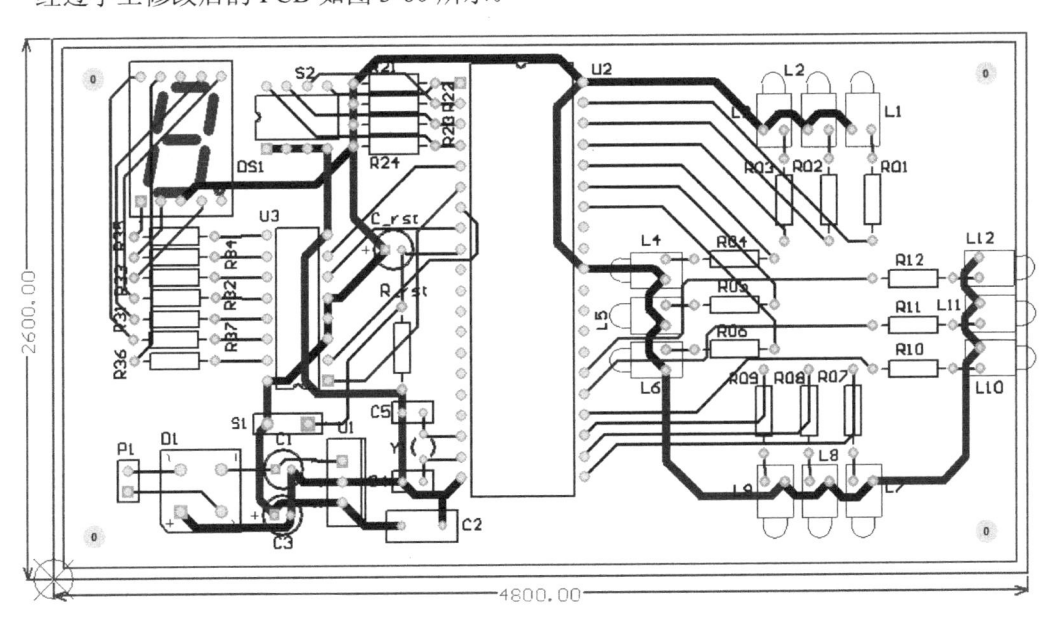

图 3-60 经手工修改后的布线结果

◆ 优化布局和布线使 PCB 板上尽量少用过孔。从成本和信号质量考虑，一般过孔 10/20mil（内外径），小尺寸高密度板可使用 8/18mil。过孔越小寄生电容也越小，还可留出更多空间，但会增加成本，并且会受到工艺技术的限制。电源和地的引脚要就近打过孔，过孔和脚之间的引线越短越好，否则会导致电感增加。

◆ 布线结束后，调整元件标识符等说明性文字，使之不在焊盘和过孔上，也尽量不在元件体下面。

8. 泪滴和覆铜

（1）添加泪滴。

如果需要提高焊盘及过孔与印制导线连接处的宽度，可以为焊盘和过孔设置为泪滴焊盘。执行【工具】→【泪滴焊盘】菜单命令，在弹出的如图 3-61 所示的"泪滴选项"对话框中，设置泪滴化对象范围、追加或删除泪滴、泪滴形状。

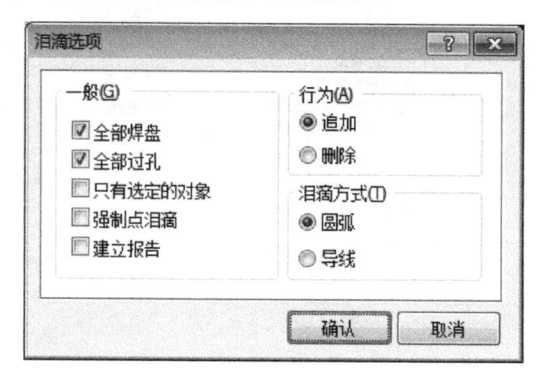

图 3-61　设置泪滴化焊盘

（2）添加覆铜。

覆铜就是将电路板中某一块区域内的闲置空间用固体铜填充。覆铜的意义在于与地线相连，减小地线阻抗，提高抗干扰能力；降低压降，提高电源效率；减小地环路面积。

覆铜的原则：

- ◆ 数字电路通常对布线较少的 PCB 板层铺铜。
- ◆ 当板上有表贴元件时，如果采用波峰焊，大面积覆铜最好使用网格覆铜。
- ◆ 通常对抗干扰要求高的高频电路多用网格覆铜，低频电路有大电流的电路实心覆铜。
- ◆ 铺铜间距一般应在安全间距的 2 倍以上。
- ◆ 孤立铜区（死铜）的出现，将带来一些不可预知的问题，通常是将孤立铜区接地或删除。
- ◆ 每次修改过走线等之后都要再重新覆铜一次。

覆铜的操作：

- ◆ 参考图 3-29 修改"Clearance"间距规则为"30mil"。
- ◆ 单击"Bottom Layer"层标签，使当前工作层为底层。单击【配线】工具栏中的"放置覆铜平面"符号，或执行【放置】→【覆铜】菜单命令，弹出如图 3-62 所示的"覆铜"对话框，设置"填充模式"为"影线化填充"（即网格状）、"导线宽度"为"10mil"、"风格尺寸"为"20mil"、"连接到网络"为"GND"、选中"删除死铜"复选框，然后单击【确认】按钮。这时光标变为十字状，将光标移动到所需位置单击，确定覆铜区的一个顶点，再移动光标，依次确定覆铜区的其他顶点，确定终点后单击右键退出。放置过程中可以按空格键切换拐角模式。经覆铜和泪滴化焊盘后的 PCB 如图 3-63 所示。
- ◆ 切换到"Top Layer"后，顶层覆铜的操作方法与底层相同。
- ◆ 参考图 3-29 将"Clearance"间距规则修改回"10mil"。

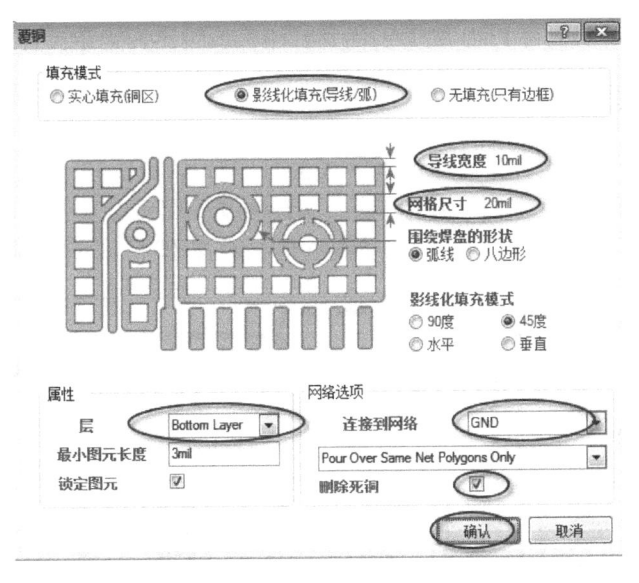

图 3-62 覆铜设置对话框

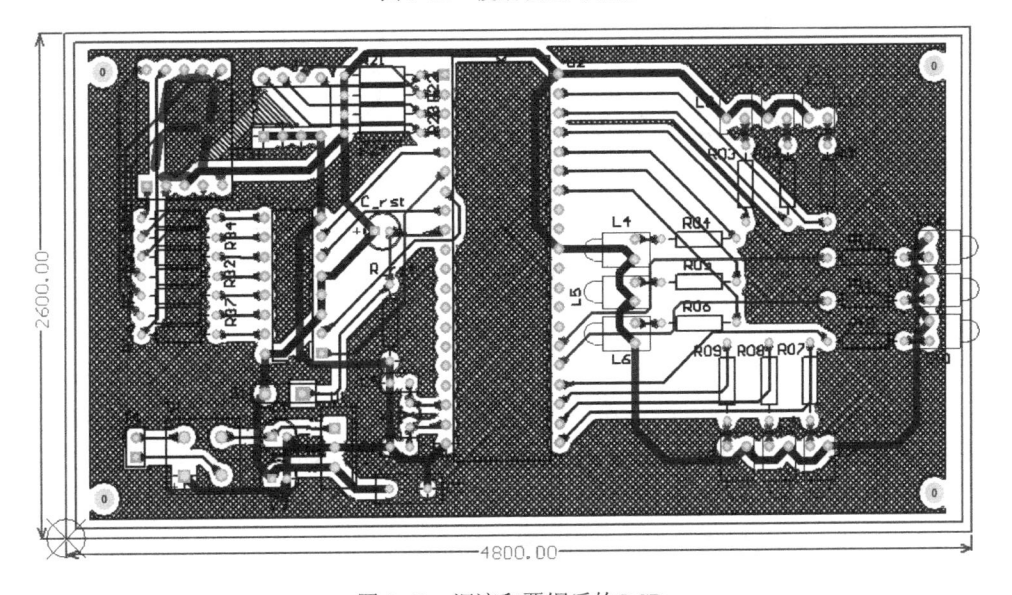

图 3-63 泪滴和覆铜后的 PCB

9. DRC 检查

执行【工具】→【设计规则检查】→【运行设计规则检查】菜单命令进行 DRC 检查，如果有违背规则之处，系统会在 PCB 上用高亮绿色提示，而出错的原因可以通过生成的报告查看。DRC 报告中提示的错误有些是由于设计不合理造成的，那么必须修改设计；有些是由于规则设置不合理造成的，那么只需修改规则即可，并不会影响 PCB 性能。

3.3 PCB 打印及输出

对 PCB 设计项目而言，为了保存资料、检查或者为了交付生产等目的，在设计过程中以及设计完成后,都经常需要将 PCB 版图输出到打印机或输出为光绘文件。

3.3.1 打印 PCB 图

由于 PCB 是基于层的设计,因此,PCB 图的打印有其自身的特殊性。默认方式下,系统是激活 PCB 文件中的所有工作层一并打印的,板层对象交叉混叠如图 3-64 所示,大多数情况下,这种打印结果是没有意义的,因此需要根据情况对打印进行合理配置。

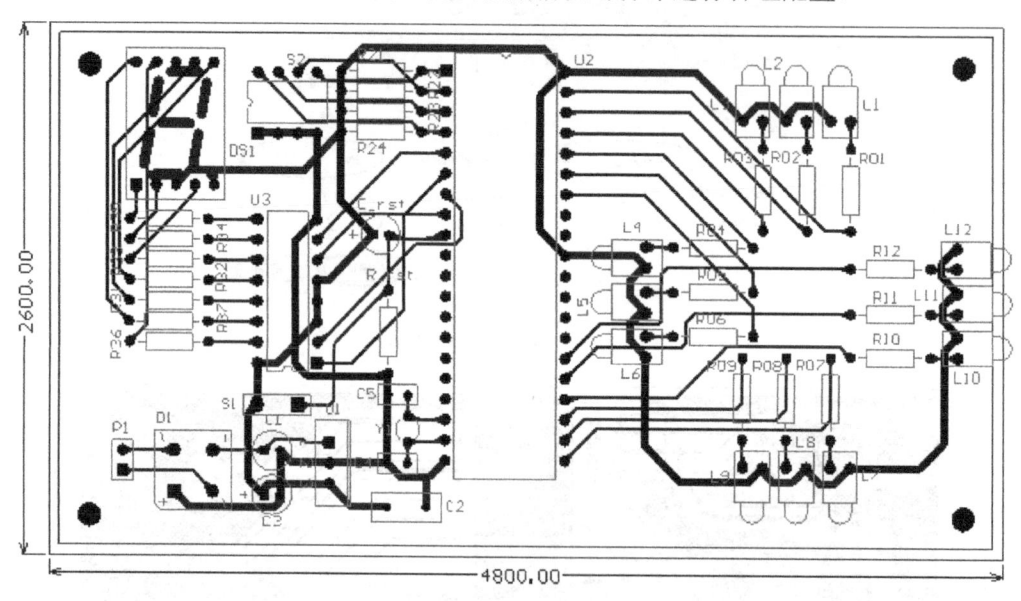

图 3-64 删除覆铜后的默认打印预览

1. 页面设置

执行【文件】→【页面设定】菜单命令,弹出如图 3-65 所示的页面设置对话框。在对话框中可以设置纸张尺寸和打印方向、输出比例、打印色彩等。如果本例输出的目的是用热转印方法制板 PCB,那么应该在图 3-65 中选择"刻度模式"为"Scaled Print"、"刻度"设为"1"、"彩色组"选中"单色"。

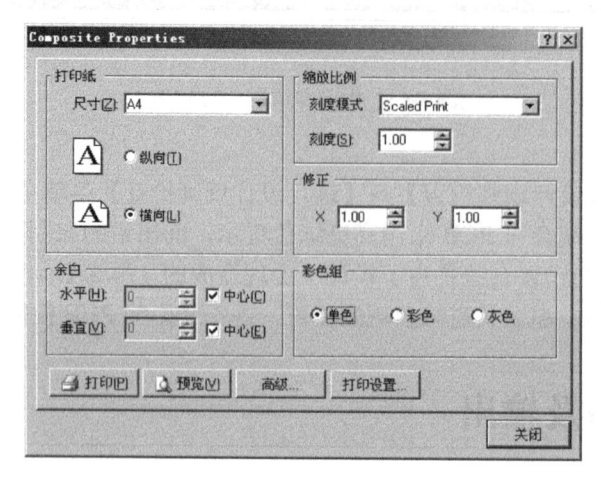

图 3-65 打印页面设置

2．打印层设置

单击图 3-65 中的【预览】按钮，弹出如图 3-66 所示的 PCB 预览窗口，右击图纸，选择【配置】，弹出如图 3-67 所示"PCB 打印输出属性"对话框。或者单击图 3-65 中的【高级】按钮，也可以弹出"PCB 打印输出属性"对话框，这时可以右击，选择删除或插入层。如果本例要打印 1 份顶层布线情况的图纸并且包含 PCB 轮廓线，那么操作如下：在图 3-67 窗口中任意位置右击，选择"插入打印输出"，系统自动建立一个名为"New PrintOut 1"的打印任务，如图 3-68 所示，此时输出层为空，右击"New PrintOut 1"，如图 3-69 所示，在弹出的快捷菜单中选择"插入层"，弹出图 3-70 所示的"层属性"对话框，在"打印层次类型"下拉列表中选择"Top Layer"，单击【确认】按钮返回，此时顶层被添加到当前打印任务中。同样的方法，将 Keep-Out Layer 层和 Mechanical 1 层添加进来。并且注意选中"孔"复选框，如图 3-71 所示。是否输出镜像图纸需要根据实际情况进行设置，若要镜像则勾选"镜像"。设置完毕后单击【确认】按钮，预览窗口如图 3-72 所示。

若对预览效果满意，如图 3-72 所示，可以单击图中的【打印】按钮，打印输出 PCB。

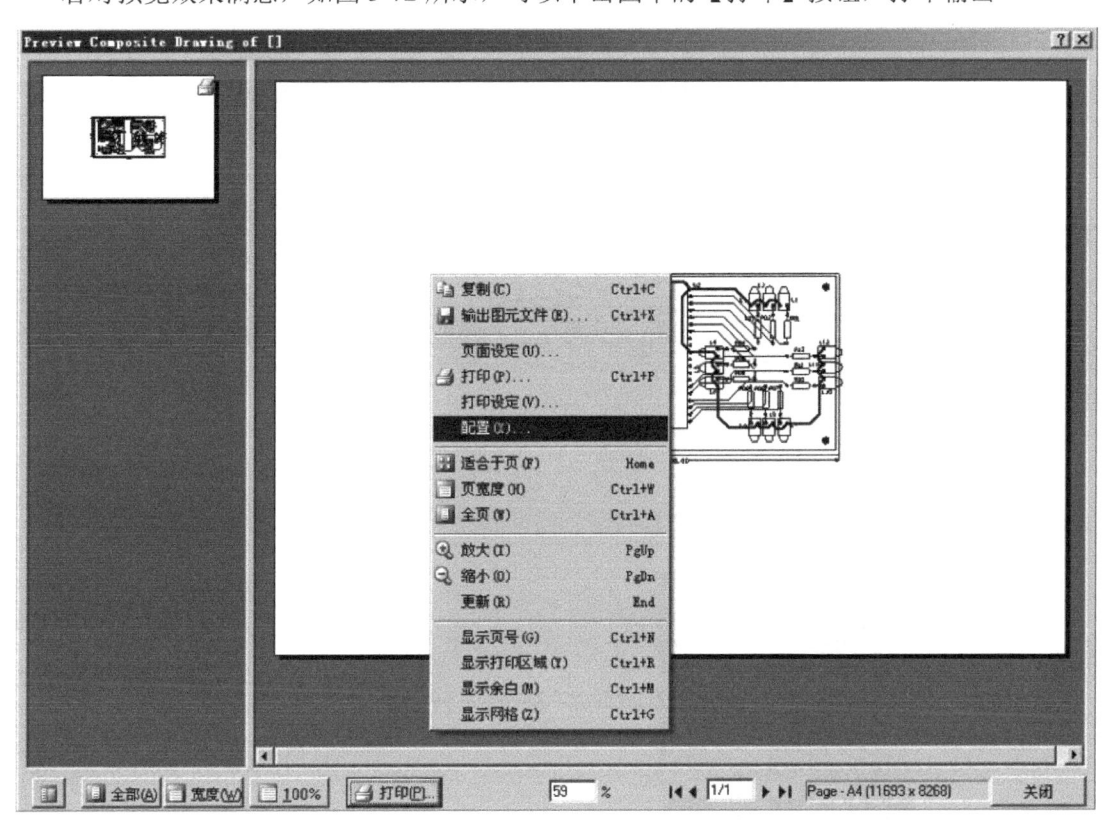

图 3-66　PCB 打印预览窗口

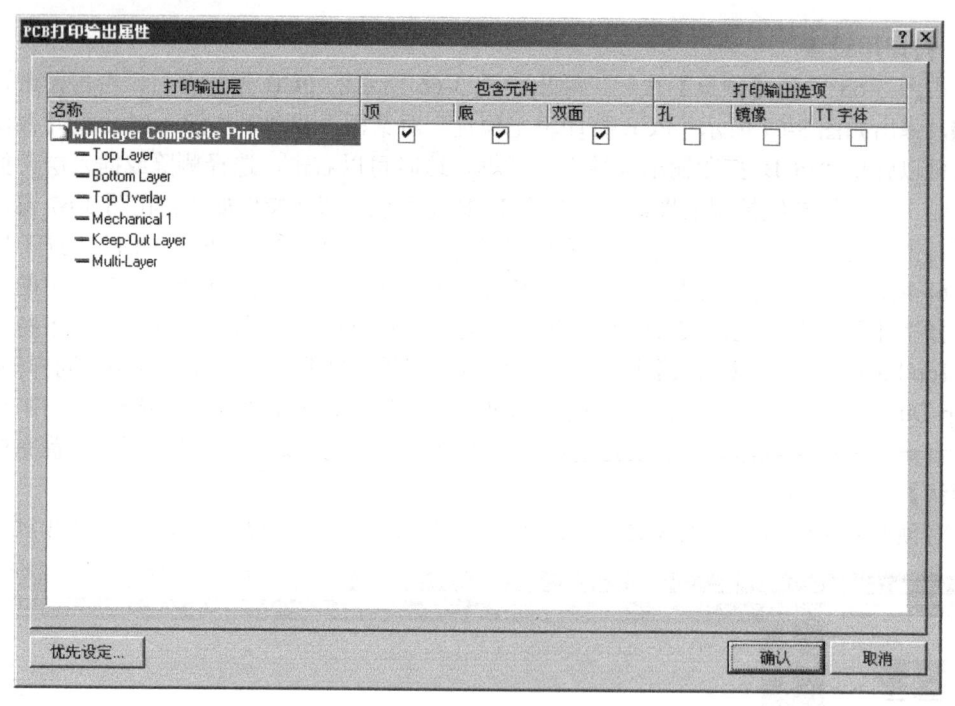

图 3-67　打印层设置

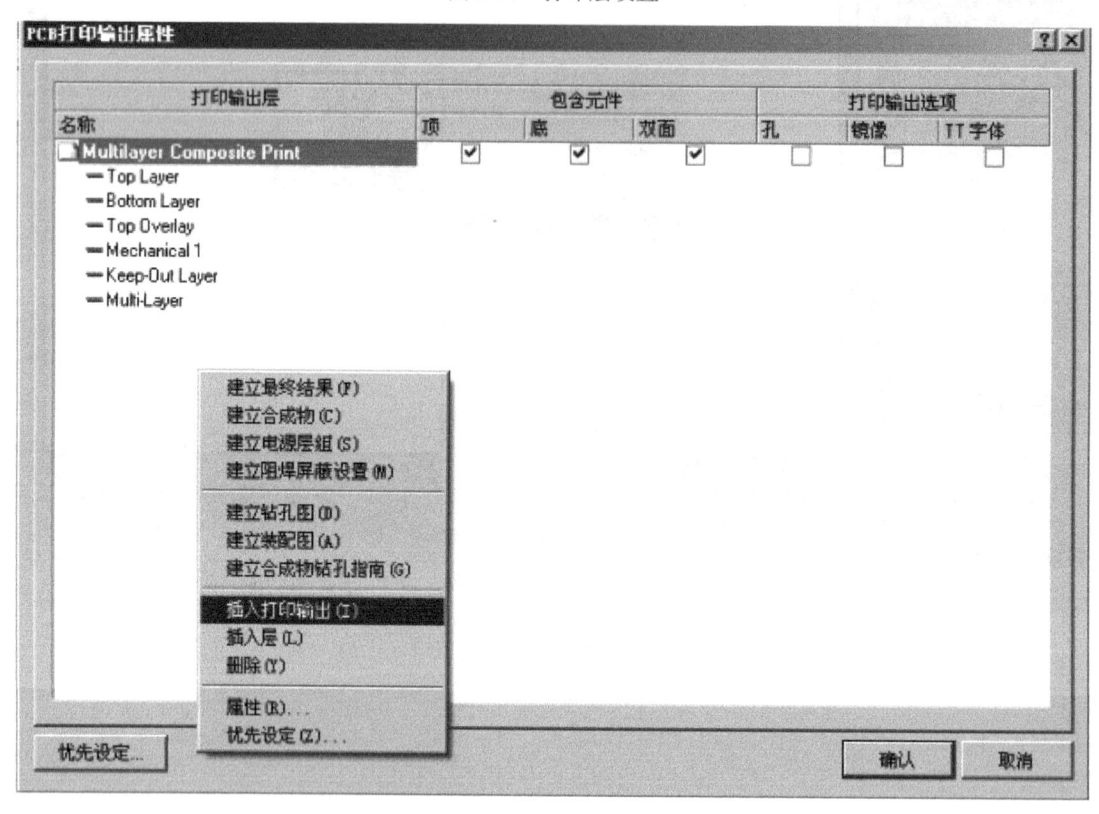

图 3-68　打印输出方案设置

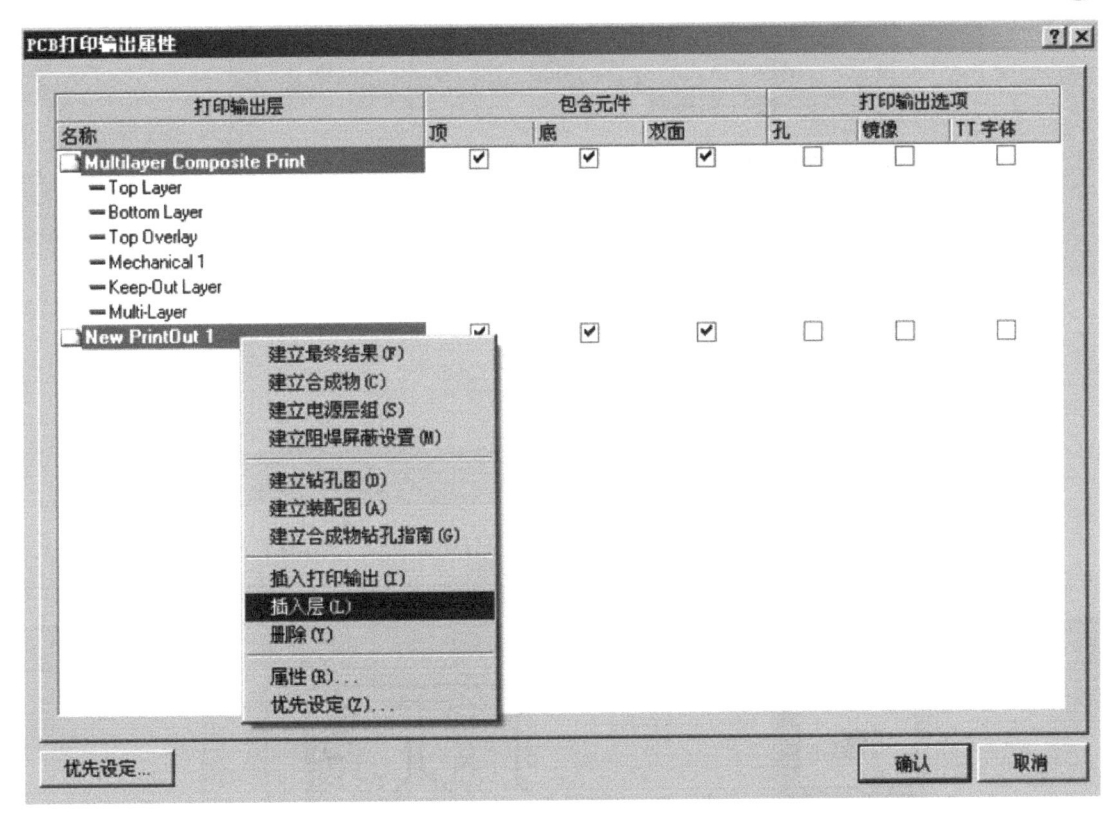

图 3-69 添加打印的层

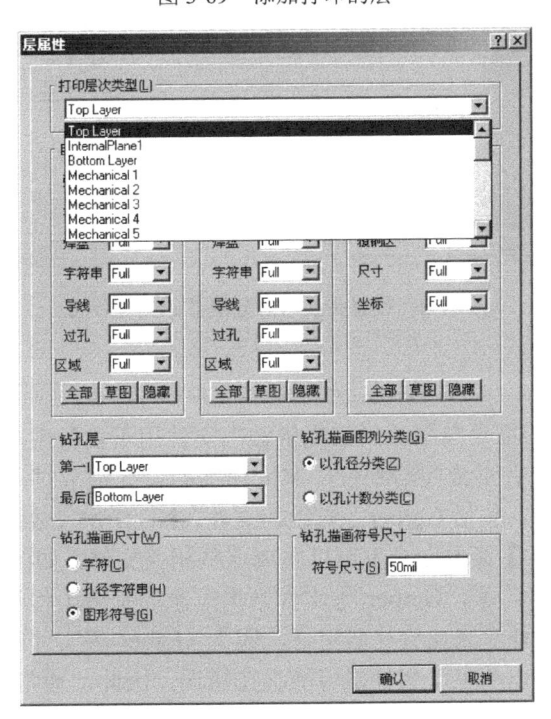

图 3-70 设置打印层次类型

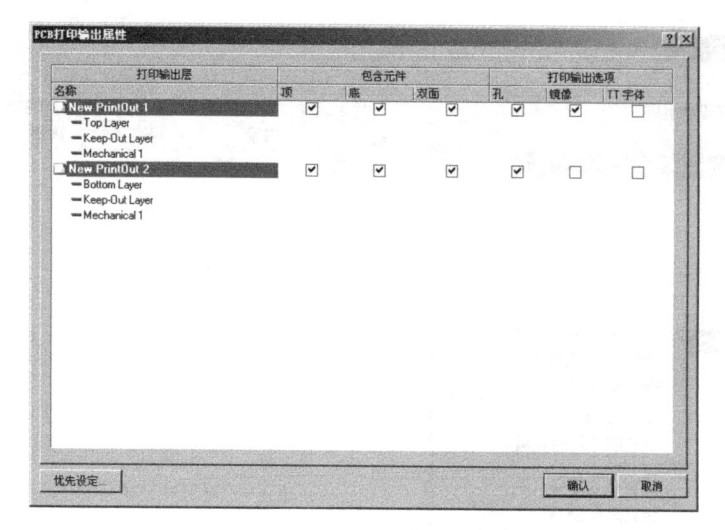

图 3-71 设置顶层和底层打印方案

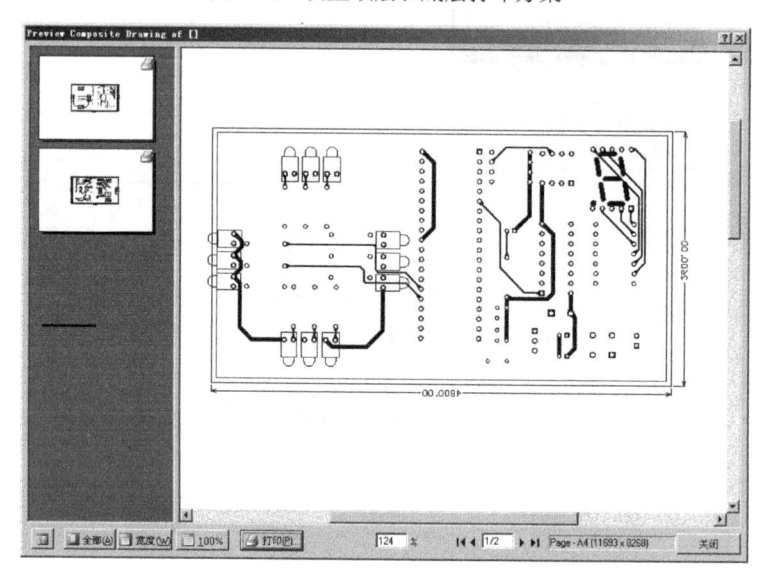

图 3-72 设置完成后的分层打印预览效果

3.3.2 输出制造文件

PCB 设计项目结束后需要向制板厂家提供输出文件用于批量生产印制板。交付的方式主要有两种：一种是当设计者不希望给制板厂家太详细的设计细节时，那么可以将直接用于生产制造的文件交付给厂家，包括 Gerber（光绘）文件、NC Drill（数控钻）等文件。设计者在【文件】→【输出制造文件】菜单命令下可以生成这些相关文件，如图 3-73 所示；另一种是将 PCB 设计文档直接交付给厂家，Gerber 等文件则由厂家的制造工程师生成。第二种交付文件的方式对不熟悉生产的设计者来说会比较可靠，因为 Gerber 等文件的处理与实际生产设备直接相关，设计人员自行转出的生产文件很可能存在错误，因此，通常设计者只需将 PCB 文档交付给厂家即可。

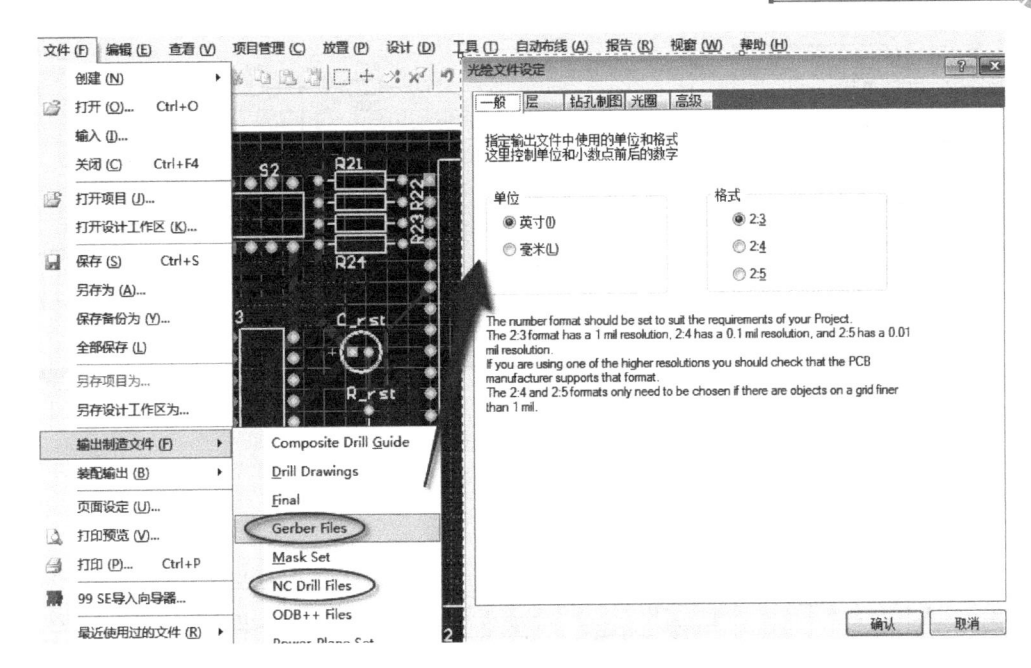

图 3-73　生成制造文件命令

【动手练一练】

实训四　设计数模转换电路 PCB

一、实训目的
（1）能熟练查找元件并加载库。
（2）能熟练使用端口、使用带子件的元件。
（3）掌握几种电源的绘制及连接。
（4）掌握双面板的设计方法。

二、实训任务
将如图 3-74 所示的数模转换电路原理图设计为双面 PCB，其中电源和地网络线宽为 40mil，其他信号线为 15mil，并且合理设置印制板的机械边框及电气边界。

三、实训内容
（1）在 D 盘下以自己的"学号+姓名+实训 4"为名建立文件夹，用来保存实训四的设计文件。
（2）创建 PCB 设计项目，以"DAC.PRJPCB"命名。
（3）新建原理图文件，绘制图 3-74 所示电路，命名为"DAC.SchDoc"。
（4）ERC 检查，根据提示修改原理图。
（5）新建 PCB 文件，保存为"DAC.PCBDoc"，导入网络表后，按照 PCB 设计流程设计双面 PCB，其中封装均选择默认封装。
（6）DRC 检查，根据提示修改 PCB。
（7）保存项目及各文件。

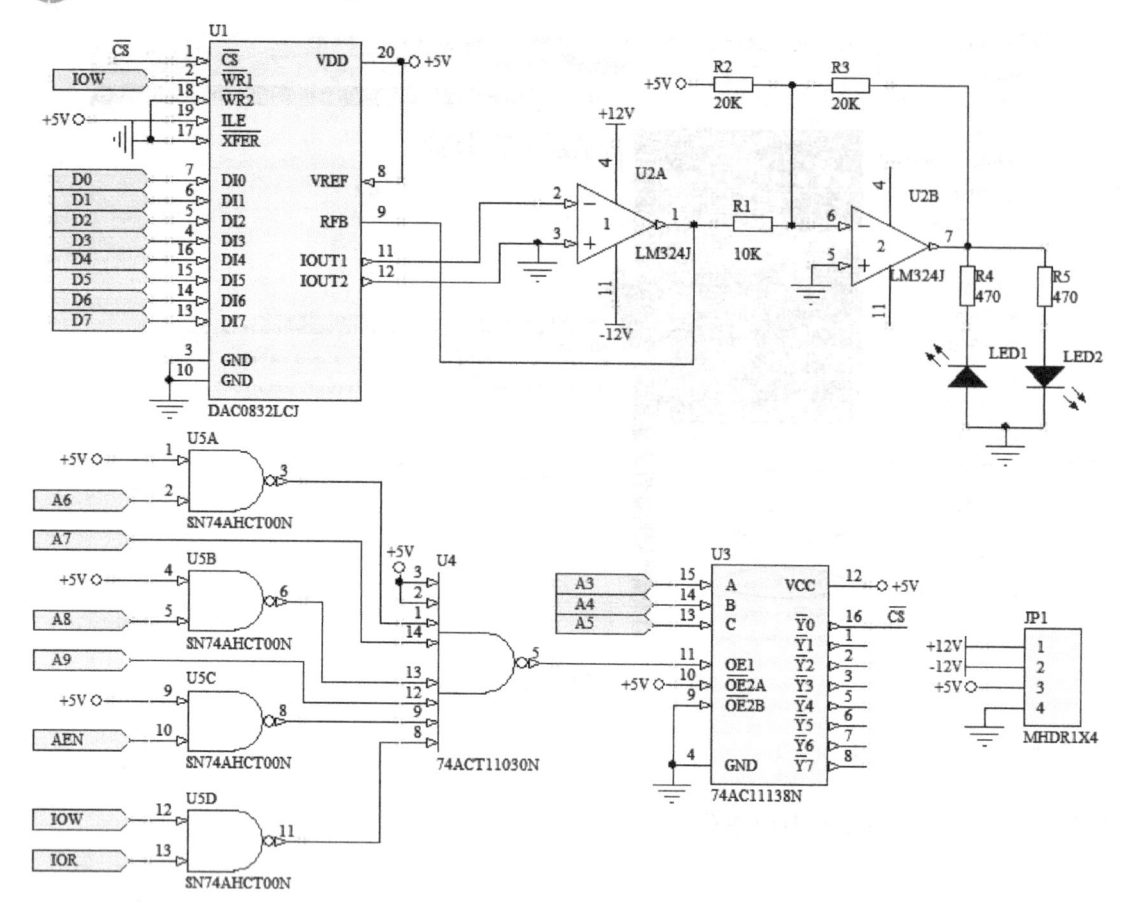

图 3-74　数模转换电路原理图

实训五　设计 LED 调光灯控制电路 PCB

一、实训目的

（1）掌握粘贴队列的操作。
（2）能熟练使用总线、网络标签绘图。
（3）熟练掌握双面板的设计方法。

二、实训任务

将如图 3-75 所示的 LED 调光灯控制电路设计为双面 PCB，其中电源和地网络线宽为 1mm，其他信号线线宽为 0.5mm，电路板四个角放置孔径 3.5mm 安装孔，合理设置印制板的机械边框及电气边界，并要求焊盘泪滴化、覆铜。

三、实训内容

（1）在 D 盘下以自己的"学号+姓名+实训 5"为名建立文件夹，用来保存实训五的设计文件。
（2）创建 PCB 设计项目，以"可调灯.PRJPCB"命名。
（3）新建原理图文件，绘制图 3-75 所示电路，命名为"可调灯.SchDoc"。
（4）ERC 检查，根据提示修改原理图。

任务三　设计双层板

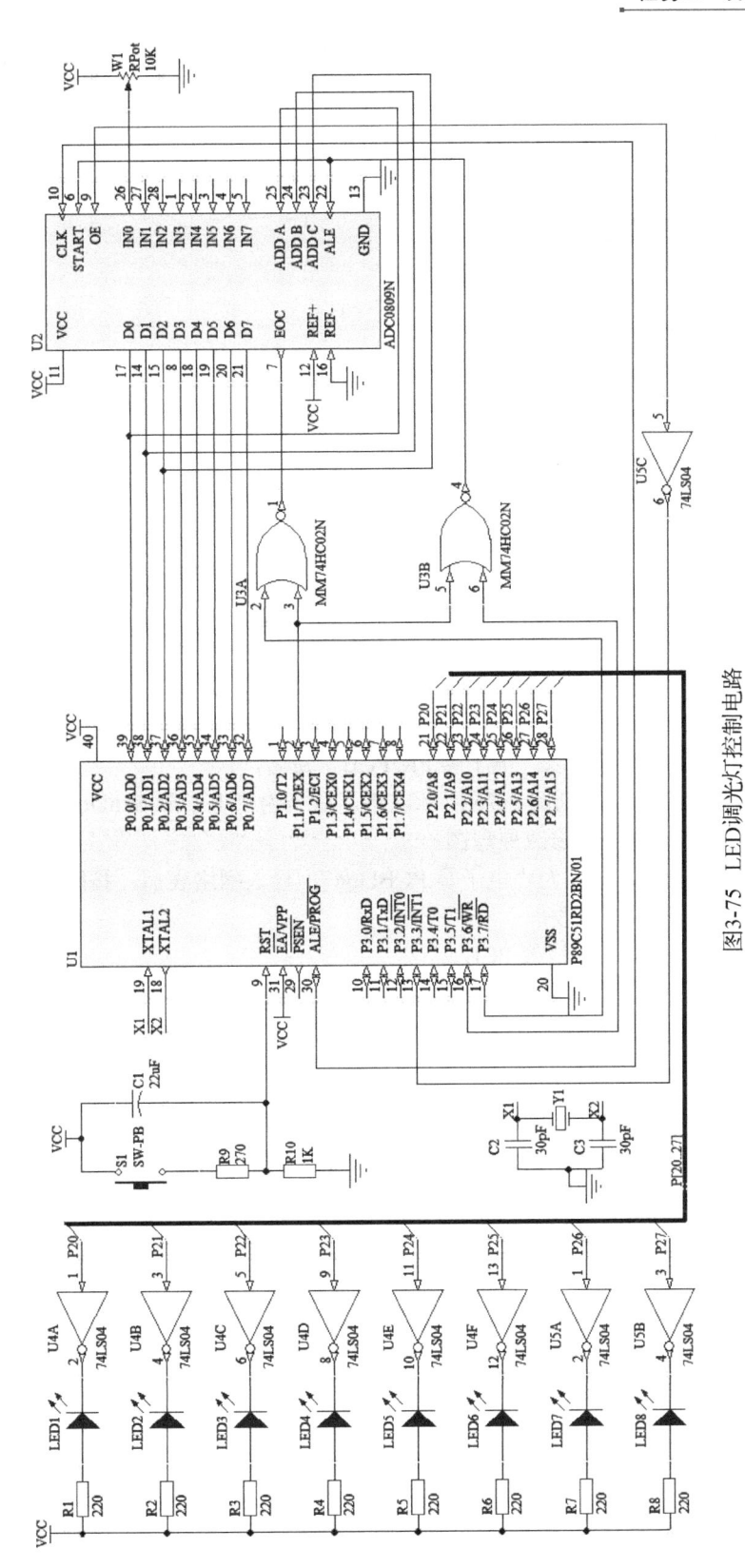

图3-75　LED调光灯控制电路

（5）新建 PCB 文件，保存为"可调灯.PCBDoc"，导入网络表后，按照 PCB 设计流程设计双面 PCB，其中封装均选择默认封装。

（6）DRC 检查，根据提示修改 PCB。

（7）保存项目及各文件。

实训六　设计电子琴电路 PCB

一、实训目的

（1）能熟练绘制原理图。

（2）能熟练更新元件封装。

（3）能设计带贴片元件的双面板。

二、实训任务

将如图 3-76 所示的基于单片机的电子琴电路设计为双面 PCB。要求：220μF 电解电容封装为 CAPPR2-5x6.8、10μF 电解电容封装为 CAPPR1.5-4x5、电阻和无极性电容封装均为 R2012-0805、所有按键封装为 DPST-4；所有信号线 25mil；电路板四个角放置 3.5mm 安装孔；合理设置印制板的机械边框及电气边界；覆铜。

三、实训内容

（1）在 D 盘下以自己的"学号+姓名+实训 6"为名建立文件夹，用来保存实训六的设计文件。

（2）创建 PCB 设计项目，以"电子琴.PRJPCB"命名。

（3）新建原理图文件，绘制图 3-76 所示电路，命名为"电子琴.SchDoc"。

（4）ERC 检查，根据提示修改原理图。

（5）新建 PCB 文件，保存为"电子琴.PCBDoc"，导入网络表后，按照 PCB 设计流程设计双面 PCB，其中封装需要修改。

（6）DRC 检查，根据提示修改 PCB。

（7）保存项目及各文件。

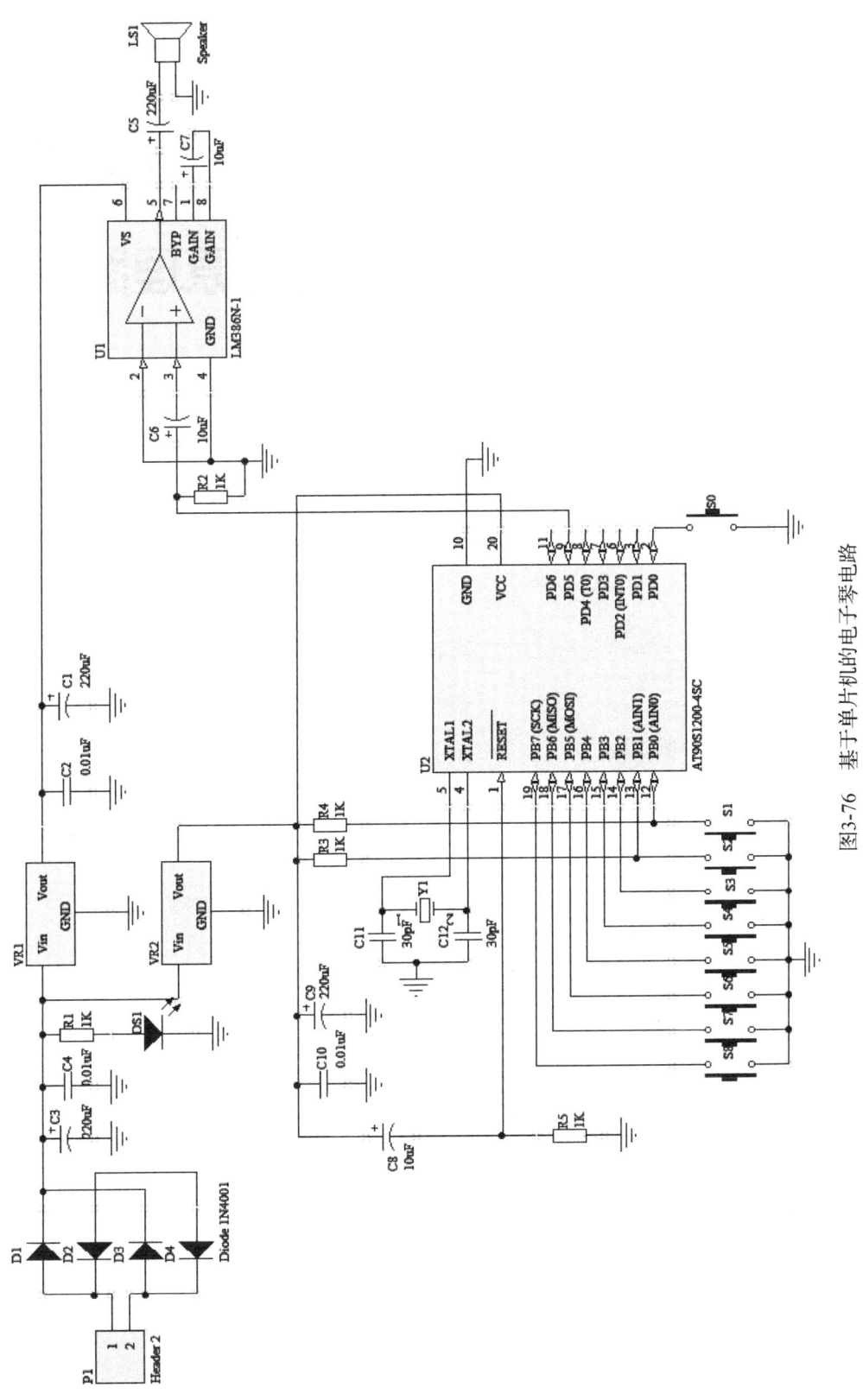

图3-76 基于单片机的电子琴电路

任务四

绘制原理图元件

任务描述

- 绘制一个分立元件——三极管 9013
- 绘制一个集成芯片——译码器 74LS138
- 绘制一个带子件的元件——与非门 74LS00
- 修改元件并应用

学习要点

- 元件库的管理
- 元件引脚的放置
- 带子件元件的绘制方法
- 修改元件的方法

学习目标

- 熟悉元件库编辑器
- 能够绘制原理图元件
- 会在现有元件基础上修改元件
- 能够将所绘制元件应用到原理图

专业词汇

quadrant: 象限	pin: 引脚	model: 模型
rectangle: 矩形	part: 零件	
symbol: 符号	passive: 被动的	open collector: 集电极开路输出
update: 更新		

【任务说明】在这个任务中，我们通过设计三个具有代表性的元件，熟悉 Protel DXP 2004 元件库编辑器环境；熟练使用各种元件绘制工具；掌握手工绘制原理图元件并添加元件属性的方法；掌握绘制带子件元件并添加元件属性的方法；掌握利用已有元件绘制新元件的几种方法以及将所绘制的元件应用到原理图中。

在这个任务中，我们需要解决以下几个问题：
（1）原理图元件库文件的格式是什么？
（2）SCH Library 面板的作用是什么？
（3）绘制原理图元件时需要绘制元件的哪几方面？
（4）放置引脚时要注意什么？
（5）什么样的元件是带有子件的元件？
（6）带有子件的元件的公共引脚是如何处理的？
（7）如何将现有库中的元件进行修订？
（8）如何将新绘制的元件应用到原理图中？

4.1 认识原理图元件库编辑器

Protel DXP 2004 为用户提供了丰富的元件库，其中包含了数十家国际知名半导体公司生产的常用元器件六万多种，但是由于元件库是对市场上现有元件的收录，而新元件层出不穷，因此用户在绘制原理图的过程中，仍然会遇到器件查找不到的情况；另外，为了获得更好的绘图效果，有时还需要对现有元件的外观和引脚属性进行修改，因此掌握元件的修订及制作方法可以极大增强设计的灵活性。

原理图元件采取库管理的方法，即所有元件都归属于某个库。在 Protel DXP 中，元件的原理图元件符号、推荐封装、仿真模型和信号完整性分析模型绑定在一起，存放在扩展名为 ".IntLib" 的集成库中。用户根据需要自己建的原理图元件库扩展名为 ".SchLib"。

1. 元件库编辑器

单击【文件】→【新建】→【库】→【原理图库】菜单命令，新建一个名为 SchLib1.SchLib 的原理图库文件，也即打开了一个原理图元件库编辑器。与原理图编辑器相似，元件库编辑器也主要由菜单栏、工具栏、工作区面板、编辑区组成，如图 4-1 所示。但与原理图编辑器不同的是，该编辑器的工作区被划分成四个象限，右上角为第一象限，逆时针方向依次为第二、三、四象限。一般情况下，元件应绘制在第四象限靠近原点的位置。

2. 认识【SCH Library】面板

如图 4-1 所示，单击工作面板【SCH Library】或者执行【查看】→【工作区面板】→【SCH】→【SCH Library】菜单命令，打开元件库管理器，可以看到其中已经包含了一只名为 Component_1 的待编辑元件。该面板由元件列表区、别名列表区、引脚信息区、模型列表区四部分组成，用于创建、调整和管理元器件。

（1）元件列表区。

主要功能是管理当前打开的原理图元件库中的所有元器件，包括【放置】、【追加】、【删除】和【编辑】元器件。

◆ 空白文本框：位于元件列表区上方，用于筛选元器件，支持通配符。

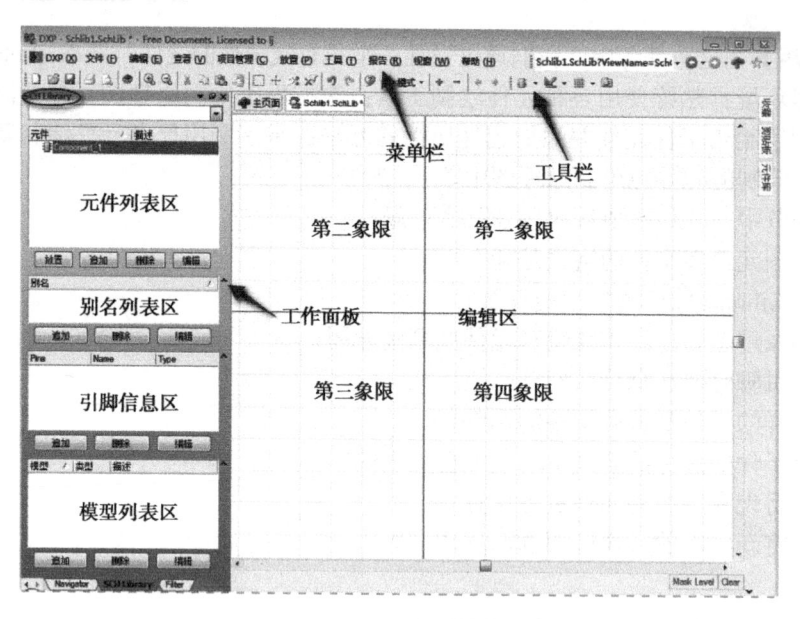

图 4-1 元件库编辑器

- 【放置】按钮：将所选元器件放置到原理图中。
- 【追加】按钮：在元件库中添加新元器件。
- 【删除】按钮：从元件库中删除所选元件。
- 【编辑】按钮：编辑所选元件属性。

（2）别名列表区。

主要功能是对元器件列表中选中的元器件的别名进行管理。

（3）引脚信息区。

主要功能是对元器件列表中选中的元器件的引脚信息进行管理，包括添加、删除以及编辑引脚。当选中一个元器件时，引脚信息区就会列出所选元器件的所有引脚名称及状态。

（4）模型列表区。

主要功能是对元器件列表中选中的元器件的一些模型进行管理，包括添加、删除以及编辑元器件模型。当选中一个元器件时，模型列表区就会列出所选元器件的模型，如 PCB 封装模型等。

3．认识元件绘制工具

执行【查看】→【工具栏】→【实用工具栏】菜单命令，打开实用工具栏，里面包含 IEEE 工具、绘图工具、栅格设置工具和模型管理器工具。

（1）绘图工具栏。

绘图工具栏如图 4-2 所示，这些绘制功能也可通过执行【放置】菜单命令得到。值得注意的是图 4-2 中，标号为 3 的按钮功能是创建新的元件，标号为 10 的按钮功能是创建新的子件，标号为 13 的按钮功能是放置引脚。

（2）IEEE 符号工具。

如图 4-3（a）所示，IEEE 符号工具包含了 IEEE（国际电气电子工程师学会）制订的一些标准的电气图元符号，主要用于元件引脚的功能或性质描述。该工具中各符号的表示意义也可以通过【放置】→【IEEE 符号】菜单命令展开得到，如图 4-3（b）所示。

任务四 绘制原理图元件

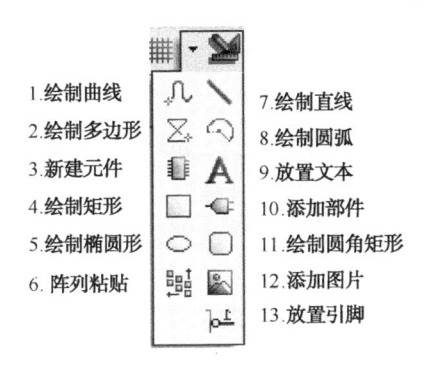

```
1.绘制曲线        7.绘制直线
2.绘制多边形      8.绘制圆弧
3.新建元件        9.放置文本
4.绘制矩形       10.添加部件
5.绘制椭圆形     11.绘制圆角矩形
6.阵列粘贴       12.添加图片
                 13.放置引脚
```

图 4-2　绘图工具栏

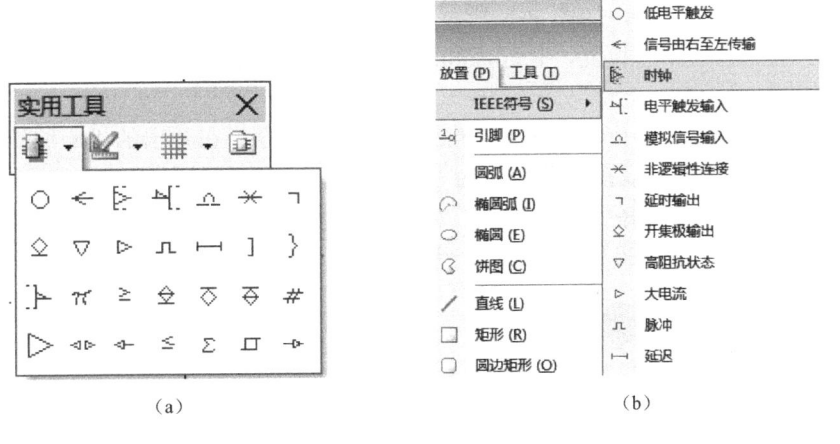

（a）　　　　　　　　　　　（b）

图 4-3　IEEE 符号工具

4.2　一般元件的制作

原理图元件一般由元件体、引脚和属性三部分组成，如图 4-4 所示，因此，原理图元件的制作包括绘制元件体、放置引脚和编辑元件属性三个基本内容。其中，元件体是元件的识别符号，不具备电气特性。引脚是元件的核心和关键，具有电气特性。制作元件时，必须对引脚的一些基本信息进行设置。需要注意的是，引脚序号必须存在且唯一，并且引脚具有电气连接特性的一端应朝外侧，而引脚的位置可根据需要在元件编辑区随时调整。

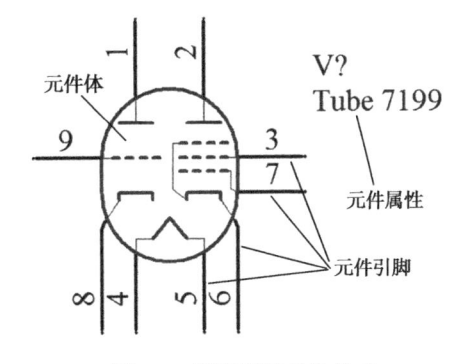

图 4-4　原理图元件的构成

制作元件的基本过程包含以下五个步骤：
绘制元件体→放置引脚并设置引脚属性→设置元件属性→保存元件→元件规则检查。

4.2.1 分立元件的绘制

1. 制作三极管 9013

下面以图 4-5 所示三极管 9013 为例进行介绍。

步骤 1：绘制元件体。

（1）绘制圆形。单击圆弧绘制按钮，移动到编辑区第四象限接近坐标原点的位置，第 1 次单击确定圆弧的圆心，然后水平移动到距圆心大约 1.5 个网格的位置，第 2 次单击确定圆弧的水平半径，再垂直移动到距圆心大约 1.5 个网格的位置，第 3 次单击确定圆弧的垂直半径，第 4 次单击确定圆弧的起点位置，第 5 次单击确定圆弧的终点位置，如图 4-6 所示。本例需要绘制整圆，因此需要水平和垂直半径相同长度，且起点和终点重合。圆的大小也可以双击打开属性窗口，通过设置参数来精确绘制。

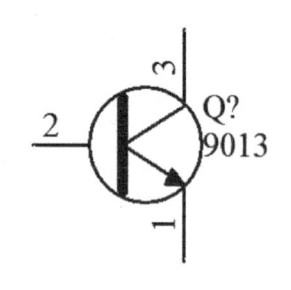

图 4-5 三极管 9013

（2）绘制直线。执行【工具】→【文档选项】菜单命令，在弹出的"库编辑器工作区"对话框中勾选捕获网格，并设置捕获网格为"2"。然后选取直线绘制按钮，在圆中绘制一条直线，双击画好的直线打开"直线属性"对话框，将线宽改为 Medium（中等宽度）；再绘制两条 45°角的直线，线宽设置为 Small，结果如图 4-7 所示。

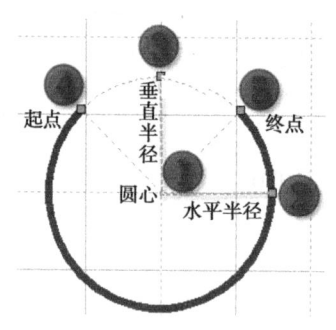

图 4-6 圆弧的绘制　　　　图 4-7 绘制直线

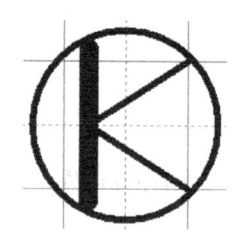

（3）绘制三角形。执行【工具】→【文档选项】菜单命令，在弹出的"库编辑器工作区"对话框中暂时取消勾选捕获网格。选取多边形绘制按钮，用鼠标左键确定三角形首尾相接的三个顶点，在右下角直线尾部绘制一个小三角形，如图 4-8 所示。双击该三角形区域，打开"多边形属性"对话框，边缘宽选择"Smallest"，选中"画实心"，将填充色设置为与边缘色相同的颜色，如图 4-9 所示。

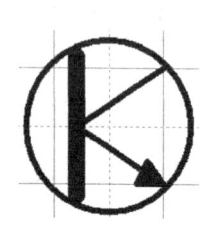

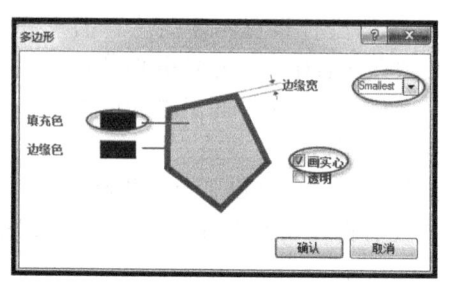

图 4-8 绘制三角形　　　　图 4-9 多边形属性对话框

在绘制元件体的过程中，可能会用到以下操作：

（1）取消自动滚屏。执行菜单命令【工具】→【原理图优先设定】，单击【Graphical Editing】选项卡，修改自动摇景选项（自动滚屏）为"Auto Pan Off"，单击【确认】按钮。这样做是为了避免绘图过程中编辑区自由移动。此后，可用鼠标右键在编辑区移动。

（2）若编辑区看不到坐标原点（即十字交叉点），则执行菜单命令【编辑】→【跳转到】→【原点】，或快捷键"Ctrl+Home"将光标定位到原点。

（3）在编辑区绘制不规则图形时，可适当调节捕获网格的尺寸，来改变光标移动的间距，以便精细绘图。方法是执行菜单命令【工具】→【文档选项】，根据情况将捕获网格设置为1或5。

步骤2：放置引脚并设置引脚属性。

（1）执行菜单命令【工具】→【文档选项】，在弹出的"库编辑器工作区"对话框中勾选捕获网格，并设置捕获网格为"10"，以使引脚的电气连接端放在网格上。

（2）执行命令【放置】→【引脚】，或在"绘图工具"栏单击引脚图标，这时，光标上黏附着一个引脚，其中带有灰色"×"的一端带有电气特性，需朝外放置，否则该元件不能与电路连通。

（3）在放置引脚时，默认为0°方向，可通过按下空格键来旋转引脚，每按一次旋转90°。转到合适方向并移动到合适位置，单击鼠标左键就可以将引脚放到相应位置。

（4）双击已经放置的引脚，或者在放置前按下【Tab】键，打开"引脚属性"对话框，如图4-10所示，其中【标识符】即引脚编号，用于对应PCB封装焊盘使用。【显示名称】填写引脚的用途，特别是IC，可以在原理图上直观显示出来，方便软件工程师编写软件。一般来说，引脚的编号和名称在小元件上通常都不显示，IC类的通常选择显示。【长度】即引脚的长度，填写适合的就可以了，但应使引脚带有电气性能的一端落在网格线上。本例设置"标识符"栏即引脚编号依次为1、2、3，其对应的"显示名称"栏即引脚名分别为E、B、C，"电气类型"均为"Passive"。为了使引脚都放置在网格上，设置引脚"长度"1、3脚为20，2脚为15。最后绘制完毕的三极管9013如图4-11所示。

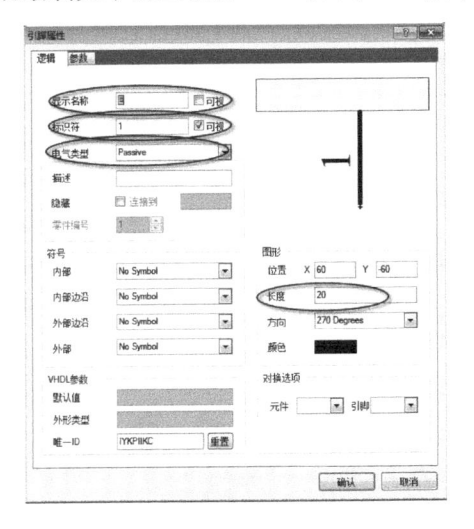

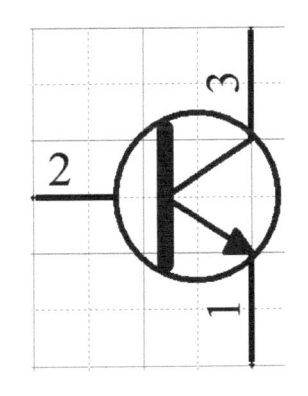

图4-10　【引脚属性】对话框　　　　图4-11　绘制完毕的9013

引脚的"电气类型"选项说明：

◆ Input：输入；

- I/O：双向；
- Output：输出；
- Opencollector：集电极开路输出；
- Passive：被动引脚，信号的方向由设计电路决定。当引脚的输入特性无法确定时，可定义为被动特性，如电阻、电容、电感和三极管等分立元件的引脚。
- Hiz：三态输出；
- Power：电源、地。

步骤 3：设置元件属性。

绘制元件时应填入最常用的属性参数，这样在绘制原理图时就可以减少修改。

(1) 修改元件名称。执行菜单命令【工具】→【重新命名新元件】，弹出"元件重命名"对话框，如图 4-12 所示，将元件命名为 9013。

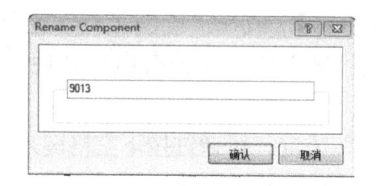

图 4-12　"元件重命名"对话框

也可以在【SCH Library】面板的"元件"列表中选择该元件双击，或单击【编辑】按钮，系统弹出"Library Component Properties"元件属性对话框。在【库参考】栏内修改元件名为"9013"，如图 4-13①所示。

(2) 修改元件标识符及注释。对标识符，通常电容用 C 开头，电阻用 R 开头，集成块用 IC 或 U 开头，在开头的字母后加上一个问号，在绘制好原理图后就可以自动编号。本例为三极管，因此在【Default Designator】栏内输入"Q?"，【注释】栏内输入元件型号"9013"，如图 4-13②所示。需要说明的是，元件标识符及注释是在原理图中使用该元件时显示出来的属性，不需要在绘制元件时显示。

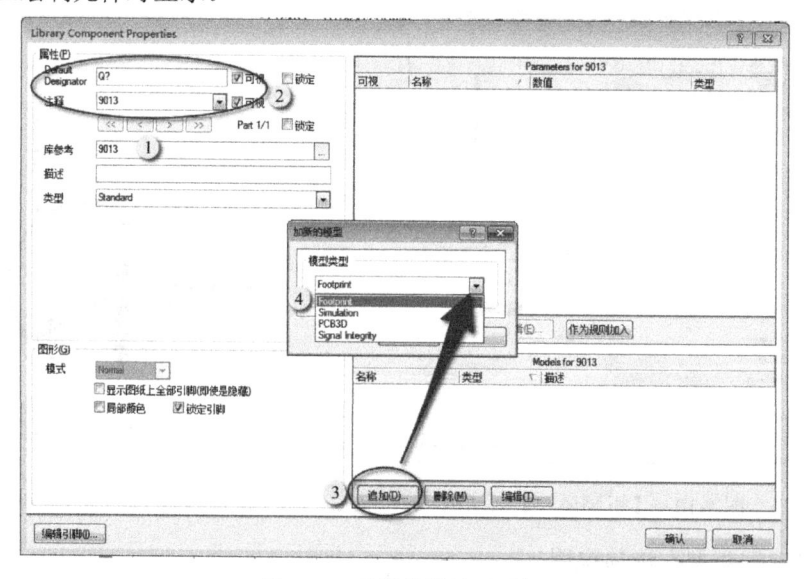

图 4-13　元器件属性对话框

（3）添加封装模型。如图4-13所示，单击元件属性对话框【Models for 9013】区的【追加】按钮，弹出"加新的模型"对话框，在下拉列表框中选择"Footprint"（封装）选项，单击【确认】按钮后打开如图4-14所示的"PCB模型"对话框。

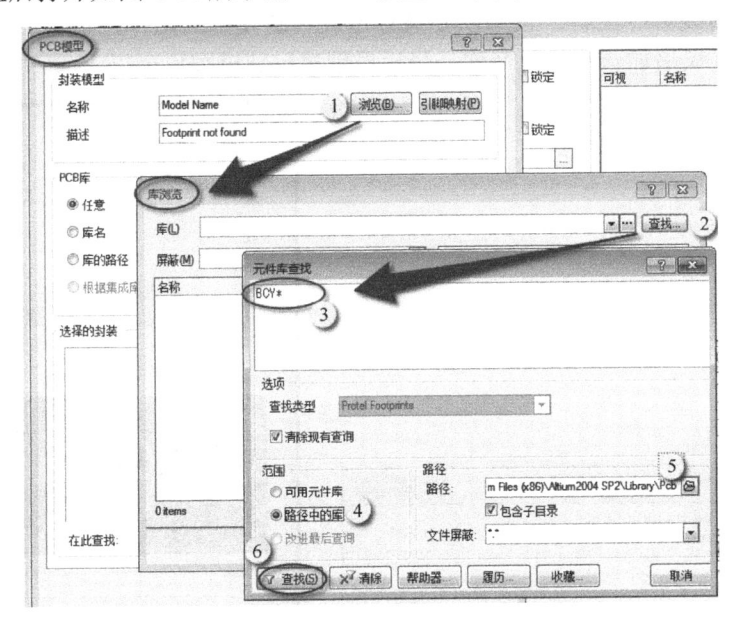

图4-14　查找封装操作

查找并添加封装。单击如图4-14①所示【浏览】按钮，进入"库浏览"对话框，单击②【查找】按钮进入"元件库查找"对话框。在图4-14所示的"元件库查找"对话框中，在顶部空白区域③处输入封装名"BCY*"（*为通配符，可指代任意字符串），范围选择④"路径中的库"，路径定位到系统安装路径下的PCB文件夹⑤，确定【包含子目录】已被选中，然后单击⑥【查找】按钮，则系统进入封装查找状态，如图4-15所示，当"库浏览"窗口显示出已找到BCY-W3/E4后，单击【Stop】按钮停止查找，选中封装，单击【确认】按钮。

注意：在原理图元件库中为元件添加的封装模型必须是在PCB封装库（即后缀为.PCBLib）中的，如图4-15中①所示。

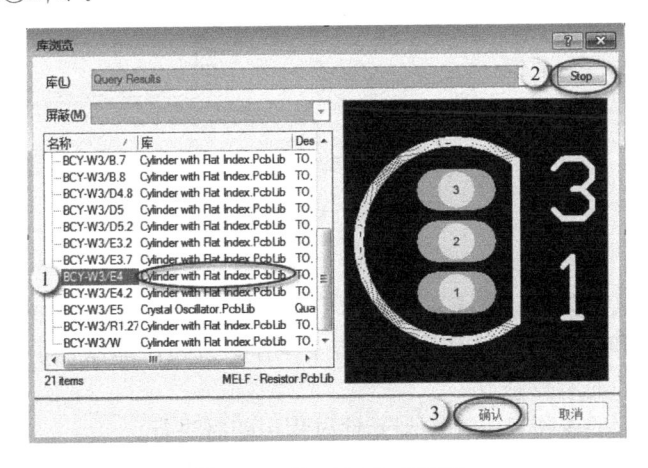

图4-15　为9013选择封装

系统弹出如图 4-16（a）所示的确认是否加载元件库的对话框。单击【是】按钮加载该封装库，这时弹出图 4-16（b）所示的"PCB 模型"对话框，单击【确认】按钮即完成了为 9013 加载 BCY-W3/E4 封装模型的操作。

如果元件的封装暂时没有，也可以不进行追加封装模型的操作，将来在使用时再添加封装即可；或者此处仅追加一个封装名称，稍后再创建封装模型也可以。

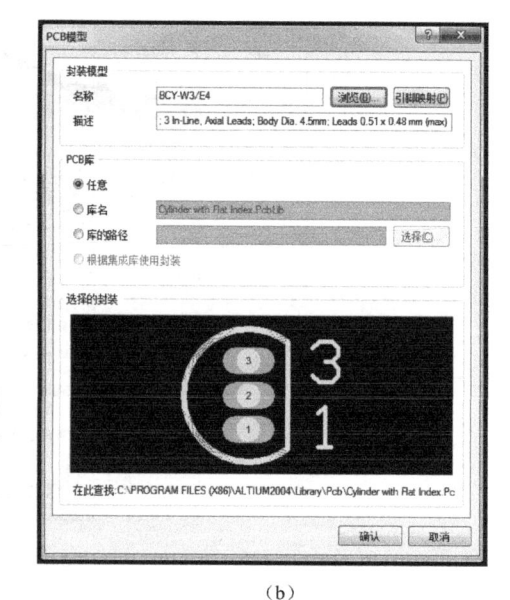

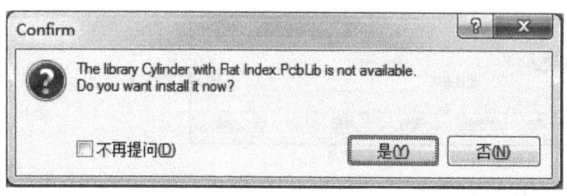

（a）　　　　　　　　　　　　　　（b）

图 4-16　确认加载元件库

完成元件属性设置后的状态如图 4-17 所示。

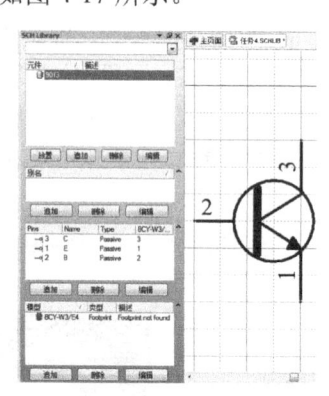

图 4-17　元件绘制完成

步骤 4：保存元件。

保存库文件时，执行菜单命令【文件】→【保存】，弹出如图 4-18 所示的"文件保存"对话框，选择保存路径和保存的文件名后，单击【保存】按钮，即保存了该元件库文件，同时也是保存了对库中元件的所有修改。

元件重命名和保存的操作可以在绘制元件过程中随时进行。

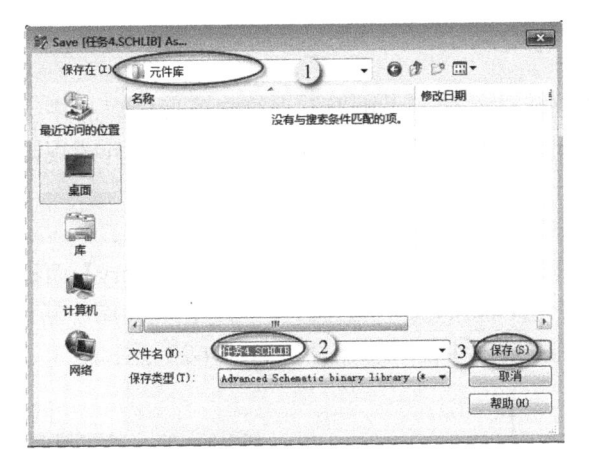

图 4-18 保存对话框

步骤 5：元件规则检查。

元件规则检查主要是用于检查元件库中的元件是否有规则所列的错误，并且将有错的元件以报表形式显示出来，指明错误原因等。

执行命令【报告】→【元件规则检查】，系统弹出如图 4-19 所示的"库元件规则检查"对话框，可以设置检查项目。单击【确认】按钮，系统生成扩展名为.ERR 的报告文档，如图 4-20 所示。该报告文档内容空白如图 4-20（a）所示，则表明当前库文件中的所有元件都没有错误；如果有错则会列出出错对象和错误原因，图 4-20（b）显示 AT89S52 这个元件多了一个第 2 引脚。

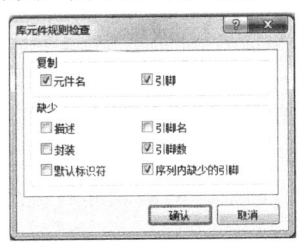

图 4-19 【库元件规则检查】对话框

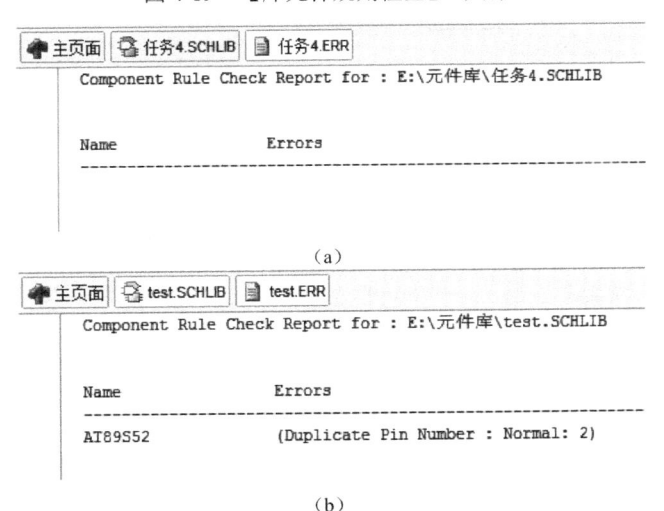

图 4-20 元件规则检查报告文档

4.2.2 集成电路元件的绘制

大多数数字集成电路元件都使用"矩形"来绘制外形轮廓,并且将同类型的信号引脚放置在一起。下面以绘制如图 4-21 所示的 74LS138 译码器为例介绍规则的集成电路元件的绘制方法。

1. 添加新元件

执行菜单命令【工具】→【新元件】,或者在【SCH Library】面板的"元件"列表区中单击【追加】按钮,输入新元件名称为"74LS138",此时在元件库中新增了一个元件。从【SCH Library】面板中可以看到当前库中的所有元件,如图 4-22 所示。

图 4-21　74LS138 元件图形

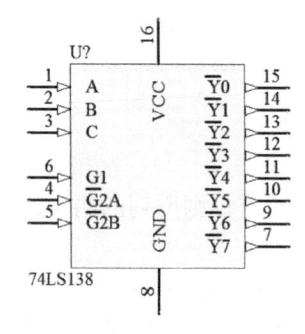

图 4-22　添加新元件 74LS138

2. 绘制元器件

(1) 执行菜单命令【放置】→【矩形】,或单击"绘图工具"栏的矩形按钮来选择直角矩形,如图 4-23 所示。

(2) 移动鼠标,将矩形的左上角移动到坐标原点(0,0),单击鼠标左键确定矩形的左上角,在第四象限移动鼠标到坐标(80,-90)处,单击确定直角矩形的右下角,如图 4-24 所示。当然,矩形框的大小也可以边绘制边调整。单击鼠标右键退出连续放置状态。

图 4-23　放置矩形

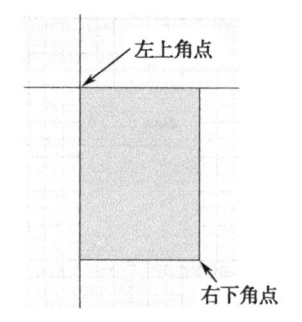

图 4-24　绘制矩形框

(3) 双击矩形框,打开它的属性对话框,如图 4-25 所示,可以在其中修改矩形框的"边缘色"和"边框宽",还可以改变矩形框的"填充色"及是否"透明"。矩形框的大小可以通过设置坐标来精确修改。

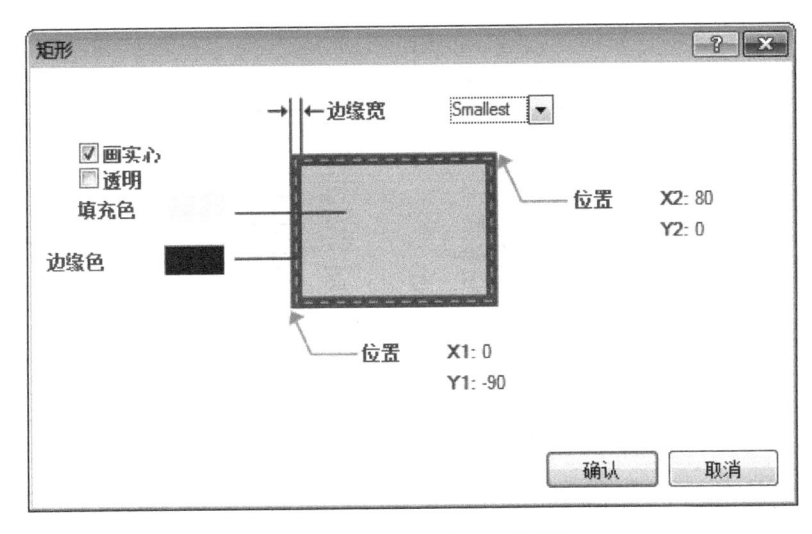

图 4-25 "矩形"属性对话框

（4）执行菜单命令【放置】→【引脚】，或在"绘图工具"栏单击引脚图标，按图 4-21 所示依次放置 16 个引脚。

（5）双击已经放置的引脚，或者在放置前按下【Tab】键，打开"引脚属性"对话框，在对话框中对引脚属性进行相关修改。针对本案例，设置如下：

引脚 1：显示名称 A，选中【可视】复选框，电气类型选为"Input"，长度为"20"；

引脚 15：显示名称"Y\0\"，选中【可视】复选框，电气类型选为"Output"，长度为"20"；

引脚 16：显示名称"VCC"，选中【可视】复选框，电气类型选为"Power"，长度为"20"；

引脚 8：显示名称"GND"，选中【可视】复选框，电气类型选为"Power"，长度为"20"。

用同样方法设置其他的引脚。完成所有引脚设定后，得到如图 4-26 所示的最终元件图。注意，显示名称一定采用英文输入法；当需要在引脚名称上放置上画线，表示该引脚低电平有效时，可在引脚名称每个字符后面输入"\"，如"Y\0\"，"G\2A"等。

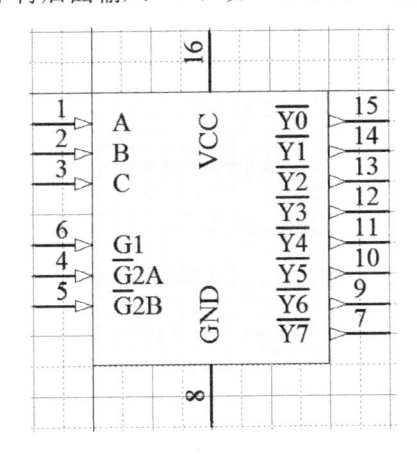

图 4-26 添加所有引脚

如果【工具】→【原理图优先设定】→【General】选项卡中的"引脚方向"未选中，则图形如图 4-27 所示。

图 4-27 "引脚方向"未选中

（6）在【SCH Library】面板的"元件"列表中选择该元件并双击，打开元件属性对话框，如图 4-28①②所示，在"Default Designator"栏输入"U？"，在"注释"栏输入"74LS138"。

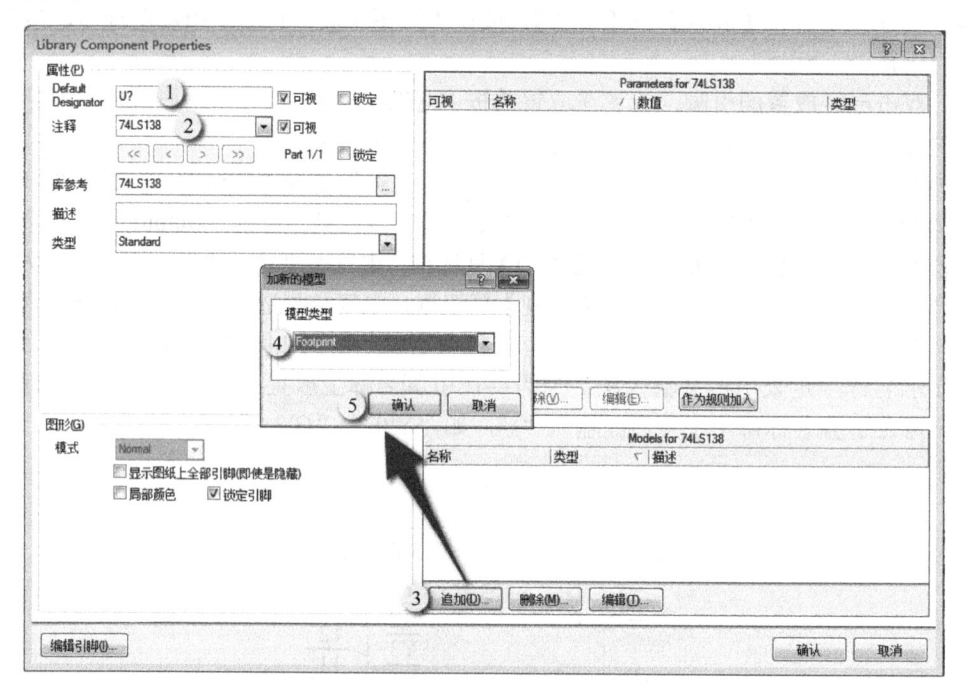

图 4-28 元件属性对话框

（7）为元件添加封装。在元件属性对话框中，如图 4-28③所示，单击【Models for 74LS138】区的【追加】按钮，选择"Footprint"后单击【确认】按钮，打开"PCB 模型"对话框，如图 4-29①所示，单击【浏览】按钮。若已知该元件的封装"SOP16"在"IPC-SM-782 Section 9.3 SOP.PcbLib"封装库中，则无须花时间查找，按照图 4-29 的标记所示，直接单击"库浏览"对话框中的【…】按钮打开"可用元件库"对话框，选择【安装】选项卡，单击【安装】按钮，在"打开"对话框的"查找范围"栏选择封装库所在路径 C:\Program Files\Altium2004 SP2\Library\Pcb\Ipc-sm-782（系统安装路径），但当前文件夹下没有显示任何库文件，这是因为默认显示的文件类型为集成库（*.INTLIB），此处需单击下拉列表箭头（如标记⑥），修改文件类型为封装库（*.PCBLIB），如标记⑦所示。这时"打开"对话框中显示出封装库文件，从中选择"IPC-SM-782 Section 9.3 SOP.PcbLib"，然后单击【打开】按钮、【关闭】按钮，回到图 4-30 所示的"库浏览"对话框，选择封装 SOP16 后单击三次【确认】按钮，完成封装的设定，如图 4-31 所示。

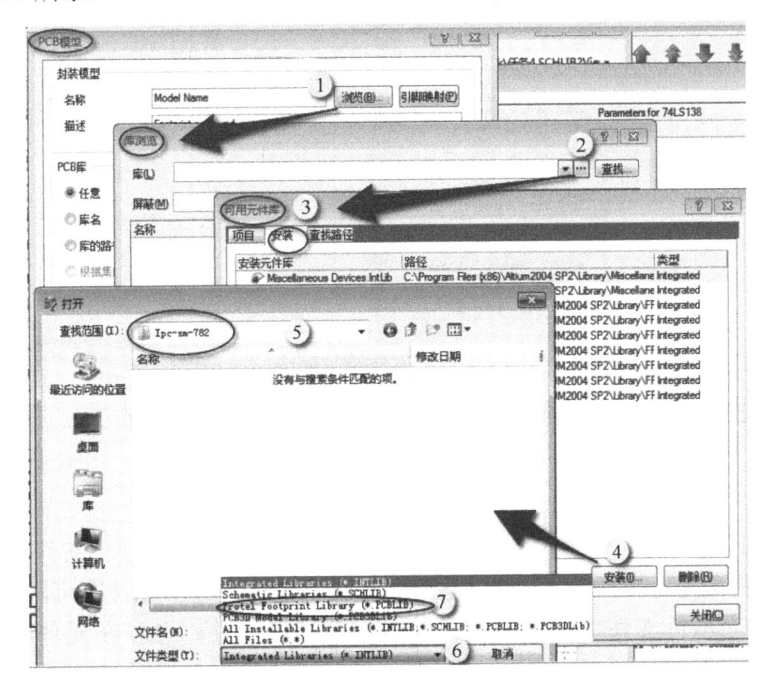

图 4-29　加载封装库

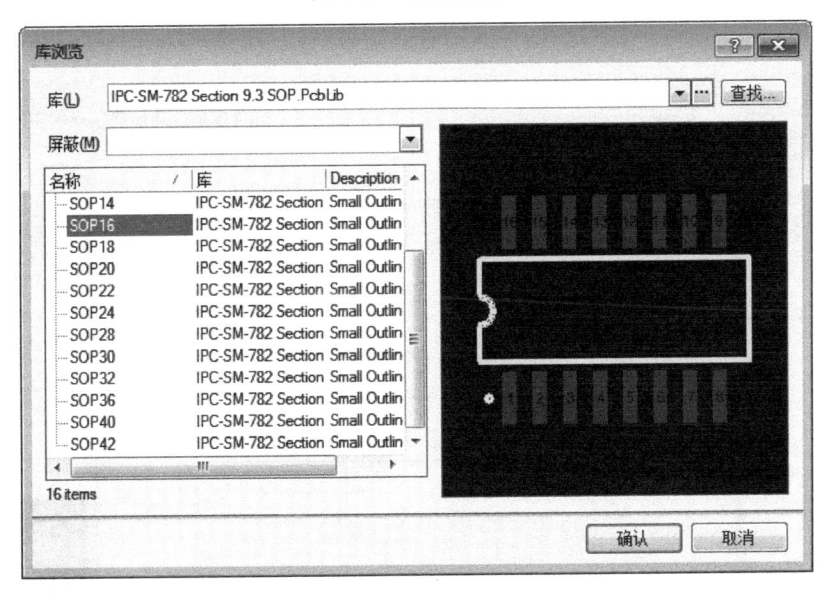

图 4-30　选择 SOP16 封装

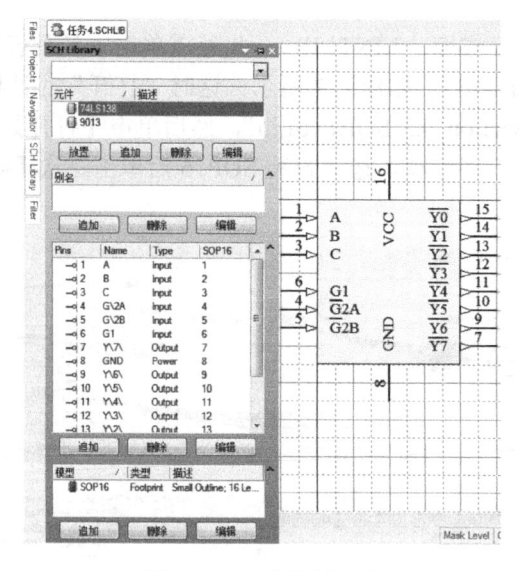

图 4-31　元件绘制完成

（8）元件规则检查。执行命令【报告】→【元件规则检查】，检查无误后保存文件。

4.2.3　应用

绘制元件的目的是为了使用。如果原理图与元件库属于同一个项目文件，那么元件库会自动加载到原理图的【Library】面板中，这时从库元件列表中选择元件即可，如图 4-32 所示。

如果没有建立项目文件，但要使用元件库中的某个元件，可以在元件库中打开【SCH Library】面板，在"元件"列表区中选择元件，再单击【放置】按钮，如图 4-33 所示，系统将自动切换到原理图设计界面，该元件会被放置到当前打开的原理图中。

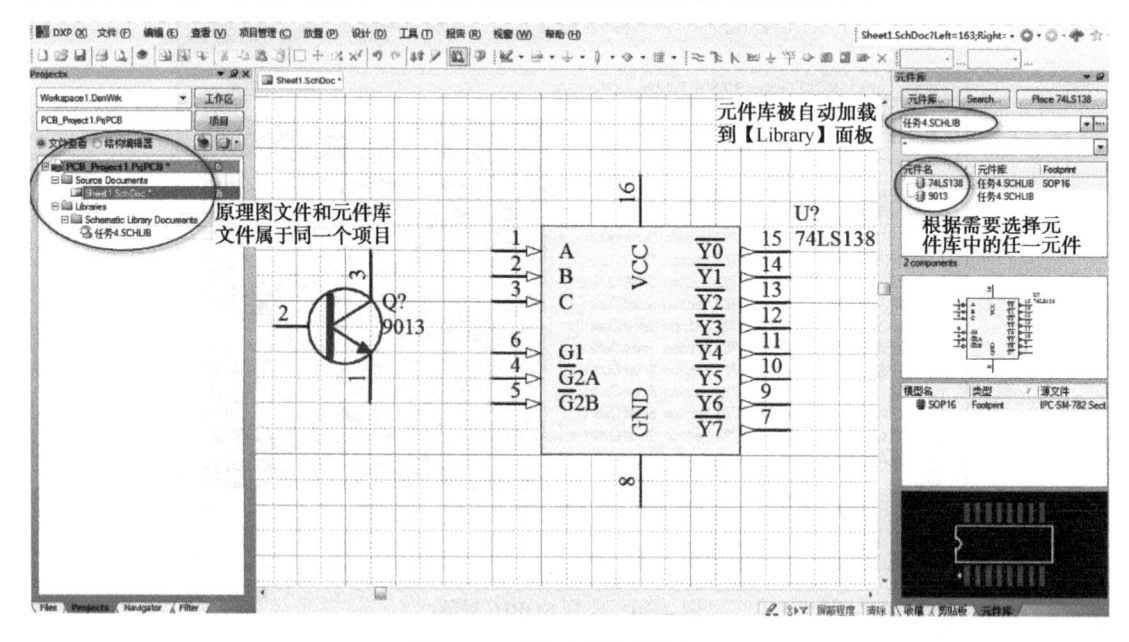

图 4-32　元件库的使用方法一

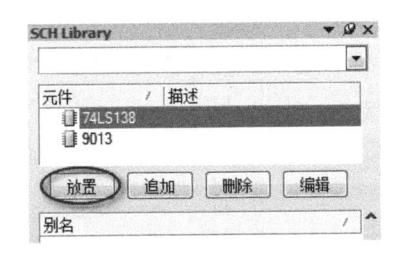

图 4-33 元件库的使用方法二

4.3 带子件元件的制作

4.3.1 认识带子件元件

带子件元件是指在一个元件体内具有多个功能完全相同的模块，如集成电路中的门电路系列。这些独立的功能模块共享一个元器件封装体，可用在电路的不同处，每一个功能模块都必须用一个独立的符号表示，比如 74LS00 内部就有四个独立的与非门。下面以图 4-34 所示的 74LS00 为例学习制作带子件的元件。

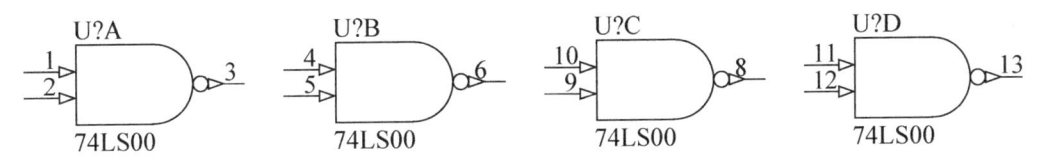

图 4-34　含四个子件的元件 74LS00

4.3.2 带子件元件的绘制

（1）在"任务 4.SchLib"元件库中，执行菜单命令【工具】→【新元件】，并命名为"74LS00"。

（2）为了精细绘图，设置捕获网格为 5。

（3）绘制元件体。与元件 9013 绘制过程相似，分别选取"实用工具"栏中的放置直线和放置圆弧工具，按照图 4-35 所示的过程绘制元件体。将元件体放置在编辑区第四象限靠近坐标原点的位置。

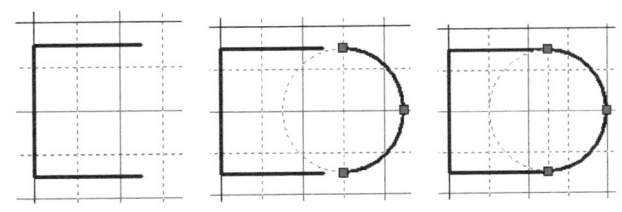

图 4-35　元件体绘制过程

（4）放置引脚。参照图 4-36 引脚属性设置如下：

引脚 1：显示名称 A，取消【可视】复选框；电气类型选 Input；长度为 20；

引脚 2：显示名称 B，取消【可视】复选框；电气类型选 Input；长度为 20；

引脚 3：显示名称 Y，取消【可视】复选框；电气类型选 Output；外部边沿为 Dot；长度为 20。

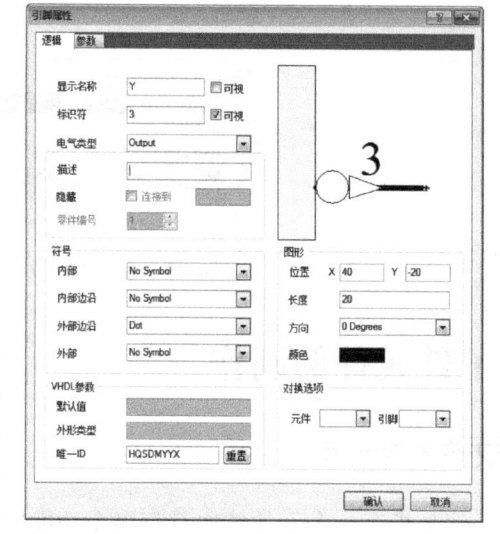

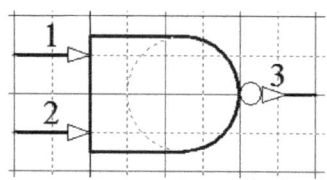

图 4-36　元件引脚设置

（5）制作子件。由于 74LS00 包含有 4 个子件，每个子件的外观均相同，不同的只是引脚编号，因此为了提高效率，可以采用复制的方法制作其他几个子件。

◆ 用鼠标框选制作好的第 1 个子件，复制。
◆ 执行菜单命令【工具】→【创建元件】，这时出现一个新工作区，同时在【SCH Library】工作面板中可以看到元件 74LS00 有了两个子件，即 Part A 和 Part B，当前处于 Part B，如图 4-37 所示。
◆ 执行菜单命令【编辑】→【粘贴】，将刚才复制的第 1 个子件粘贴到 Part B 中，位置应与其在 Part A 中相同。
◆ 修改 Part B 中子件的引脚标识符分别为 4、5、6，其他参数不必更改。
◆ 按照同样方法，参照图 4-34 所示绘制完成余下的 2 个子件：Part C、Part D，如图 4-38 所示。

通过上述操作，我们可以看出引脚属性窗口中"零件编号"栏中的数字与该引脚所在的子件一致。例如引脚 1 的"零件编号"为 1，引脚 4 的"零件编号"为 2。

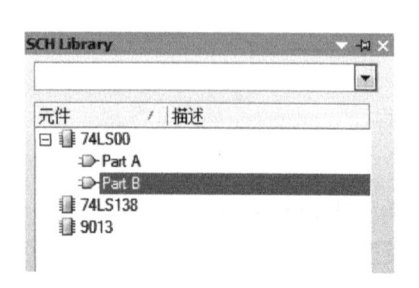

图 4-37　创建 1 个子件

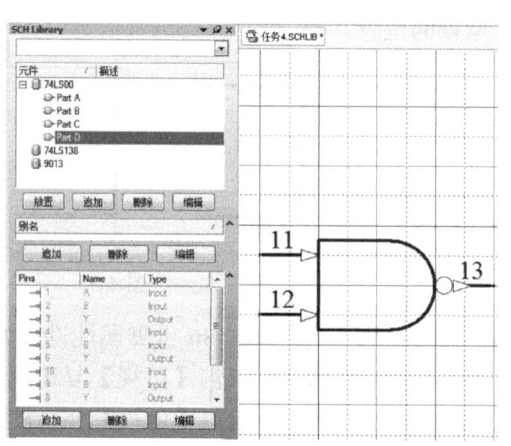

图 4-38　创建 4 个子件

(6)处理电源和地引脚。在74LS00中,第7引脚是地引脚,第14引脚是电源引脚,它们是4个子件的公共引脚,并进行了隐藏处理。绘制时,用户可以将这两条引脚放置在任何子件中,例如放在Part A中。

具体操作时,先切换到Part A,在元件体旁边放置两条引脚(如图4-39所示),并且参照图4-40设置引脚的属性。若需隐藏则选中"隐藏"并且连接到"GND(或VCC)",就设置了该引脚自动隐藏,并在PCB布线时会自动与GND(或VCC)同名网络相连;此外,GND(或VCC)作为4个子件的公共引脚,将"零件编号"设置为0,即设置了引脚属于每个子件。当然,对于公共引脚,如果不设置其"零件编号"为0,也可以将该引脚放置或复制到每一个子件中来实现引脚的共享。

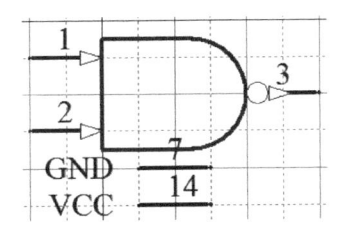

图 4-39 放置电源和地引脚

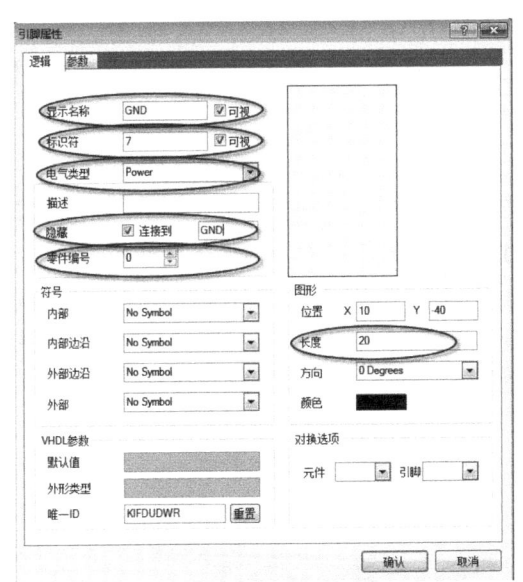

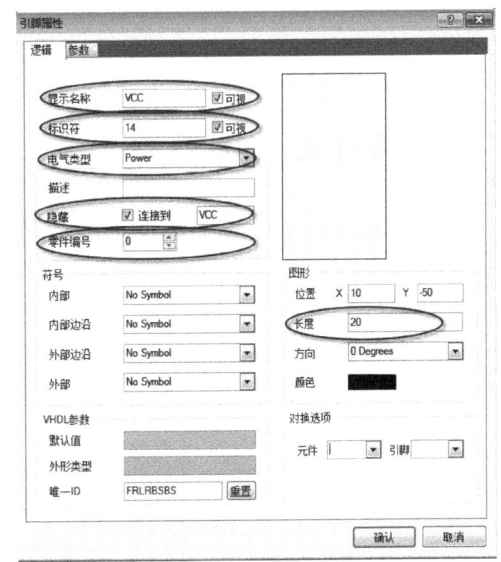

图 4-40 电源和地引脚的属性设置

若要修改隐藏的引脚,可以在【SCH Library】面板的"引脚信息区"中找到该引脚,然后双击打开属性窗口进行修改设置;或者执行菜单命令【查看】→【显示或隐藏引脚】使引脚显示,再双击引脚打开属性窗口修改。

(7)设置元件属性。双击【SCH Library】面板 "元件列表区"中的74LS00元件,打开元件属性对话框,将元件属性的"Default"设置为"U?",将"注释"设置为74LS00。

单击元件属性对话框【Models for 74LS138】区的【追加】按钮,进入"PCB模型"对话框,在封装模型的"名称"栏输入封装名"DIP14",单击【确认】按钮(此处仅给出元件的封装名,未具体加载封装,封装可以以后使用时再加载)。元件属性设置后如图4-41所示。

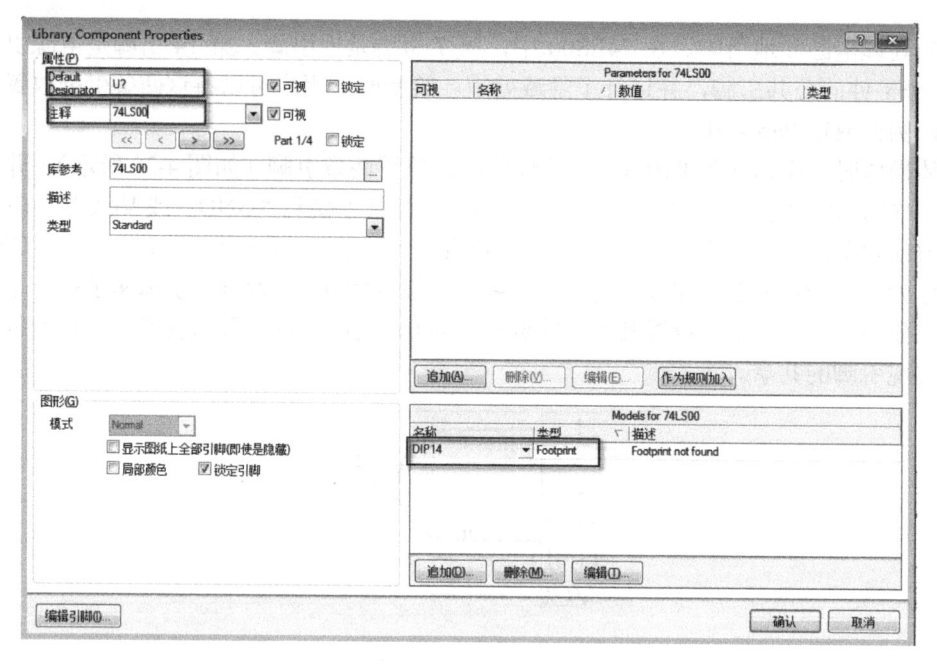

图 4-41 设置元件属性

（8）元件规则检查。执行菜单命令【报告】→【元件规则检查】，检查无误后保存文件。

4.4 对现有元件的修订

当元件形状较繁杂不易画出，且在 Protel DXP 现有库中已有类似元件的情况下，可以从已有的原理图库中找出形状相似的元件，经过适当修改，即可获得新元件，从而节省绘制原理图元件的时间。例如，要获得如图 4-42 所示的 NPN 三极管 9013，可以通过修改图 4-43 所示的 Miscellaneous Devices.IntLib 库中的元件 2N3904 得到。具体方法如下所述。

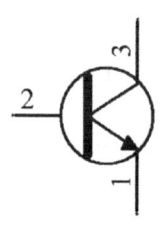

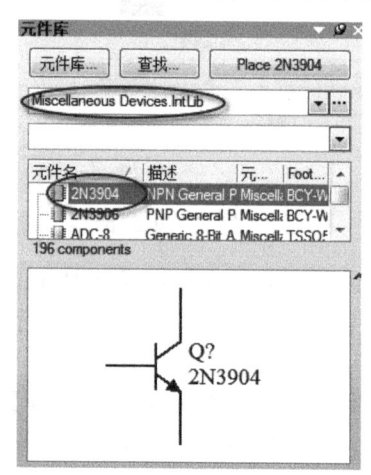

图 4-42 三极管 9013　　　　图 4-43 现有库中的相似 NPN 元件

4.4.1 抽取现有集成元件库的源文件

(1)执行菜单命令【文件】→【打开】,找到库文件"Library"→"Miscellaneous Devices.IntLib"并打开,如图 4-44 所示。系统弹出"抽取源码或安装"对话框,单击【抽取源】按钮,如图 4-45 所示。

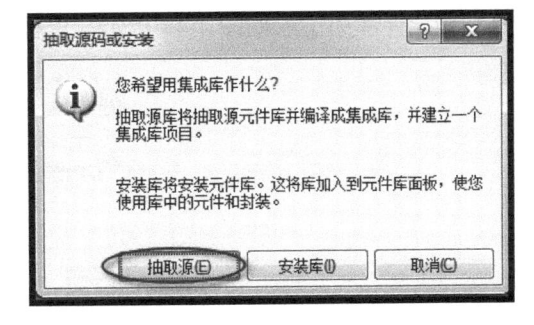

图 4-44 打开库文件

图 4-45 "抽取源码或安装"对话框

(2)这时左侧的【Project】工作面板显示出抽取的"Miscellaneous Devices.SchLib"库,如图 4-46 所示。

(3)在【Project】工作面板里选定"Miscellaneous Devices.SchLib"库名并双击,在工程面板标签下方能看到打开的进度条。

(4)单击【SCH Library】工作面板,可以看到"Miscellaneous Devices.SchLib"库中的所有元件都处于可编辑状态。在其中找到与本案例相似的元件 2N3904,如图 4-47 所示。选中该图形,即可在原有基础上修改了。

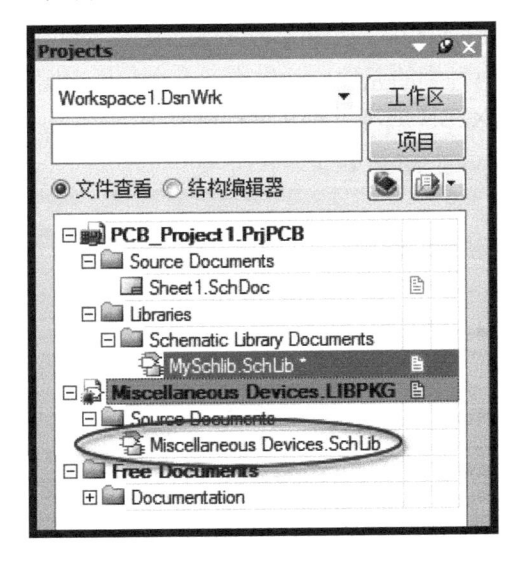

图 4-46 抽取的库

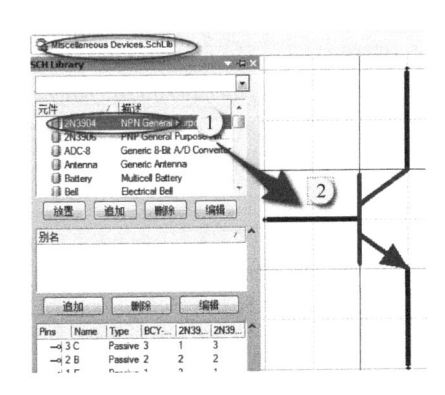

图 4-47 找到与本案例相似的元件 2N3904

4.4.2 将原理图中的元件复制到元件库

（1）在原理图中查找到待修改元件 2N3904，放置到图纸上，然后选中 2N3904，采用【Ctrl+C】快捷方式复制。

（2）执行菜单命令【文件】→【创建】→【库】→【原理图库】，新建一个原理图元件库，打开工作面板【SCH Library】，可以看到其中已经自动生成了一个默认名为"Component_1"的元件。

（3）在【SCH Library】工作面板的【元件列表区】空白处单击右键，选择"粘贴"，则 2N3904 就复制到元件库中了，如图 4-48 所示，这样就可以对该元件进行修改了。

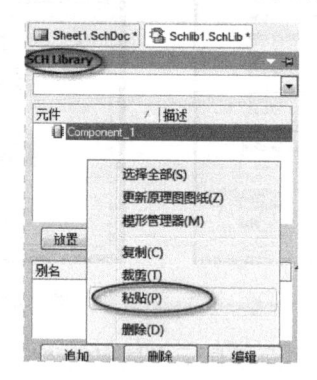

图 4-48　复制元件到元件库

4.4.3 将原理图中的元件生成到元件库

在绘制原理图过程中，经常会遇到需要调整元件引脚位置的情况，这时可以将原理图中的元件生成到元件库，然后在元件库中修改元件。例如，要调整任务三"模拟交通灯控制电路原理图"中的 U2——单片机 P89C52X2BN 的引脚排列顺序，除了上述两种方法可以将该元件放置到元件库进行修改以外，还可以在打开的原理图中，如图 4-49 所示，执行菜单命令【设计】→【建立设计项目库】，则该原理图中的所有种类的元件自动生成到一个与原理图同名的元件库，如图 4-50 所示，这时选中元件 P89C52X2BN 就可以对其进行修改了。

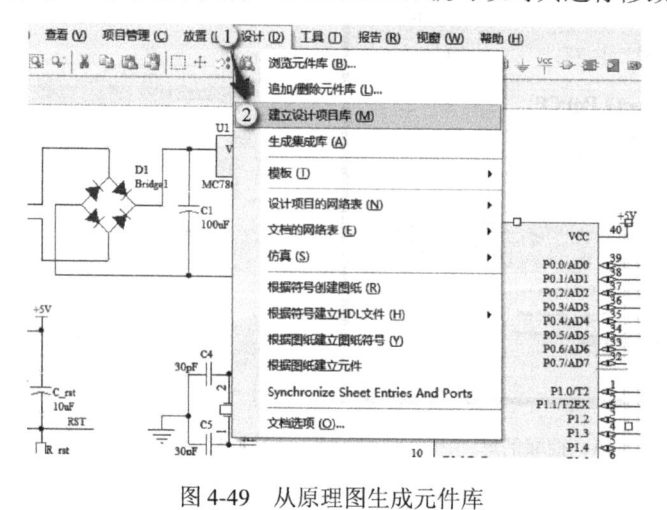

图 4-49　从原理图生成元件库

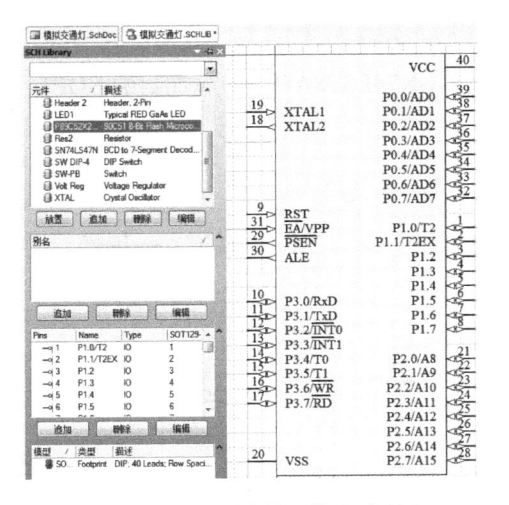

图 4-50 原理图中的元件生成到库

用这种方法将待修改元件放置到元件库中，修改完成后应用也很方便，只需执行菜单命令【工具】→【更新原理图】即可，如图 4-51 所示。

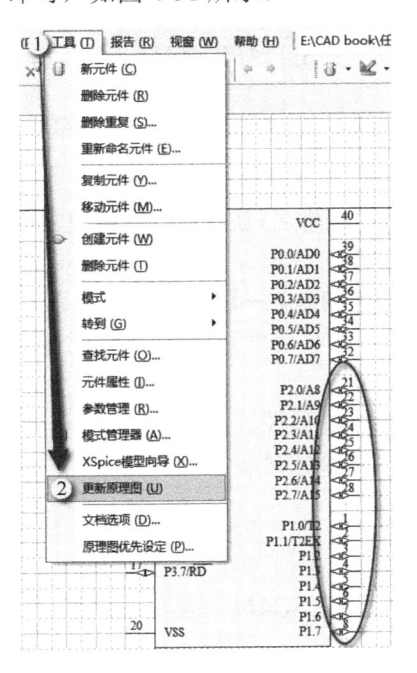

图 4-51 从元件库更新到原理图

【动手练一练】

实训七　绘制集成元件 SN74LS78AD

一、实训目的
（1）掌握原理图元件库编辑器的基本操作。
（2）熟练掌握原理图元件的绘制方法。

二、实训任务

绘制图 4-52 所示集成元件 SN74LS78AD，并添加封装 SOP14。

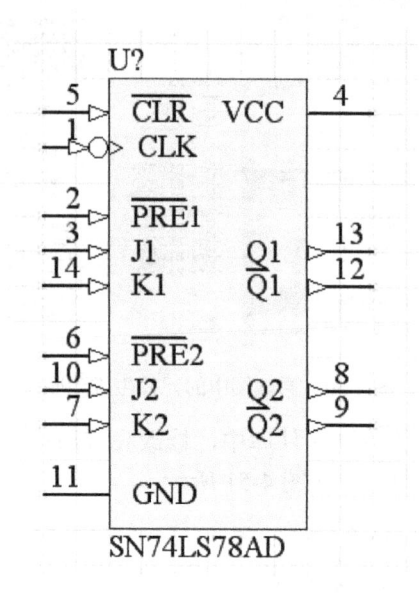

图 4-52　集成元件 SN74LS78AD

三、实训内容

（1）在 D 盘下以自己的"学号+姓名+实训 7"为名建立文件夹，用来保存实训七的设计文件。

（2）执行菜单命令【文件】→【创建】→【库】→【原理图库】，命名为"MySchlib.SchLib"。

（3）执行菜单命令【工具】→【新元件】，创建集成元件 SN74LS78AD。

（4）参照图 4-52 绘制元件。

（5）设置集成元件 SN74LS78AD 属性。

（6）为集成元件 SN74LS78AD 添加封装 SOP14。

（7）元件规则检查。

（8）保存库文件。

实训八　绘制带子件元件 DM74LS04N

一、实训目的

（1）掌握原理图元件库编辑器的基本操作。

（2）熟练掌握带子件元件的绘制方法。

二、实训任务

绘制图 4-53 所示带子件元件 DM74LS04N，并添加封装 N14A。

三、实训内容

（1）在 D 盘下以自己的"学号+姓名+实训 8"为名建立文件夹，用来保存实训八的设计文件。

图 4-53 带子件元件 DM74LS04N

（2）执行菜单命令【文件】→【创建】→【库】→【原理图库】，命名为"MySchlib.SchLib"并保存。

（3）执行菜单命令【工具】→【新元件】，创建新元件 DM74LS04N。

（4）参照图 4-53 绘制元件。

（5）设置带子件元件 DM74LS04N 属性。

（6）为带子件元件 DM74LS04N 添加封装 N14A。

（7）元件规则检查。

（8）保存库文件。

实训九　绘制声光报警电路原理图

一、实训目的

（1）掌握原理图元件库编辑器的基本操作。

（2）熟练掌握原理图元件的绘制和修订方法。

（3）熟练掌握自制原理图元件的使用方法。

二、实训任务

绘制图 4-54 所示声光报警电路原理图，要求图中元件与原图一致，不一样的需要修改或重新绘制。

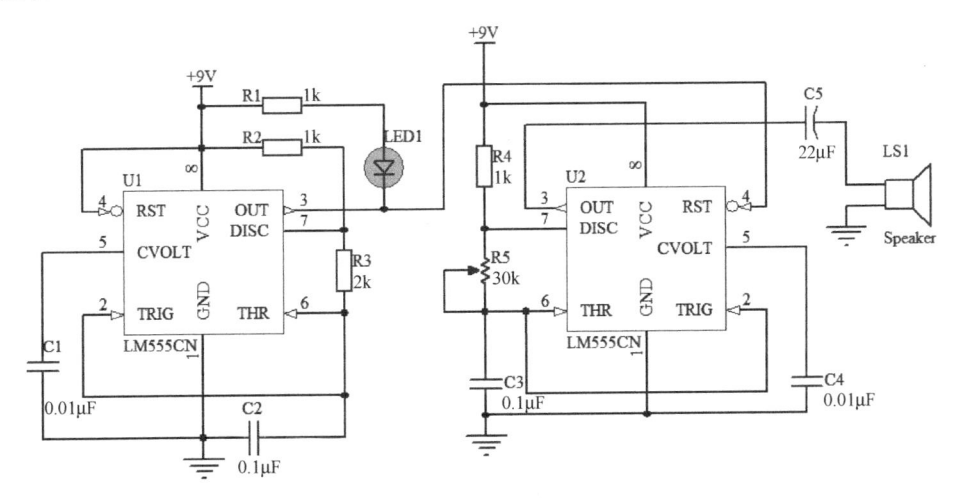

图 4-54 声光报警电路

三、实训内容

（1）在 D 盘下以自己的"学号+姓名+实训 9"为名建立文件夹，用来保存实训九的设计文件。

（2）以自己姓名拼音的首字母为名字建立项目文件，保存在上述"实训九"文件夹中。

（3）执行菜单命令【文件】→【创建】→【库】→【原理图库】，库名为"MySchlib.SchLib"。

（4）执行菜单命令【工具】→【新元件】，参照图 4-54 新绘制发光二极管 LED。

（5）在现有库中查找 LM555CN，修改该元件，并应用到原理图中。

（6）按照图 4-54 绘制原理图。

（7）绘制完成后运行编译命令检查原理图是否存在错误，并修正编译错误。

任务五

制作元件封装

任务描述

- 根据元件规格说明书设计 100uf16V-6.3×5 电解电容的封装
- 根据元件规格说明书设计 SOP14 的封装
- 修改 Miscellaneous Devices.IntLib 库中现有封装 CAPPR2-5x6.8
- 制作 SN74LS78AD 元件的集成元件库 MyIntLib.IntLib

学习要点

- 认识常用元件的封装
- 设计元件封装

学习目标

- 能够合理选择常用元件的封装
- 能够看懂元件规格说明书上与设计封装相关的参数
- 能够设计元件封装
- 会制作集成元件库

专业词汇

Footprint: 封装　　　　measure: 测量　　　　distance: 距离　　　　reference: 参考点
imperial: 英制的　　　 metric: 公制的　　　　inch: 英寸　　　　　　unit: 单位
dimension: 尺寸　　　　package: 包装

【任务说明】根据所给的元件规格说明书,采用手工方式设计分立元件的封装,采用向导方式设计标准的双列直插式封装和贴片式封装,以及在现有元件封装基础上修改封装。结合任务四进行集成元件库的制作,并将以上新封装进行应用。

在这个任务中,我们需要解决以下几个问题:
(1) 常用元件的封装有哪些?
(2) 设计元件封装应关注元件的哪些参数?
(3) 封装的元件轮廓应绘制在哪一层?
(4) 如何设置封装的参考点?
(5) 修订元件封装有哪几种方法?
(6) 如何制作集成元件库?

为了防止空气中的杂质对芯片电路的腐蚀而造成电气性能下降,芯片必须与外界隔离,也就是要对芯片进行封装处理。封装(Footprint),是指把硅片上的电路引脚用导线接引到外部接头处,以便与其他器件连接的工艺过程。封装不仅起着安装、固定、密封、保护芯片及增强电热性能等方面的作用,而且还能使元件通过封装外壳的引脚经印制电路板上的导线与其他器件相连接,从而实现电路的连接,另外,封装后的芯片也更便于安装和运输。

在 PCB 设计行业,元件的封装指的就是元件的外形和引脚分布图。对 Protel DXP,封装以库的形式进行管理,大多数原理图元件都有一种推荐或首选的封装,然而,由于新元件层出不穷,Protel DXP 现有库中的封装难以满足设计需要,另外,设计中经常采用大量的非标准化元件,或者出于某种需要对标准化元件进行非标准化应用,因此设计中常常需要绘制新的元件封装或者对现有的封装加以修改应用。

5.1 认识常用元件封装

电子元件种类繁多,对应的封装形式也复杂多样,同一种元件可以有多种封装形式,不同的元件也可以有相同的封装形式。元件的封装主要分为通孔式封装(THT,Through Hole Technology)和表面贴装式封装(SMT,Surface Mount Technology)两种。

1. 电阻

电阻的封装尺寸主要取决于其额定功率及工作电压等级,这两项指标的数值越大,其体积越大,如图 5-1 所示。在 Protel DXP 中,通孔式电阻的现有封装为 AXIAL-0.3～AXIAL-1.0;贴片式电阻的现有封装为 0402～5720 等多种,这些贴片封装并非从属于特定的元件类型,可以灵活应用于电阻、电容、电感、二极管等多类元件。

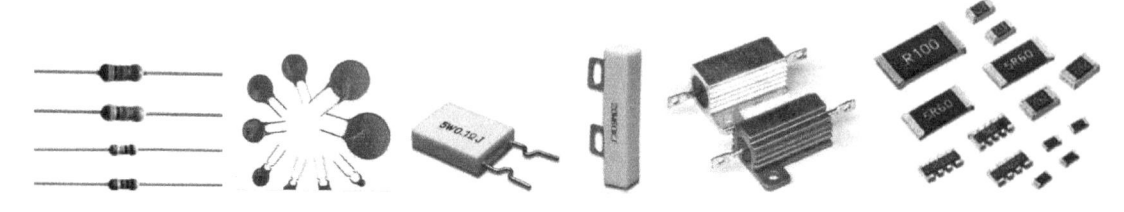

图 5-1 电阻的实物外观

一般 1/2W 以下的电阻可以选择 AXIAL-0.3 或者 AXIAL-0.4 封装。其中封装 AXIAL-0.3 表示元件为轴状，两焊盘中心距为 0.3 inch，即 300mil。大功率电阻常用到 AXIAL-1.0，即焊盘中心距为 1 inch（1000mil）的封装。贴片式电阻用两种单位表示了元件的外形尺寸，如 R2012-0805，其中"0805"表示电阻的长与宽分别为 0.8 inch 和 0.5 inch，"2012"则表示电阻的长与宽为 2.0mm 和 1.25mm，如图 5-2 所示。

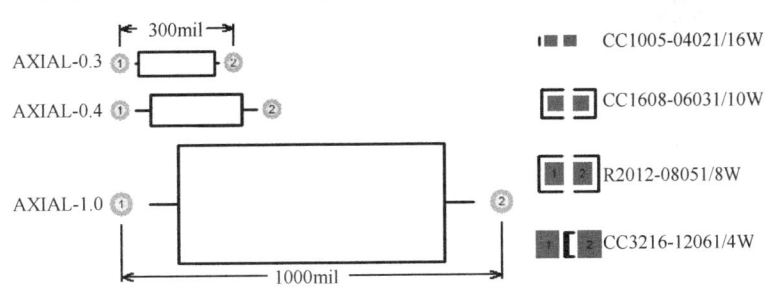

图 5-2 电阻的常用封装示例

2. 电位器

根据被调节对象的属性、性能要求、成本、操作方式及安装方式等因素，电位器有不同的封装形式。在 Protel DXP 中，电位器的封装有 VR3、VR4、VR5，如图 5-3 所示默认是 VR3，一般都需要修改。

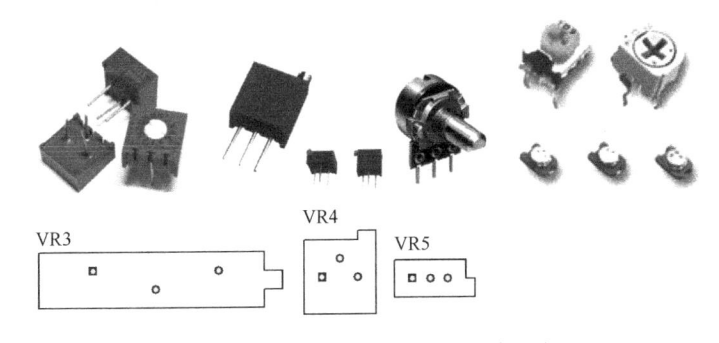

图 5-3 电位器的实物外观及封装示例

3. 电容

电容可分为无极性和有极性两类。电容的主要参数为容量和耐压，对同类电容而言，体积随着容量和耐压的增加而增大。常见电容的外观有圆柱形、扁平形、泪滴形，如图 5-4 所示。插脚式无极性电容的常用封装是 RAD-0.1～RAD-0.4，后面的数字表示焊盘的中心距；插脚式有极性电容（电解电容）的常见封装有 RB.2/.4～RB.5/1.0，符号中前面数字表示焊盘中心孔间距，后面数字表示外围尺寸，如图 5-5 所示。无极性贴片电容 0805、0603 两类封装最为常见。

4. 二极管

常见的二极管尺寸主要取决于额定电流和额定电压，从微小的贴片式封装、玻璃封装、塑料封装到大功率的金属封装，其形状尺寸相差很大，如图 5-6 所示。Protel DXP 有专门的晶体二极管封装库，但并不能完全满足实际设计的需要。Protel 推荐的插脚式封装有 DIODE-0.4 和 DIODE-0.7（常用于源电路部分），贴片式封装有 INDC1005-0402～INDC4510-1804，数字部分的意义同上。

图 5-4 电容的实物外观

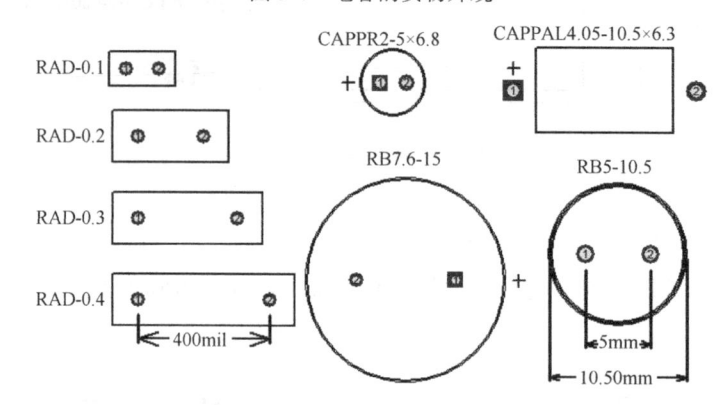

图 5-5 电容的常用封装示例

图 5-6 晶体二极管的实物外观及常用封装示例

5．三极管/场效应管/晶闸管

三极管、场效应管、晶闸管同属于三引脚晶体管，它们的外形尺寸与额定功率、耐压等级及工作电流等参数有关。Protel DXP 中对应的封装也比较多，常用的封装有 BCY-W3、BCY-W3/E4、BCY-W3/B.8 等，如图 5-7 所示。一般地，1W 以下的小功率三极管可采用 BCY-W3 封装；几十瓦以上的中大功率三极管选用 SFM 系列封装；金属外壳的三极管可选 CAN 系列封装；贴片式封装常选 SO*封装。

6．发光二极管与 LED 数码管

发光二极管从属于二极管，主要用于状态指示。对插脚式封装而言，直径大小是其主要分类标准，此外，它也有贴片式封装。在 Protel 中，推荐的封装有 LED-0、LED-1 等，如图 5-8 所示。

LED 数码管主要用于简单的数码显示，为适应不同的应用场合，其封装形式差别很大。Protel 包含的几种封装如图 5-9 所示。

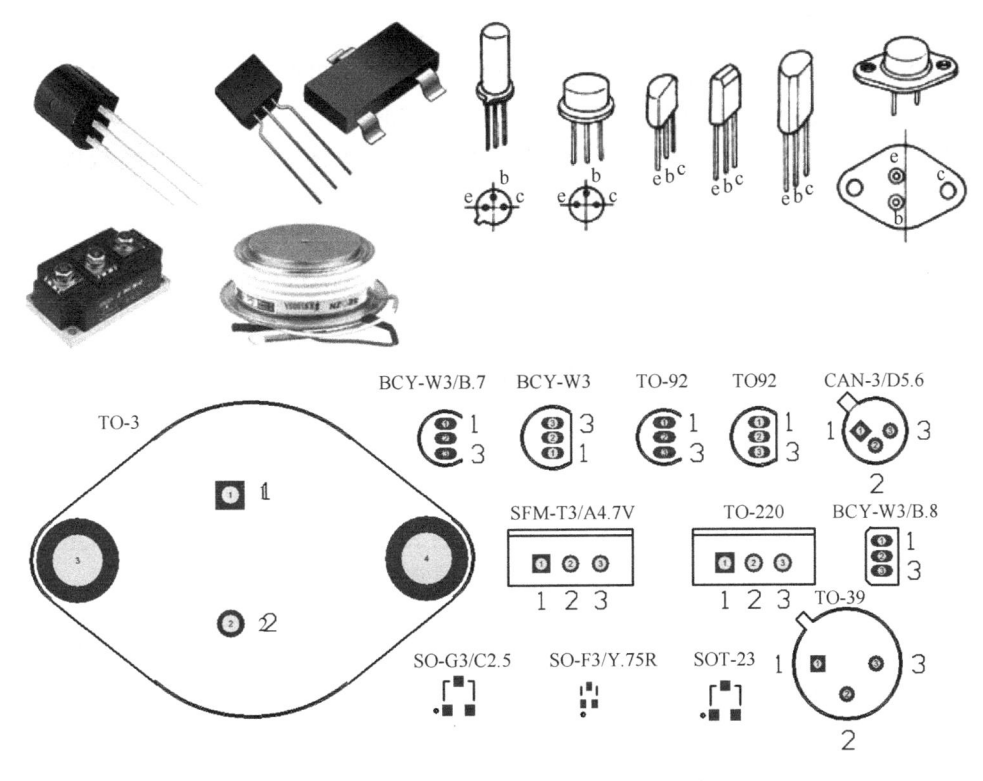

图 5-7　三极管的实物外观及常用封装示例

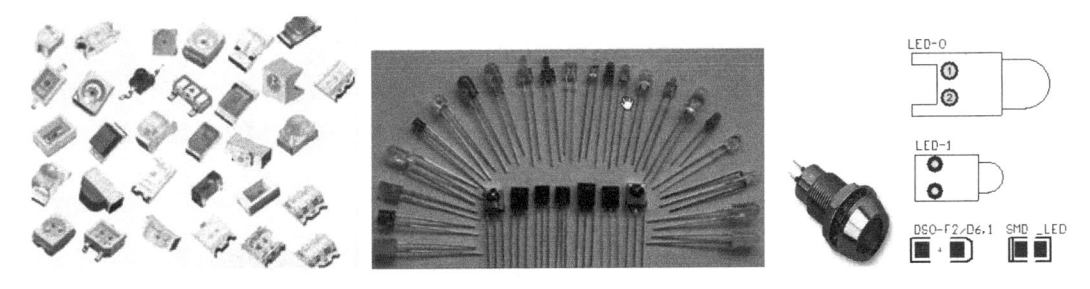

图 5-8　发光二极管的实物外观及常用封装示例

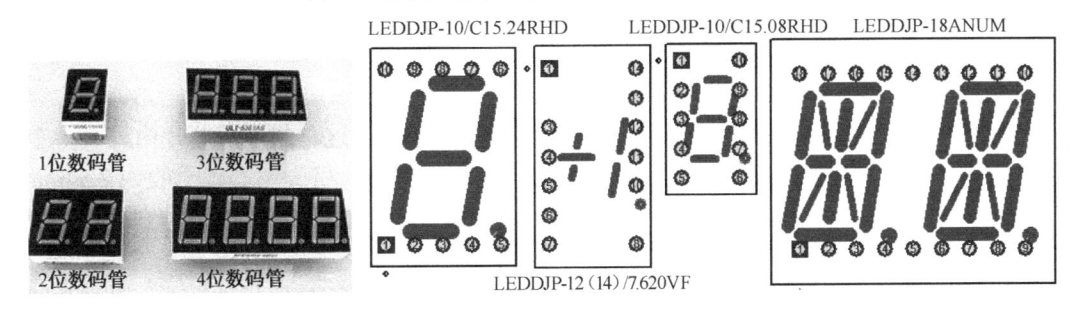

图 5-9　LED 数码管的实物外观及常用封装示例

这两类元件在实际使用时封装常需要用户自行设计。

7．集成电路

集成电路是电子线路中应用最广泛的一类元件，其品种丰富，封装形式也多样。Protel DXP

中包含了大部分集成电路的封装,下面介绍几种常用的封装。

(1) DIP (Dual In-Line Package,双列直插式封装)。如图 5-10 所示,DIP 是最普及的插脚式封装,绝大多数中小规模集成电路均采用这种封装形式,其引脚数一般不超过 100 个。采用这种封装方式的芯片有两排引脚,可以直接焊在有 DIP 结构的芯片插座上或焊在有相同焊孔数的焊位中。其特点是可以很方便地实现 PCB 的穿孔焊接,和主板有很好的兼容性。但是由于其封装面积和厚度都比较大,而且引脚在插拔过程中很容易被损坏,故可靠性较差。DIP 封装的引脚中心距一般为 100mil,宽度有 300mil、400mil、600mil 三种。

图 5-10 DIP 芯片外观及封装示例

(2) SIP (Single In-Line Package,单列直插式封装)。引脚从封装一个侧面引出,排列成一条直线,装配到 PCB 上时呈侧立状。引脚中心距通常为 100mil。多数为定制产品。如图 5-11 所示。

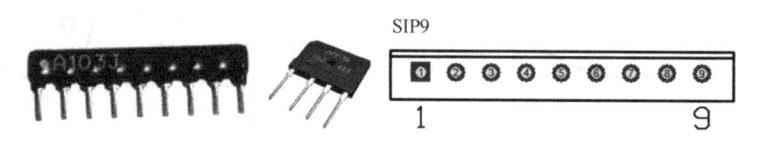

图 5-11 SIP 封装元件外观及封装示例

(3) SOP (Small Out-Line Package,小外形封装)。SOP 是一种应用范围很广的表贴式封装,引脚从封装两侧引出,呈海鸥翼状(L 字形),引脚中心距为 1.27mm,如图 5-12 所示。由 SOP 封装又派生出一些封装,如 SOJ(J 型引脚小外形封装)、TSOP(薄小外形封装)、VSOP(甚小外形封装)、SSOP(缩小型 SOP)等。

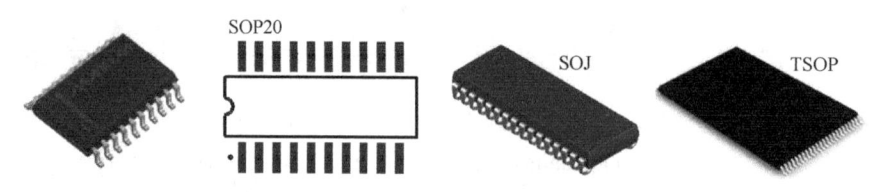

图 5-12 SOP 芯片外观及封装示例

(4) PGA (Pin Grid Array Package,插针网格阵列封装)。这种封装的芯片内外有多个方阵形的插针,每个方阵形插针沿芯片的四周间隔一定距离排列,引脚中心距一般为 2.54mm,根据引脚数目的多少,可以围成 2~5 圈,主要用于高速大规模逻辑 LSI 电路。安装时芯片插入专门的 PGA 插座。如图 5-13 所示。

(5) QFP (Quad Flat Package,四侧引脚扁平封装)。是表面贴装型封装之一,引脚从四个侧面引出,呈海鸥翼(L)型,如图 5-14 所示。引脚中心距有 1.0mm、0.8mm、0.65mm 等多种规格。引脚之间距离很小,引脚很细,一般大规模或超大规模集成电路采用这种封装形式,其引脚数一般都在 100 以上。QFP 封装当引脚中心距小于 0.65mm 时,引脚容易弯曲变形,现已出现了几种改进的 QFP 品种。

图 5-13 PGA 芯片外观及封装示例

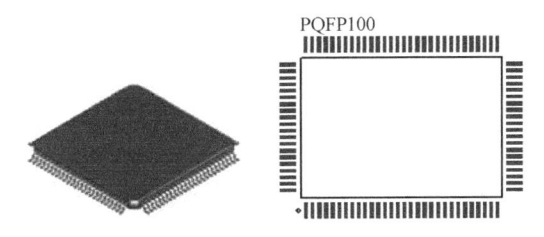

图 5-14 QFP 芯片外观及封装示例

(6) PLCC (Plastic Leaded Chip Carrier, 带引线的塑料芯片载体)。一种表贴式封装，引脚从封装四个侧面引出，向下呈 J 字形，中心距为 1.27mm，如图 5-15 所示。J 形引脚不易变形，比 QFP 容易操作，但焊接后的外观检查较为困难。主要用于微机、门陈列、DRAM 等电路。

(7) LCC (Leadless Chip Carriers, 无引脚芯片载体)。四个侧面只有电极接触而无引脚的表面贴装型封装，如图 5-16 所示。这种芯片的安装体积较小，但使用时调试和焊接都非常麻烦，一般设计时都不直接焊接到印制电路板上，而是使用 PGA 封装结构的引脚转换座焊接到印制电路板上，再将 LCC 封装的芯片安装到引脚转换座的 LCC 结构的安装槽中。高速和高频 IC 多采用这种封装。

图 5-15 PLCC 芯片外观及封装示例

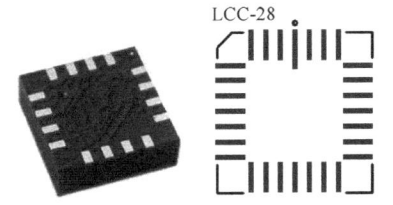

图 5-16 LCC 芯片外观及封装示例

(8) BGA (Ball Grid Array Package, 球栅阵列封装)。引脚以圆形或柱状焊点按阵列形式分布在封装下面，如图 5-17 所示。其优点是引脚不易变形，且在引脚数增加的情况下，引脚间距远大于 QFP，从而提高了组装成品率。主要用于 CPU、主板上南/北桥等高密度、高性能、多引脚封装芯片。

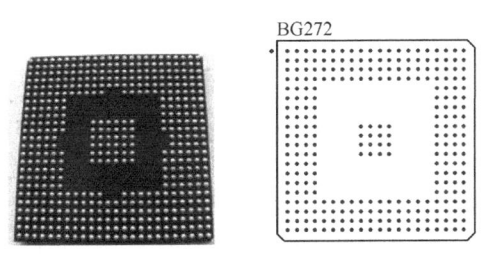

图 5-17 BGA 芯片外观及封装示例

在设计 PCB 时，合理选择元件封装至关重要，这很大程度上依赖于设计者对元件的熟悉程度和 PCB 的设计经验。

5.2 元件封装制作及修订

元件封装的制作和修订都是为适应实际元件或装配服务的，在进行设计前必须了解使用的实际情况、装配方案和生产工艺。

5.2.1 封装的制作

1. 创建 PCB 元件库

执行菜单命令【文件】→【创建】→【库】→【PCB 库】，即创建了一个名为"PcbLib1.PcbLib"的封装库文件，同时打开了 PCB 库编辑器，如图 5-18 所示。

在图 5-18 中，单击工作区面板的【PCB Library】标签，打开元件库管理器，如图 5-19 所示，可以看到系统已自动新建了一个名为"PCBComponent_1"的元件。其中，"元件区"将显示库文件中创建的所有元件封装和组成该封装的焊盘数和图元总数；"图元区"将显示绘制该封装所用到的直线、焊盘等的类型、尺寸、所在层等具体信息，选中某图元后，封装编辑窗口将高亮显示该图元；"封装预览区"将显示被选元件的封装图形。

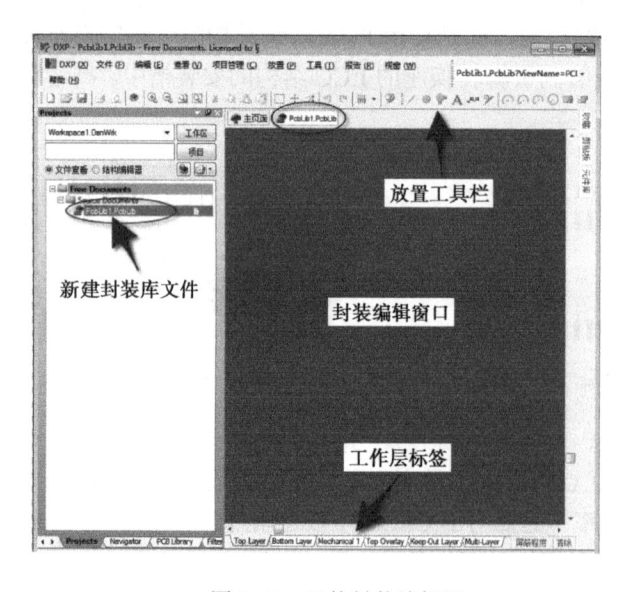

图 5-18 元件封装编辑器　　　　图 5-19 元件库管理器

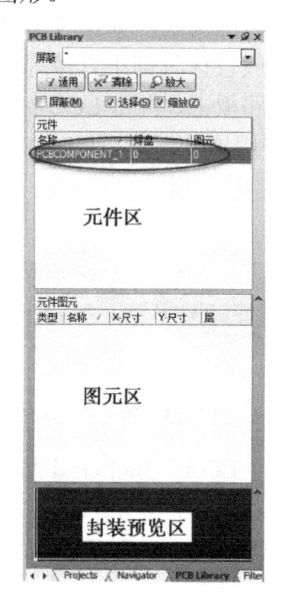

2. 手工制作元件封装

对不规则的或不通用的元件采用手工绘制封装的方式。设计过程中，选择正确的层放置图元非常重要，其中，外形轮廓和说明文字通常绘制于顶层丝印层（Top Overlay），插脚式封装的焊盘应放在多层（Multi-layer），贴片式封装的焊盘应放置在顶层（Top Layer）。

下面以制作电解电容 CAP-6.3 的封装为例介绍手工制作插脚式封装，该电容的外观及尺寸数据如图 5-20 所示（单位为 mm）。

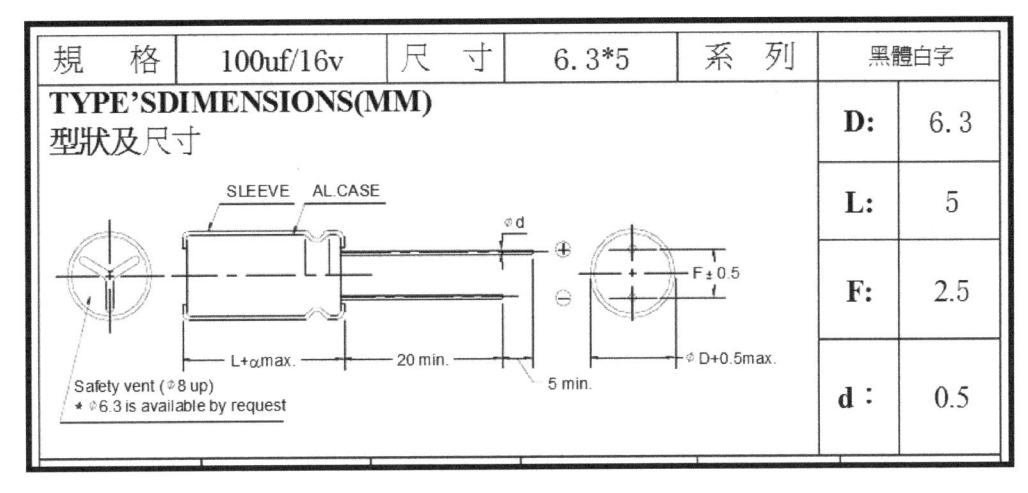

图 5-20 100uf16V-6.3×5 电解电容规格书

（1）新建元件。

执行菜单命令【工具】→【新元件】，弹出如图 5-21 所示的"元件封装向导"对话框，单击【取消】按钮进入手工设计状态，新元件默认名称为"PCBCOMPONENT_1–DUPLICATE"，双击该元件名称，在弹出对话框中将名称修改为"CAP-6.3"，如图 5-22 所示。

图 5-21 "元件封装向导"对话框

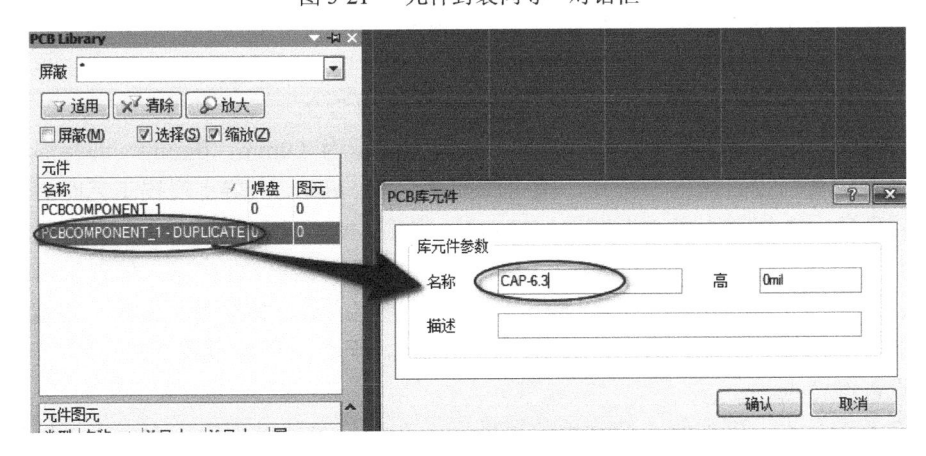

图 5-22 修改封装名称

执行菜单命令【工具】→【库选择项】，将"单位"设置为"Metric"公制单位（见图5-23），或者在编辑窗口界面下，按"Q"键切换单位到"Metric"。为方便绘图也可以修改图5-23中的其他文档参数，本例不需要。

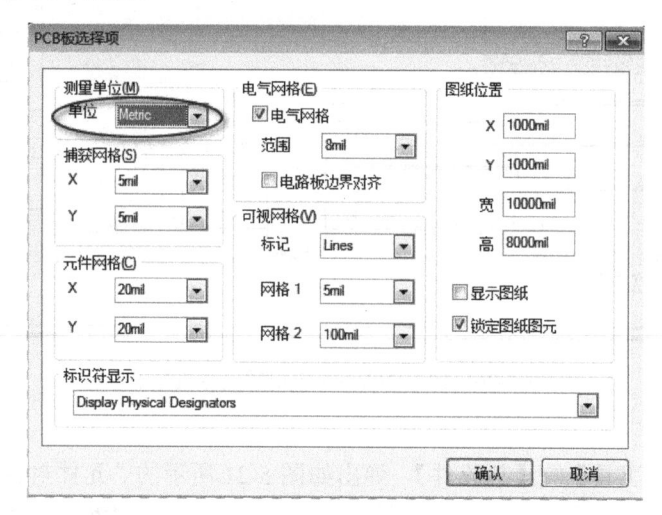

图5-23 文档参数设置窗口

（2）放置焊盘。

放置焊盘就是要把焊盘的中心距和焊盘的大小设置好。焊盘的中心距也即引脚间距，必须严格绘制，特别是插件IC，出现偏差会导致效率不高、个别引脚没插进孔内等问题。插脚式封装的焊盘不宜过大，会造成锡的浪费；过小容易出现虚焊，元件受力时铜箔容易断裂（特别是单面板）。而焊盘中间的通孔过大在经过波峰焊时会导致锡水从底层涌到元件面层，造成短路，特别是脚距在2.54mm以下的元件，例如针座、直径为5mm的电解电容等，因此，焊盘的大小应适当，一般地，焊盘通孔比引脚直径大0.2~0.3mm，焊盘直径最少比通孔大0.5mm或者取通孔的2倍左右。

执行菜单命令【PCB放置】→【放置焊盘】，按【Tab】键调出属性设置对话框，查看图5-20的元件规格书可得出引脚直径是0.5mm，则焊盘内径设置为0.8mm，焊盘外径设置为1.5mm。第一脚为正极，则形状选择方形，便于识别。标识符处填入焊盘对应元件引脚的编号，上面提到电解电容1脚为正极，此处键入1，如图5-24（a）所示。确认后将焊盘1放置在任意位置。此时，光标仍黏连着一个焊盘，继续按【Tab】键调出焊盘属性设置对话框，设置焊盘2参数，如图5-24（b）所示，确认后任意位置放置焊盘2。

双击焊盘1，打开焊盘属性窗口，设置"位置"坐标为（0mm，0mm），即将焊盘1放置到当前参考点位置。查看规格书得知，两引脚间距为2.5mm，为防止浸锡工艺时焊盘过近造成大量连锡现象，本例把距离适当增加到3mm。注意：此方法只能用于引脚较长且偏软的元件，不能用于IC、插座等元件。同样操作打开焊盘2的属性对话框，直接输入位置坐标为（3mm，0mm），从而得出最准确的位置，如图5-25所示。设置完成后，如果看不到两个焊盘，则单击工具栏上的"显示整个文件"图标，如图5-25⑤所示，至此，焊盘设置完成。

（3）设置参考点。

设置参考点是为了更方便、准确地放置图元。在制作封装过程中，参考点可以根据需要灵活设置，在完成封装制作后应重新设置参考点为"引脚1"或"中心"。

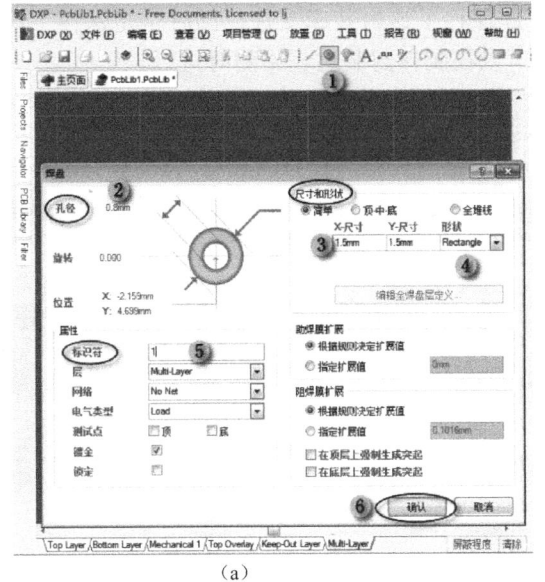

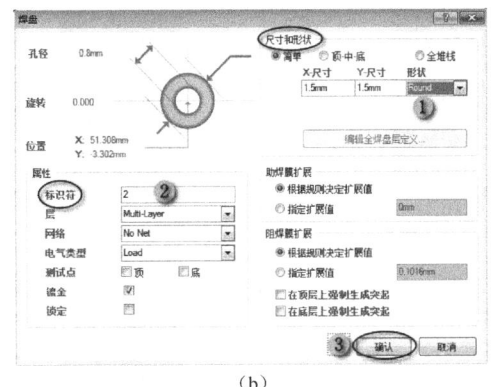

图 5-24 焊盘设置

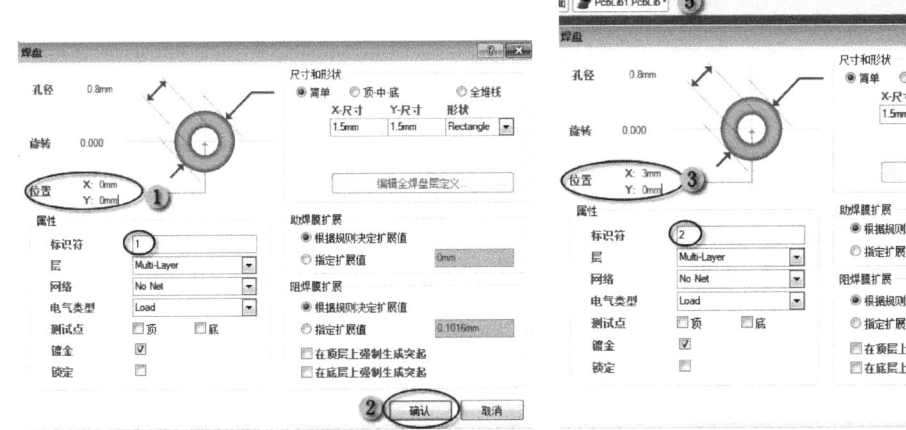

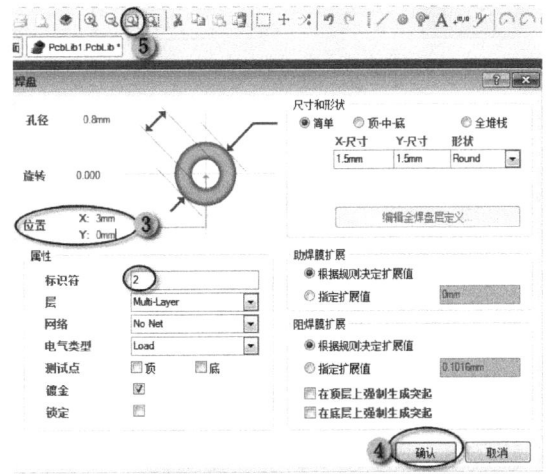

图 5-25 焊盘位置设置

如图 5-26 所示,单击【编辑】→【设定参考点】→【中心】,把参考点(原点)定位在两焊盘的中心位置。

(4)绘制封装轮廓。

切换至【Top Overlay】顶层丝印层,执行【PCB 放置】→【放置圆环】命令,在编辑窗口绘制一个圆环,双击该圆环打开属性窗口,设置圆环半径为 3.15mm(直径为 6.3mm),中心坐标为(0mm,0mm),并注意层选项应为 Top Overlay,如图 5-27 所示。

在【Top Overlay】层,使用"放置直线"工具画出正负极标识,如图 5-28 所示。

(5)重置参考点,保存封装。

封装制作完成后,参照图 5-26 所示设置参考点为"引脚 1"或"中心"。

执行菜单命令【文件】→【保存】,弹出如图 5-29 所示的"文件保存"对话框,选择保存路径和保存的文件名后，单击【保存】按钮，即保存了该封装库文件，同时也是保存了对库中封装的所有修改。封装重命名和保存的操作可以在制作封装过程中随时进行。

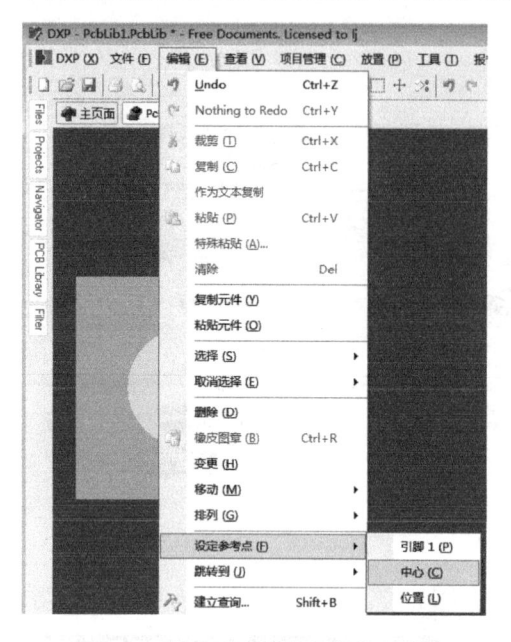

图 5-26　设置参考点

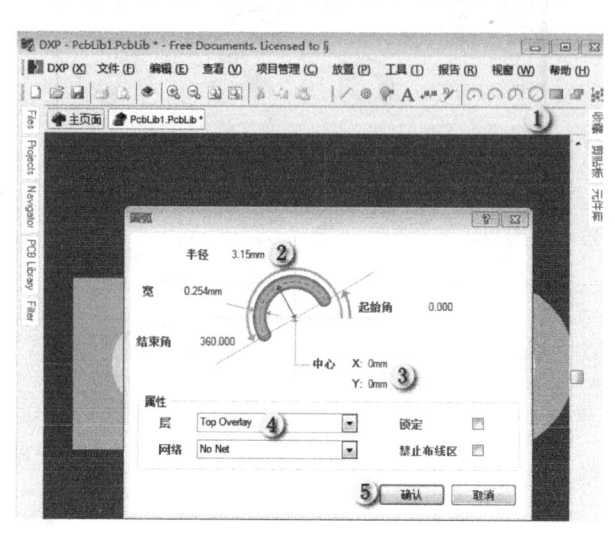

图 5-27　绘制轮廓圆弧

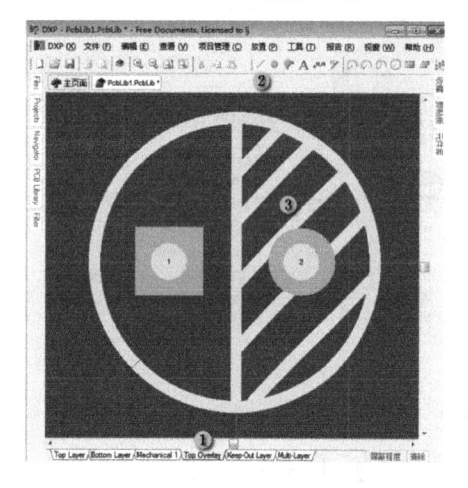

图 5-28　绘制正负极标识

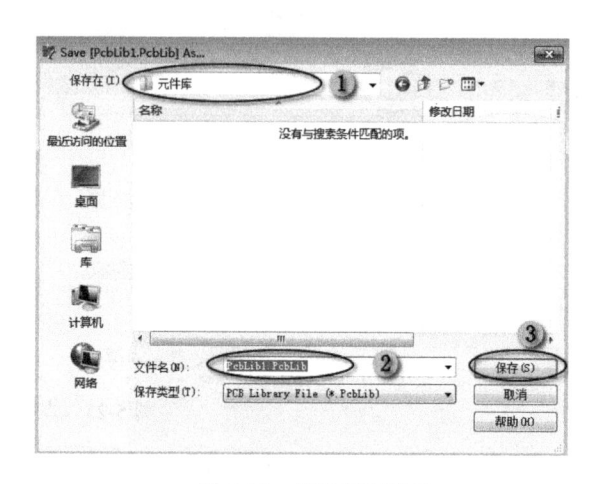

图 5-29　封装保存窗口

（6）元件规则检查。

元件规则检查（CRC，Component Rule Check），主要用于检查封装库中的封装是否有规则所列的错误，并且将有错的元件以报表形式显示出来，指明错误原因等。

单击菜单命令【报告】→【元件规则检查】，打开"元件规则检查"对话框，如图 5-30 所示，可勾选要检查的规则，然后单击【确认】按钮。系统生成扩展名为.ERR 的报告文档，该报告文档内容空白，表明当前库文件中的所有元件都没有错误；若有错误提示，则按提示修改再保存。

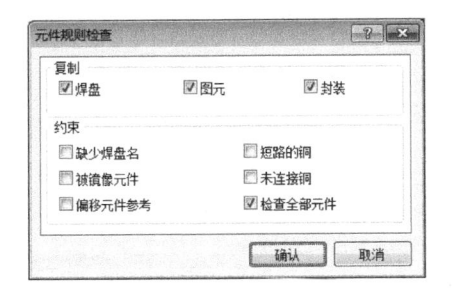

图 5-30 "元件规则检查"对话框

3. 向导制作元件封装

常见的标准封装可以通过 Protel 提供的封装设计向导来制作。下面以制作集成电路 SOP14 封装为例介绍向导制作贴片式封装的步骤。该元件的外观及尺寸数据如图 5-31 所示（单位为 inch（mm））。（注：1inch=1000mil，1mil=0.0254mm）

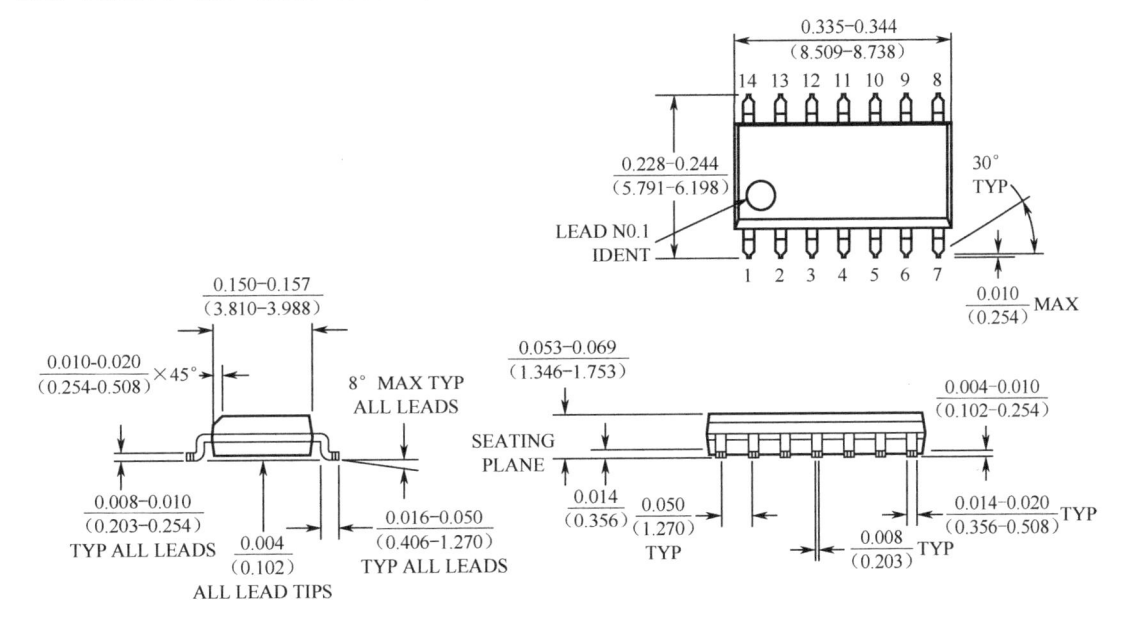

图 5-31 SOP14 封装规格书

（1）选择类型及单位。在 PCB 库编辑窗口，执行菜单命令【工具】→【新元件】，弹出如图 5-21 所示的"元件封装向导"对话框，单击【下一步】按钮进入设计向导。如图 5-32 所示，"元件封装向导"对话框用于选择封装类型，Protel DXP 提供了包括 DIP、SOP、LCC 等在内的 12 种封装，本例选择"SOP"类型，选择单位"imperial（mil）"，然后单击【下一步】按钮。

（2）设置焊盘尺寸。为了确保贴片元件的焊接质量，PCB 上相应的焊盘大小应该比引脚的尺寸稍大，否则焊接的可靠性将不能保证。表面贴装元器件的焊接可靠性，主要取决于焊盘的长度而不是宽度。一般来说，焊盘的宽度应等于或稍大于引脚的宽度；焊盘的长度可根据实际空间的情况适当加长，通常取引脚贴装部分长度较大值的 2 倍。

查看图 5-31 可知，元件引脚宽最大值为 20mil，则本例焊盘的宽度设置为 24mil；元件引脚贴装部分最大值为 50mil，则本例焊盘的长度设置为 100mil，如图 5-33 所示，然后单击【下一步】按钮。

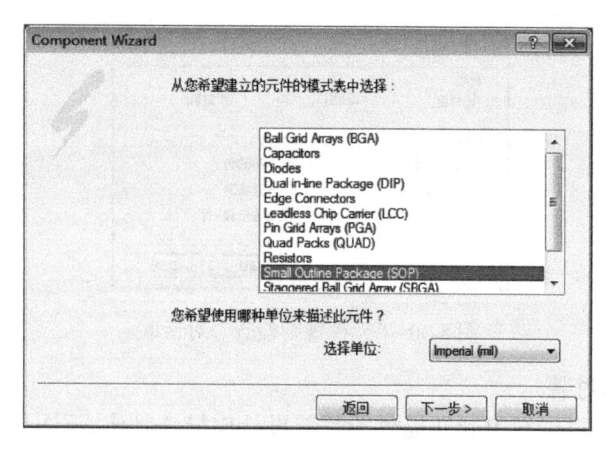

图 5-32 封装类型选择

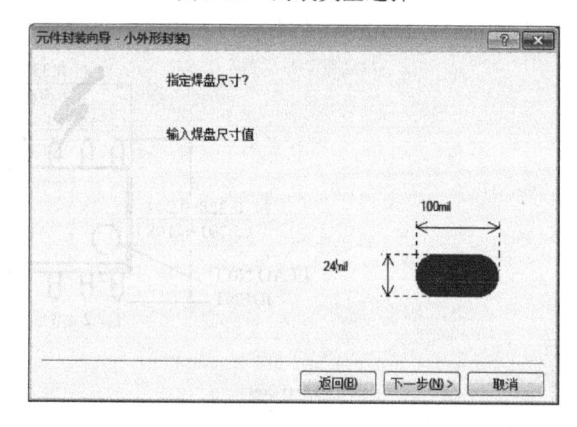

图 5-33 焊盘大小设置

（3）设置焊盘间距。由于上一步中焊盘长度已经加长，因此不同两列焊盘的中心距取两列引脚端点距离较小的值；同一列焊盘中心距取相邻两引脚中心的准确值。查看图 5-31 可知，相邻两引脚中心距为 50mil，不同两列引脚的端点距离为 228mil，则设置焊盘间距值分别为 50mil、230mil，如图 5-34 所示，然后单击【下一步】按钮。

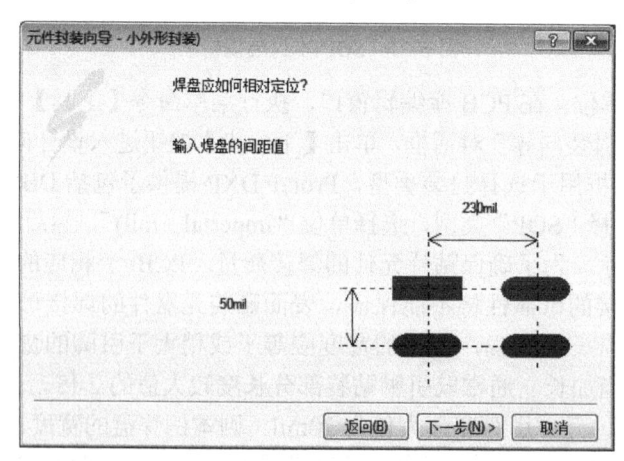

图 5-34 焊盘间距设置

（4）指定轮廓线宽。在图 5-35 所示的对话框中设置封装轮廓线的粗细，一般选择默认值。单击【下一步】按钮。

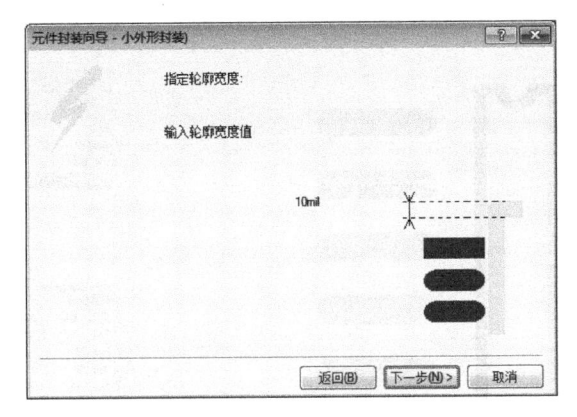

图 5-35　轮廓线宽设置

（5）设置焊盘总数。设置元件引脚的总数，本例为"14"，如图 5-36 所示。单击【下一步】按钮。

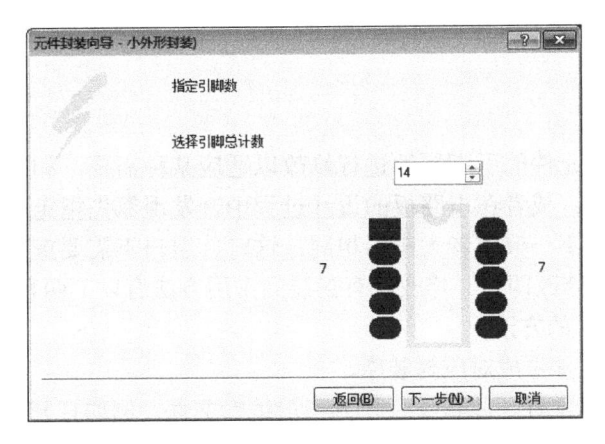

图 5-36　焊盘总数设置

（6）命名封装。如图 5-37 所示，本例封装名称为"SOP14"。单击【下一步】按钮。

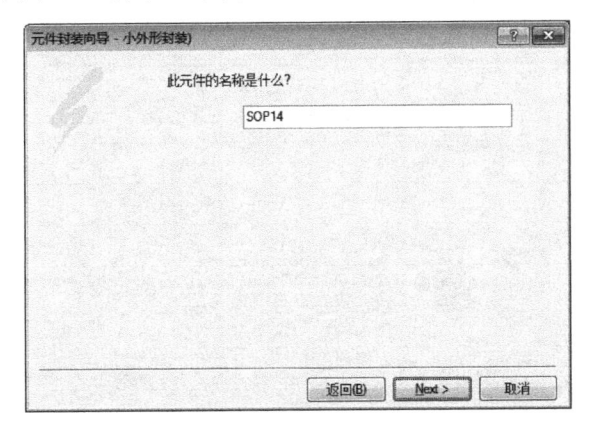

图 5-37　输入封装名为 SOP14

(7) 完成封装设计。单击【完成】按钮即完成元件封装的设计，如图 5-38 所示。至此，"PcbLib1.PcbLib"封装库中就有 2 个元件封装了，如图 5-39 所示。

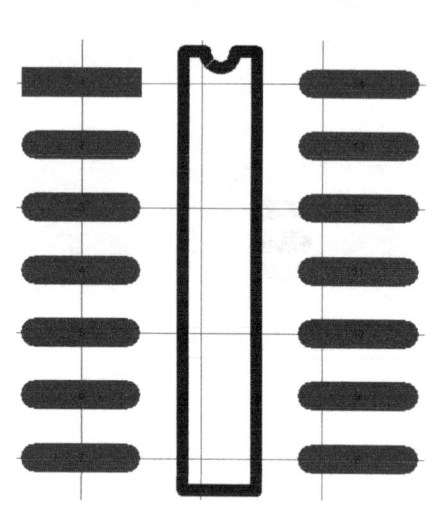

图 5-38　完成后的 SOP14 封装

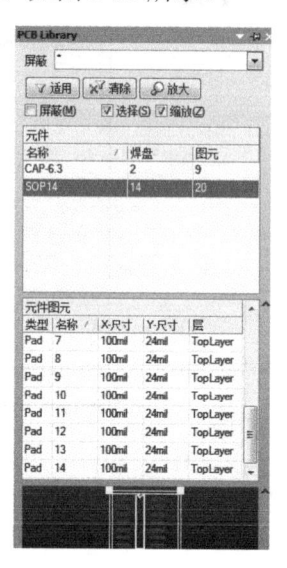

图 5-39　封装库中的封装列表

5.2.2　封装的修订

有时，我们需要对元件的引脚属性进行修改以适应某种需要，如扩大焊盘或将焊盘形状由圆形修改为椭圆形等；或者在电路板的设计过程中，发现原先指定的某个元件的封装形式不符合要求，例如脚位不一致或者大小不相同，这时，用户不需要重新制作封装，只需要在现有封装的基础上进行修改即可。修改现有封装的常用方法有以下两种。

1. 建立项目封装库的方法

（1）从当前 PCB 文件生成对应封装库。

打开现有 PCB 设计文件，将该文件作为当前编辑文件，例如打开任务三的正负电源电路 PCB 设计文件，如图 5-40 所示。

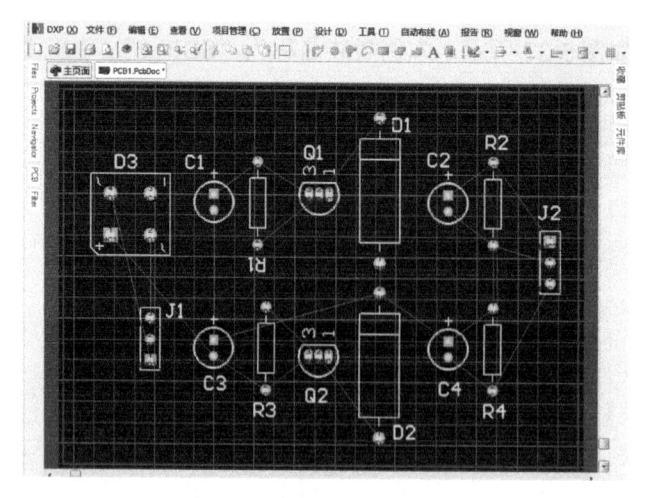

图 5-40　编辑 PCB 设计文件

执行菜单命令【设计】→【生成 PCB 库】,如图 5-41 所示,则 Protel DXP 自动生成 PCB 元件库,默认名为对应 PCB 文件名加上扩展名.PCBLib,并自动打开 PCB 元件编辑器,库中包含了该 PCB 文件中的所有封装,元件编辑区显示的是第一只元件的封装形式,如图 5-42 所示。

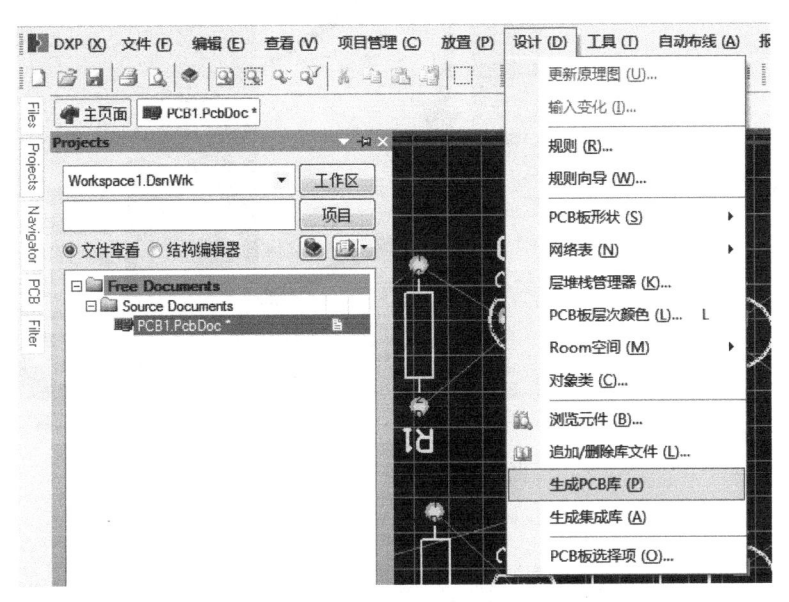

图 5-41 创建元件库操作

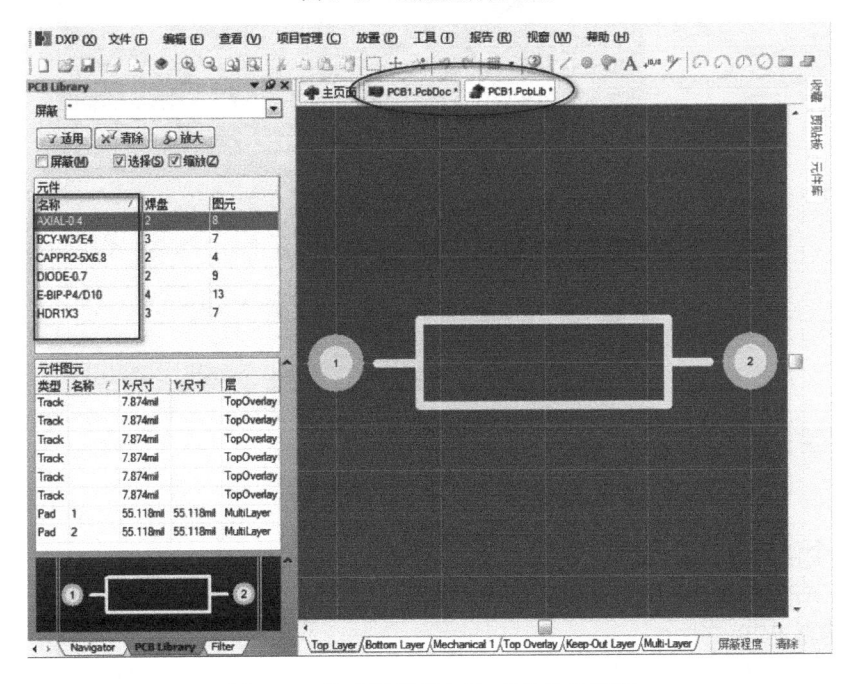

图 5-42 生成的当前 PCB 文件的封装库

(2)选择元件封装并修改。

本例选择电解电容的封装 CAPPR2-5x6.8 进行修改。如图 5-43 所示,修改后,单击菜单命令【工具】→【以当前封装更新 PCB】，则正负电源电路 PCB 设计文件中的电解电容全部更新成修改后的封装，如图 5-44 所示。

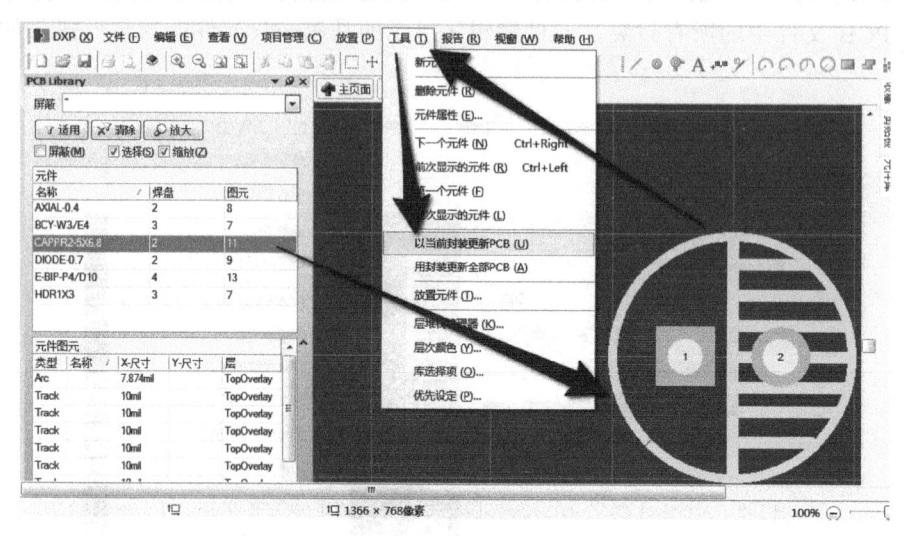

图 5-43 修改封装并应用

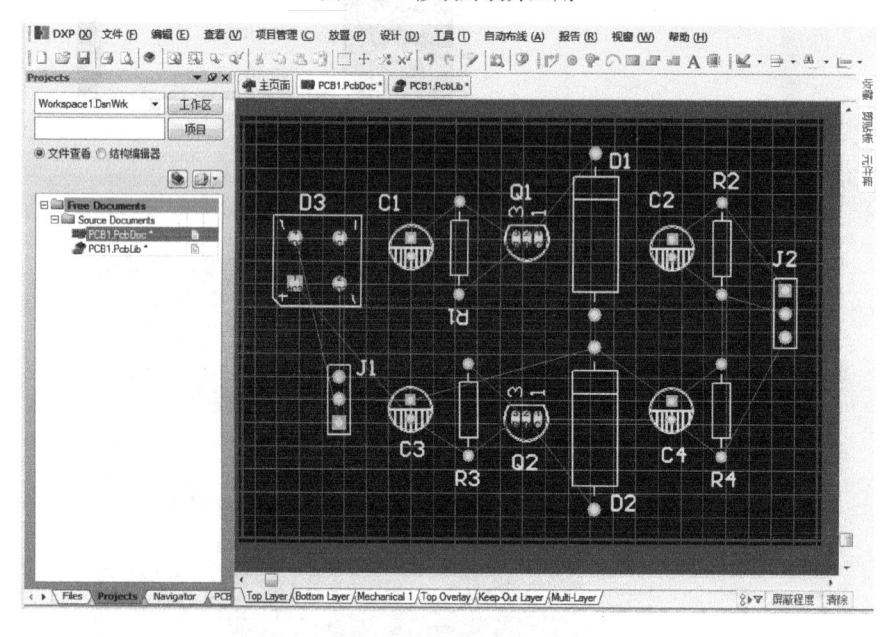

图 5-44 应用了新封装的 PCB 设计文件

2. 建立个体元件封装库的方法

以修改 CAPPR2-5x6.8 电解电容封装为例。

（1）创建新 PCB 文件。

执行菜单命令【文件】→【创建】→【PCB 文件】，新建一个空白 PCB 设计文件，将待修改封装放置到 PCB 编辑工作区。本例查找到 CAPPR2-5x6.8 封装，并放置到 PCB 编辑工作区，如图 5-45 所示。选择待修改封装，按【Ctrl+C】快捷键，此时光标呈十字状态，单击该封装，完成复制。

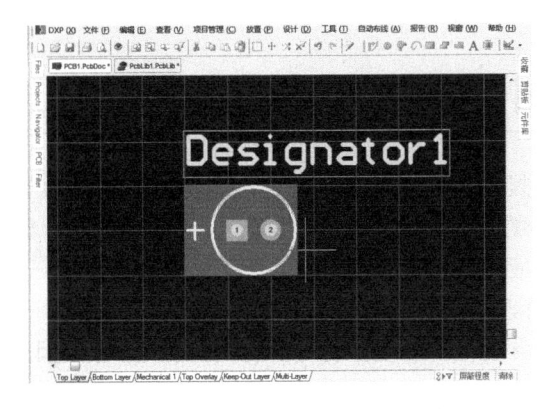

图 5-45 调出待修改封装并复制

（2）复制封装到 PCB 封装库文件并修改。

执行菜单命令【文件】→【创建】→【库】→【PCB 库】，新建一个 PCB 封装库文件。打开【PCB Library】工作面板，在元件列表区空白处单击，按【Ctrl+V】快捷键粘贴，如图 5-46 所示。

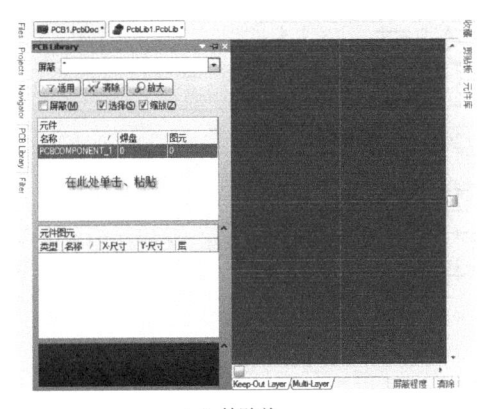

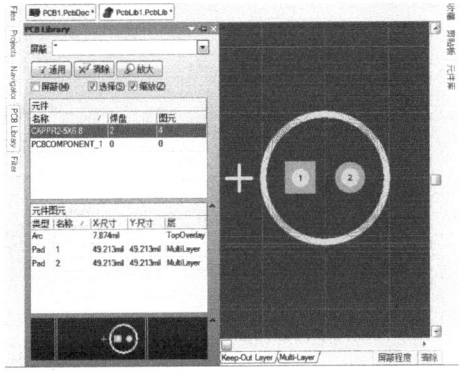

（a）粘贴前　　　　　　　　　　　　（b）粘贴后

图 5-46 现有封装复制到封装库

（3）修改封装。

在 PCB 编辑区修改该封装，如图 5-47 所示，留待后续使用。

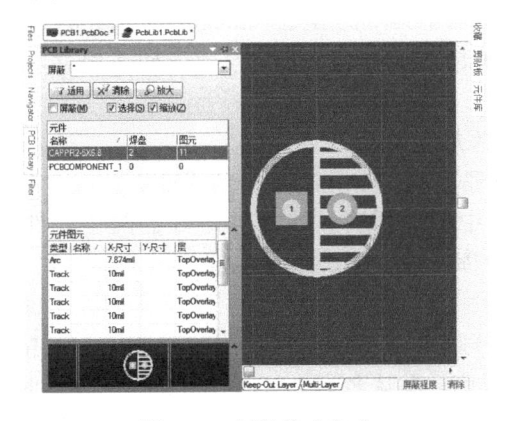

图 5-47 封装修改完成

5.3 创建集成元件库

集成库的管理模式给封装的加载、网络表的导入及原理图与 PCB 之间的同步更新带来了方便。集成库是一间公司的宝库，累积着公司多年来的生产经验，软件自带的集成库基本上只能提供学习，没有实际应用的意义。

1. 准备原理图元件库和 PCB 封装库

集成元件库中需要包含元件的原理图符号和 PCB 封装符号，因此必须有相应的元件库作为数据源来生成集成库。

本例以实训七创建的元件库"MySchlib.SchLib"和上一节建立的封装库"PcbLib1.PcbLib"为例创建集成元件库。并且在"MySchlib.SchLib"库中存在元件 SN74LS78AD，该元件加载了"PcbLib1.PcbLib"库中的 SOP14 封装，如图 5-48 所示。

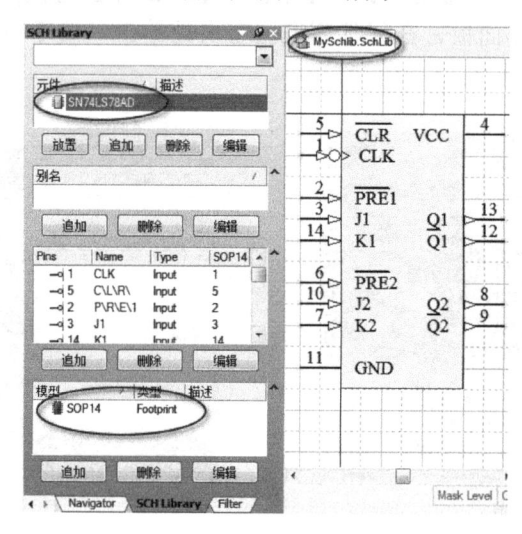

图 5-48 两个源库间有关联

2. 新建集成库

执行菜单命令【文件】→【创建】→【项目】→【集成元件库】，系统创建一个集成库文件包，【Project】工作面板上显示其默认名为"Integrated_Library1.LibPkg"，如图 5-49 所示。

鼠标右键单击"Integrated_Library1.LibPkg"，选择【保存项目】，将该库包重命名为"MyIntLib.LibPkg"。

3. 向集成库文件包中添加元件库

执行菜单命令【项目管理】→【追加已有文件到项目中】，或者右键单击【MyIntLib.LibPkg】→【追加已有文件到项目中】，将第 1 步中准备好的两个元件库"MySchlib.SchLib"和"PcbLib1.PcbLib"加载到该库文件包中，如图 5-50 所示。

4. 编译生成集成库

执行菜单命令【项目管理】→【Compile Integrated Library MyIntLib.LibPkg】，将关联的两个源库编译生成了一个集成库，默认名为"MyIntLib.IntLib"，这时，系统会自动激活【元件库】面板，显示该集成库已经自动加载到库面板中，如图 5-51 所示。

图 5-49　生成集成库文件包　　　　　　图 5-50　添加源库文件到库文件包

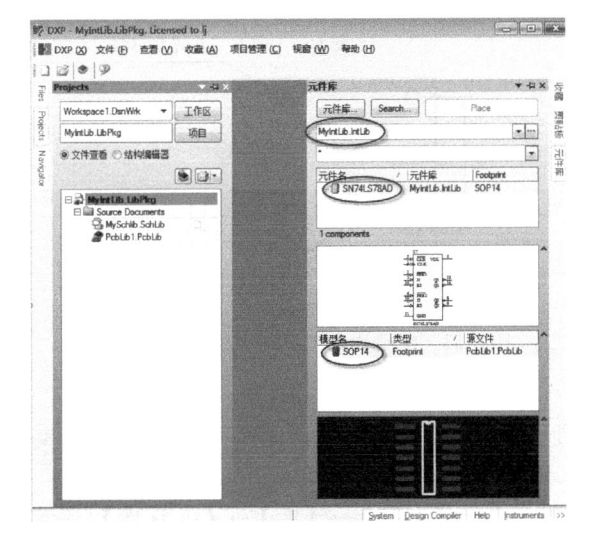

图 5-51　编译成功后生成集成库

编译过程中如有错误，提示信息会显示在【Messages】面板中，根据提示修改后，可选择【Recompile Integrated Library MyIntLib.LibPkg】，重新编译生成集成库。

集成库编译成功后，在集成元件库包文件所在的文件夹中会自动生成一个名为"Project Outputs for MyIntLib"的文件夹，在此文件夹中就有新生成的集成元件库，如图 5-52 所示。

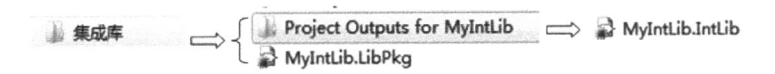

图 5-52　集成库保存路径

【动手练一练】

实训十　手工制作继电器封装

一、实训目的

（1）掌握封装库编辑器的基本操作。
（2）熟练掌握手工制作元件封装的方法。

二、实训任务

根据图 5-53 所示 JQC-3FF 型继电器的外观及尺寸数据，制作该元件的封装并命名为 JQC（单位：mm）。

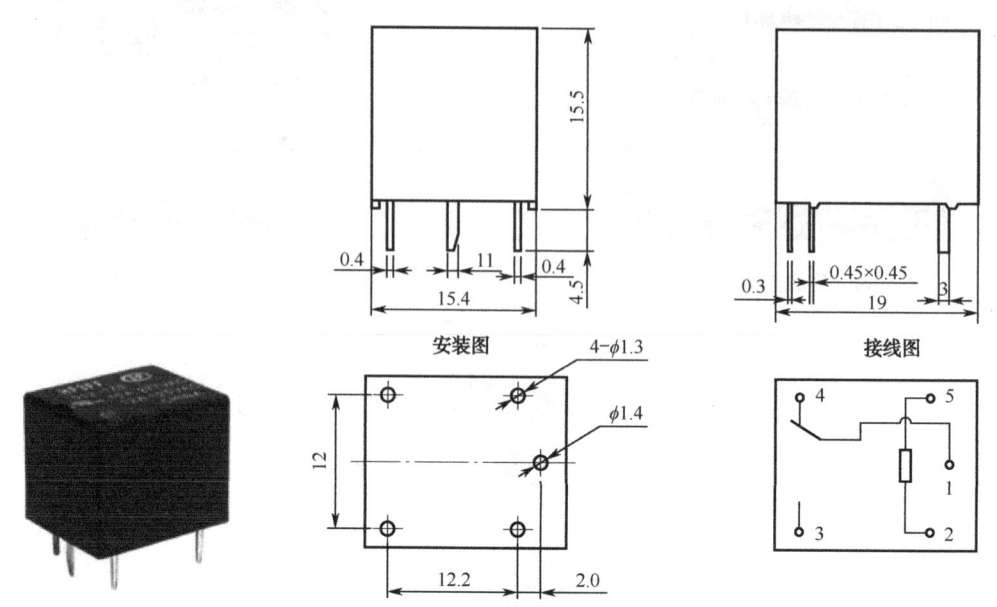

图 5-53　继电器 JQC-3FF 外观及尺寸数据

三、实训内容

（1）在 D 盘下以自己的"学号+姓名+实训 10"为名建立文件夹，用来保存实训十的设计文件。

（2）执行菜单命令【文件】→【创建】→【库】→【PCB 库】，命名为"MyPcblib.PcbLib"。

（3）执行菜单命令【工具】→【新元件】，用手工方式设计继电器封装 JQC。

（4）参照图 5-53 绘制封装。

（5）元件规则检查。

（6）保存库文件。

实训十一　向导制作双列直插式封装

一、实训目的

（1）掌握封装库编辑器的基本操作。

（2）熟练掌握向导制作插脚式元件封装的方法。

二、实训任务

根据图 5-54 所示 DIP16 元件封装的外观及尺寸数据，制作封装并命名为 DIP16。

三、实训内容

（1）在 D 盘下以自己的"学号+姓名+实训 11"为名建立文件夹，用来保存实训十一的设计文件。

（2）执行菜单命令【文件】→【创建】→【库】→【PCB 库】，命名为"MyPcblib.PcbLib"。

（3）执行菜单命令【工具】→【新元件】，用向导方式设计 DIP16 封装。

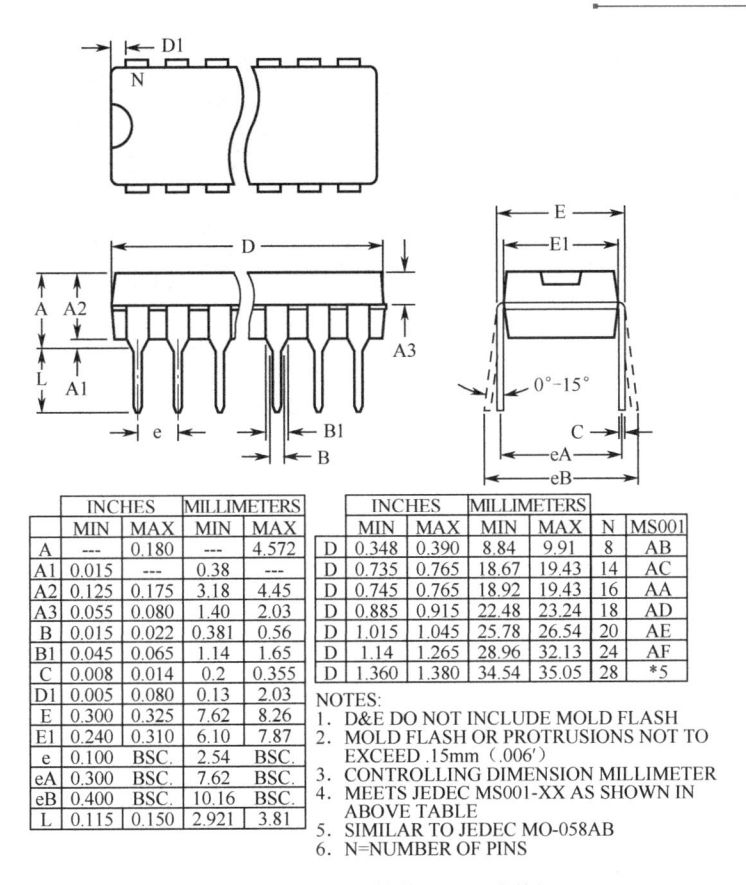

	INCHES		MILLIMETERS			INCHES		MILLIMETERS			
	MIN	MAX	MIN	MAX		MIN	MAX	MIN	MAX	N	MS001
A	---	0.180	---	4.572	D	0.348	0.390	8.84	9.91	8	AB
A1	0.015	---	0.38	---	D	0.735	0.765	18.67	19.43	14	AC
A2	0.125	0.175	3.18	4.45	D	0.745	0.765	18.92	19.43	16	AA
A3	0.055	0.080	1.40	2.03	D	0.885	0.915	22.48	23.24	18	AD
B	0.015	0.022	0.381	0.56	D	1.015	1.045	25.78	26.54	20	AE
B1	0.045	0.065	1.14	1.65	D	1.14	1.265	28.96	32.13	24	AF
C	0.008	0.014	0.2	0.355	D	1.360	1.380	34.54	35.05	28	*5
D1	0.005	0.080	0.13	2.03							
E	0.300	0.325	7.62	8.26							
E1	0.240	0.310	6.10	7.87							
e	0.100	BSC.	2.54	BSC.							
eA	0.300	BSC.	7.62	BSC.							
eB	0.400	BSC.	10.16	BSC.							
L	0.115	0.150	2.921	3.81							

NOTES:
1. D&E DO NOT INCLUDE MOLD FLASH
2. MOLD FLASH OR PROTRUSIONS NOT TO EXCEED .15mm（.006′）
3. CONTROLLING DIMENSION MILLIMETER
4. MEETS JEDEC MS001-XX AS SHOWN IN ABOVE TABLE
5. SIMILAR TO JEDEC MO-058AB
6. N=NUMBER OF PINS

图 5-54　DIP16 元件外观及尺寸数据

（4）参照图 5-54 绘制封装。
（5）元件规则检查。
（6）保存库文件。

实训十二　制作变压器的集成元件库

一、实训目的
（1）掌握设计元件符号的基本操作。
（2）掌握制作元件封装的基本操作。
（3）掌握集成元件库的制作过程。

二、实训任务
根据给定变压器的原理图符号和 PCB 封装尺寸，如图 5-55 所示，制作含有变压器元件的集成库。其中该原理图符号命名为 TRANS，元件封装命名为 BYQ。

三、实训内容
（1）在 D 盘下以自己的"学号+姓名+实训 12"为名建立文件夹，用来保存实训十二的设计文件。
（2）执行菜单命令【文件】→【创建】→【库】→【PCB 库】，命名为"MyPcblib.PcbLib"。
（3）在"MyPcblib.PcbLib"库中绘制变压器封装符号 BYQ。

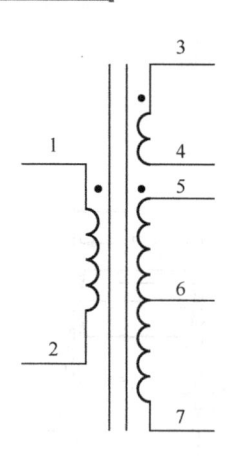

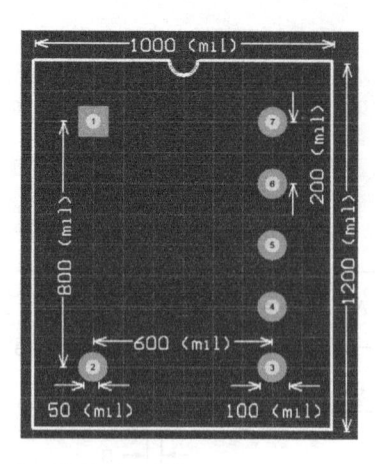

图 5-55 变压器符号及封装

（4）执行菜单命令【文件】→【创建】→【库】→【原理图库】，命名为"MySchlib.SchLib"。

（5）在"MySchlib.SchLib"库中绘制变压器原理图符号 TRANS，并加载上一步中的 BYQ 封装。

（6）执行菜单命令【文件】→【创建】→【项目】→【集成元件库】，命名为"MyIntlib .LibPkg"。

（7）在集成库包文件"MyIntlib .LibPkg"中添加"MyPcblib.PcbLib"库和"MySchlib.SchLib"库，并编译。

任务六

设计层次电路

任务描述

- 用层次电路设计方法绘制核心控制器电路，并设计双层 PCB
- 用多通道设计方法绘制基于单片机的多路继电器开关控制电路

学习要点

- 绘制层次电路原理图

学习目标

- 掌握层次原理图设计的一般方法
- 能够设计层次原理图
- 能够设计多通道层次原理图

专业词汇

sheet：图纸　　hierarchy：层次　　compile：编译　　port：端口　　entry：入口

【任务说明】通过两个较复杂的典型电路，理解层次电路的设计意义，掌握层次电路的两种设计方法。在此基础上，理解多通道电路的适用场合，掌握多通道电路的设计方法。

在这个任务中，我们需要解决以下几个问题：
(1) 层次电路的意义是什么？
(2) 在同一项目下，不同图纸间的信号连接用什么工具？
(3) 层次原理图有哪两种设计方法？
(4) 什么样的电路适合画成多通道电路形式？

6.1 层次电路设计

6.1.1 层次电路的设计方法

对于一个大型电路设计项目而言，设计者不可能将全部的电路都画在一张图纸上，更不可能由一个人单独完成。通常是将项目划分成若干功能模块，由不同的设计人员分别完成，然后再将各个功能模块整合到一起构成一个完整的设计。

这种将一个大电路分成若干功能模块，再将每个功能模块中的电路分成更小的功能模块，如有必要还可以这样一层一层细分下去，最终形成一个树状结构的原理图集合。最上面的顶层原理图称为父图（或母图），下面的模块原理图称为子图，不同图纸间的连接关系由放置相同名称的端口来实现，这就是层次原理图的设计思想，它使本来很复杂的电路分解成相对简单的模块，电路结构显得清晰明了。

层次原理图有两种设计方法：自上而下设计和自下而上设计。

1. 自上而下的设计方法

自上而下设计是先绘制顶层的总原理图，即母图，然后再向下分别绘制各个模块的子原理图。用此方法设计原理图，需要设计者对系统比较了解，对电路模块的划分比较清楚。

2. 自下而上的设计方法

自下而上设计是先绘制各模块的子原理图，然后再绘制顶层总的模块连接图，即母图。当设计者不确定各模块有哪些端口时，应该采用自下而上的方法绘制原理图。

6.1.2 划分功能模块电路

本节将以如图 6-1 所示的核心控制器电路为例，介绍层次电路的设计步骤及编辑方法。不管是采用自上而下设计，还是自下而上设计，设计者均应首先分析电路的功能，并按照功能划分模块，每个模块就是将要绘制的子图。

就本例而言，电路功能比较简单，可以划分为四个模块：电源模块、输入模块、控制模块、输出模块。如图 6-1 所示。

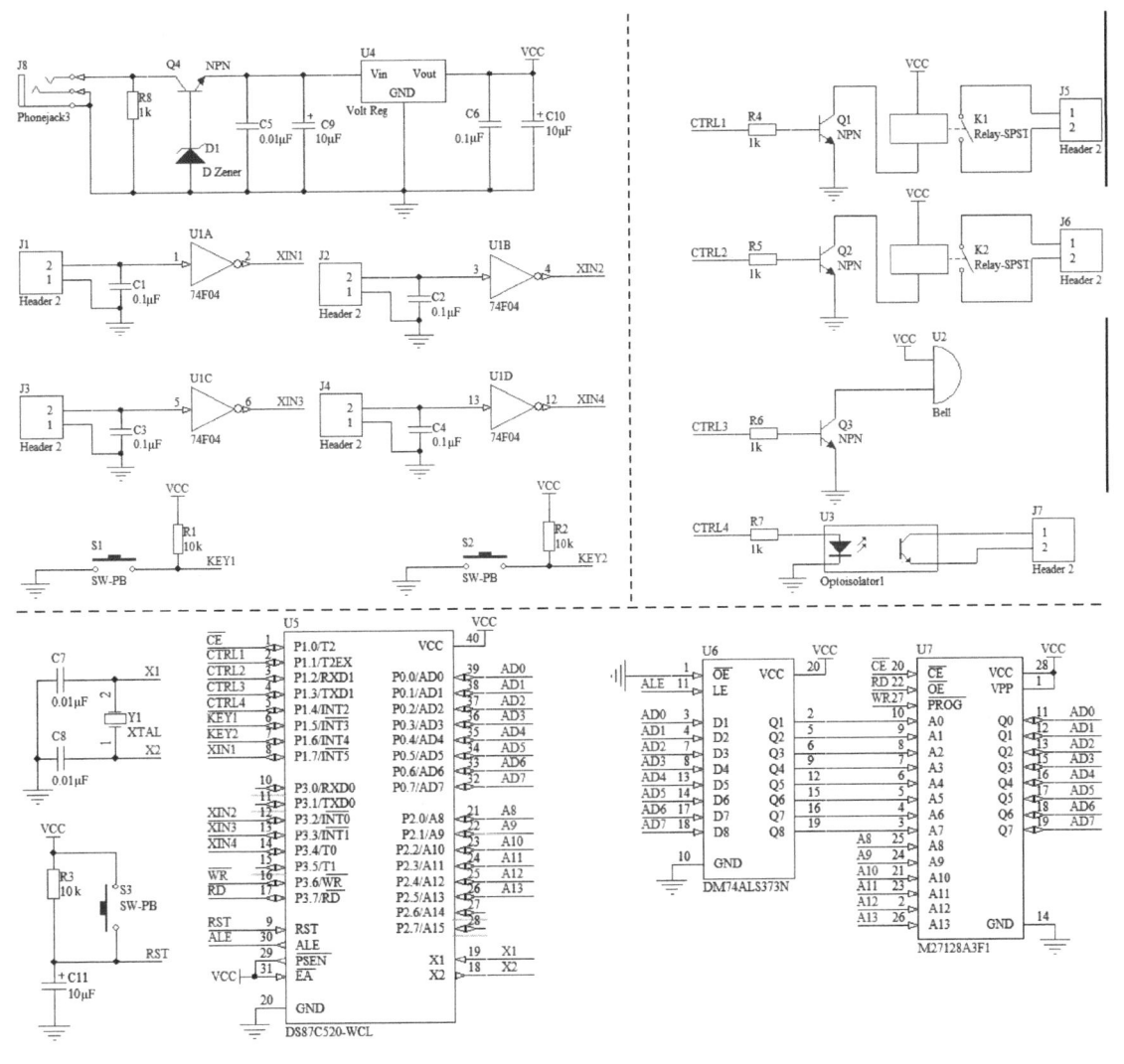

图 6-1　核心控制器电路

6.1.3　自下而上设计层次电路

自下而上设计层次电路的流程是：新建 PCB 设计项目→绘制子图→绘制父图→PCB 设计。

1. 新建 PCB 设计项目

执行菜单命令【文件】→【创建】→【项目】→【PCB 项目】，命名为"CONTROLLER.PRJPCB"。下面即将建立的四张子图和一张父图均置于该项目下。

2. 层次电路原理图绘制

（1）绘制子图。

◆ 绘制电源模块。执行菜单命令【文件】→【创建】→【原理图】，新建一个原理图文件，绘制电源模块原理图，其中电源和地网络符号不需要改画成端口，就能实现与其他模块的连接，如图 6-2 所示，命名为"POWER.SchDoc"。

◆ 绘制输入模块。执行菜单命令【文件】→【创建】→【原理图】，新建一个原理图文件，绘制输入模块原理图，命名为"INPUT.SchDoc"。特别要注意的是，原理图中与其他模块相连的网络需要用 I/O 端口的形式表示出来，如图 6-3 所示。

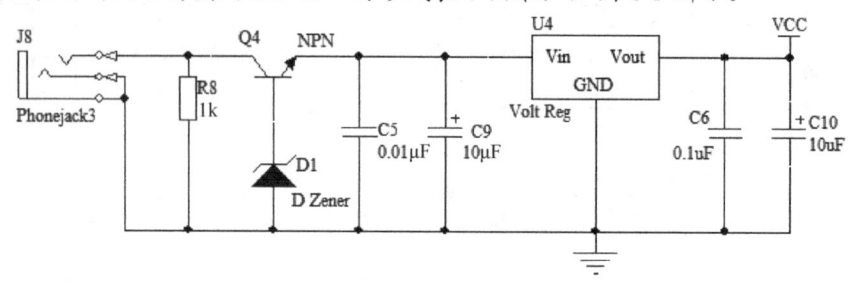

图 6-2 电源模块子图"POWER.SchDoc"

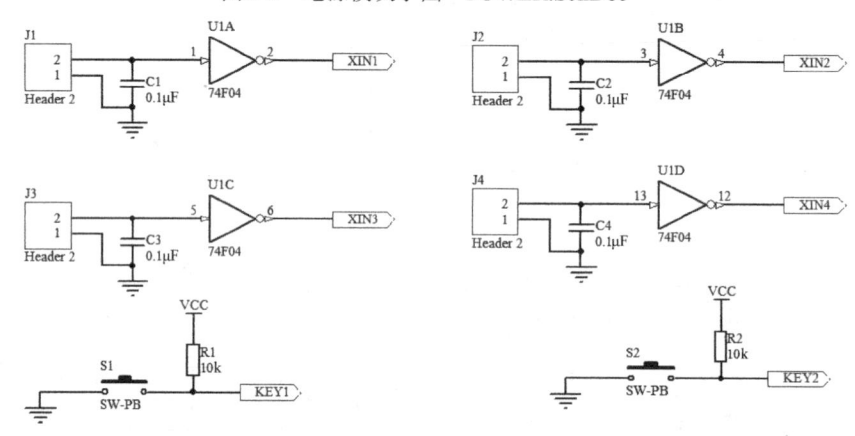

图 6-3 输入模块子图"INPUT.SchDoc"

◆ 绘制控制模块。执行菜单命令【文件】→【创建】→【原理图】，新建一个原理图文件，绘制控制模块原理图，命名为"CTRL.SchDoc"。特别要注意的是，原理图中与其他模块相连的网络需要用 I/O 端口的形式表示出来，如图 6-4 所示。

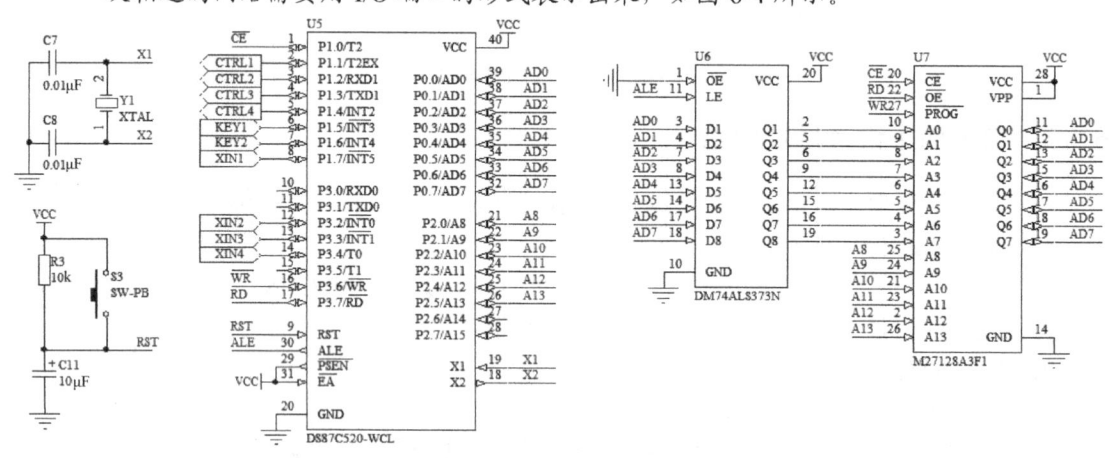

图 6-4 控制模块子图"CTRL.SchDoc"

◆ 绘制输出模块。执行菜单命令【文件】→【创建】→【原理图】，新建一个原理图文件，绘制输出模块原理图，命名为"OUTPUT.SchDoc"。特别要注意的是，原理图中与其他模块相连的网络需要用 I/O 端口的形式表示出来，如图 6-5 所示。

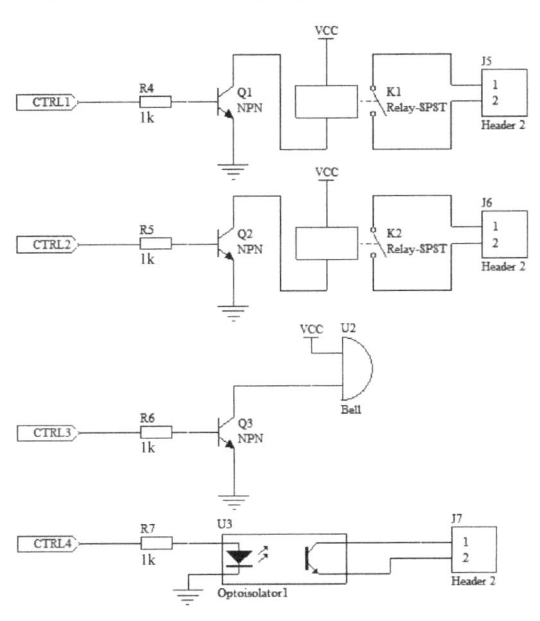

图 6-5 输出模块子图 "OUTPUT.SchDoc"

（2）绘制父图。

执行菜单命令【文件】→【创建】→【原理图】，新建一个原理图文件，该原理图将作为层次电路的父图，命名为"MAIN.SchDoc"。

单击菜单命令【设计】→【根据图纸建立图纸符号】，弹出"Choose Document to Place"对话框，如图 6-6 所示。任选一个子图文件，如"CTRL.SCHDOC"，单击【确认】按钮后，弹出如图 6-7 所示"Confirm"对话框，询问是否改变端口的输入/输出方向，单击【No】按钮，不改变端口方向。这时，在"MAIN.SchDoc"原理图中生成随光标移动的方块图纸符号，单击鼠标左键将方块图纸符号放置在父图中。

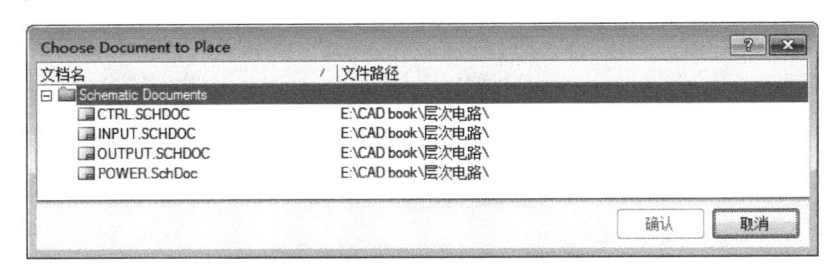

图 6-6 选择子图生成方块图纸符号对话框

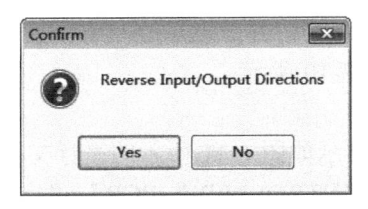

图 6-7 确认是否改变端口方向

方块图纸符号代表了子原理图。方块符号内的端口称为图纸入口，代表了该模块与其他模块的连接网络接口。

双击打开如图 6-8 所示的"图纸符号"对话框，其中"标识符"对应的是该方块图纸符号的唯一编号；"文件名"用来设置子图文件名称，以表明该方块图纸符号代表的是哪张子图。本例的方块图纸符号是由子图生成的，默认已设置完成，不必修改。

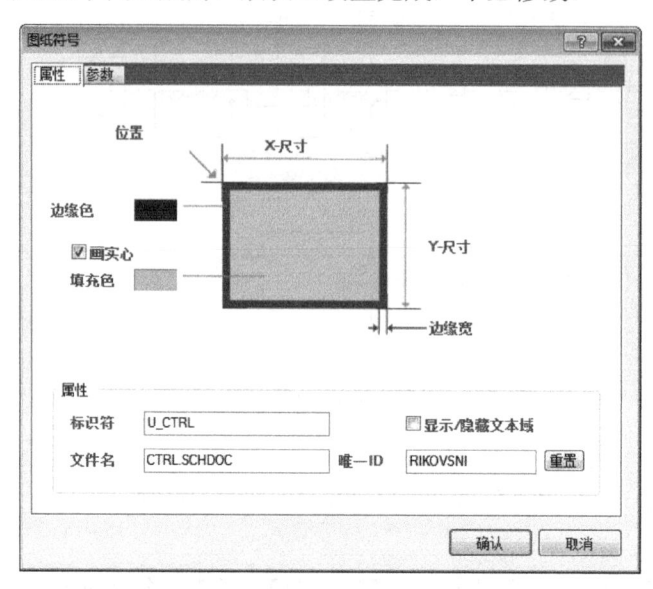

图 6-8 方块图纸符号的属性窗口

用同样操作将其他三个子模块原理图生成相应的方块图纸符号，放置在父图中，如图 6-9 所示。

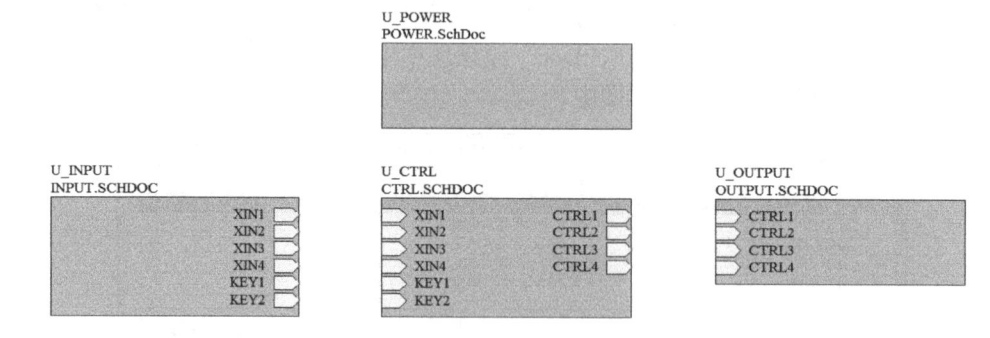

图 6-9 各子图生成的图纸符号

调整端口（图纸入口）的位置以方便连线，将相同名称的端口用导线或总线连接起来。如果端口为总线端口，就用总线相连，并放置总线网络标签。如果父图中还有其他电路，一并绘制完成。连线后的父图如图 6-10 所示。

（3）生成层次结构

此时，【Project】工作面板显示如图 6-11 所示的平行文档结构。执行菜单命令【项目管理】→【Compile PCB Project CONTROLLER.PrjPCB】，编译后得到如图 6-12 所示的层次文档结构。

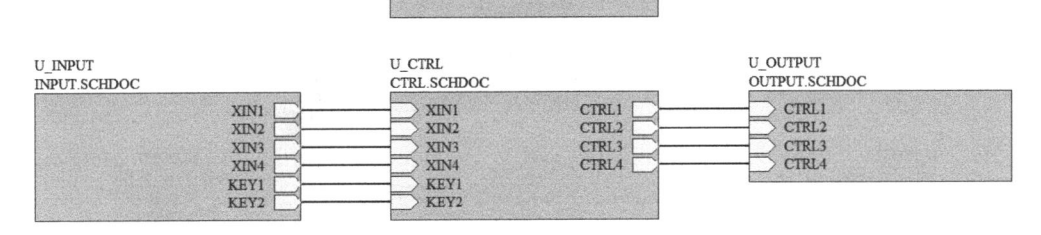

图 6-10 父图 "MAIN.SchDoc"

图 6-11 编译前的文档结构　　图 6-12 编译后的层次文档结构

有了层次结构后，父图和子图间的切换就可以在编辑窗口进行了。单击【原理图标准】工具栏中的"改变设计层次"的符号，鼠标变为十字光标，此时单击编辑区的方块图纸符号，则窗口跳转到对应的子图；单击端口则界面跳转到对应的子图或父图中的端口，原理图其他部分被屏蔽。如图 6-13 所示。

（4）ERC 检查。

上一步编译项目的同时，弹出"Messages"窗口，显示 ERC 检查提示信息。对本例而言，经分析各提示均不需要修改。

至此，采用层次电路设计方法绘制完成了核心控制器电路的原理图。

3．PCB 设计

（1）导入网络表。

PCB 设计方法和步骤与前述一般电路完全一样，此处给出加载网络表到电路板后的结果，如图 6-14 所示。从图中可以看出，系统自动建立了四个与子图对应的 ROOM 空间。

（2）元件布局并规划板大小。

借助 ROOM 移动各功能模块元件。根据元件的连接情况，按照任务二和任务三所述的布局基本原则，规划 PCB 的整体布局：电源部分放在 PCB 左上部，从左到右排列；控制模块置于板中部；输入信号布局在核心元件左侧，按信号流向重排列，注意连接件和按钮应放于便于操作的位置；输出模块布局在控制模块右侧。经过手工调整，参考布局如图 6-15 所示。

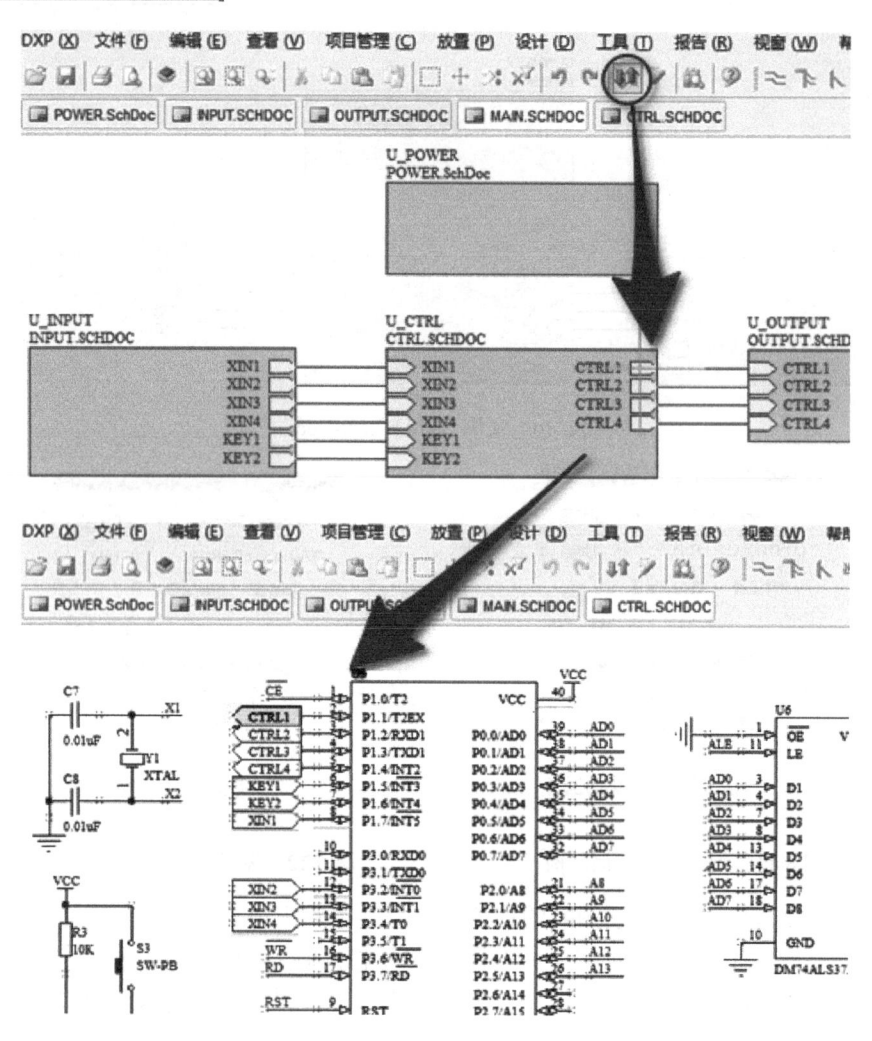

图 6-13 层次原理图的切换

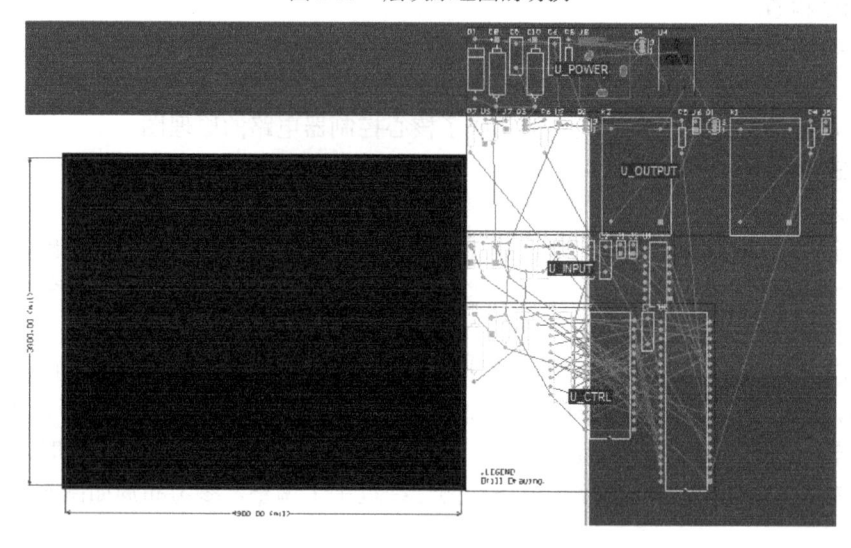

图 6-14 加载网络表到 PCB

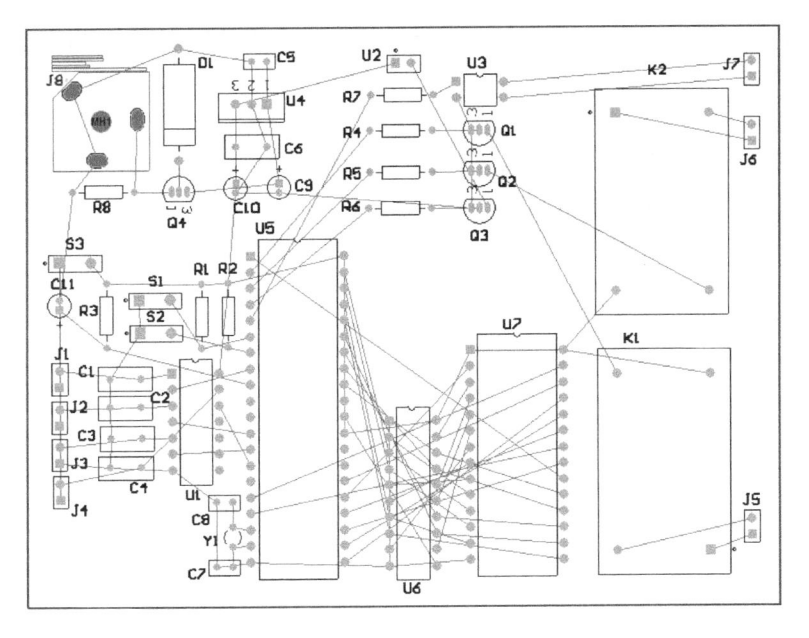

图 6-15 核心控制器电路板布局

（3）设置布线规则并布线。

设置电源和地线线宽为 40mil，其他信号线为 15mil。布线时，先手工布时钟电路走线，然后按照地线网络、电源线网络、再其他信号线的顺序自动布线，手工调整走线。

DRC 检查无误后，设计完成 PCB，如图 6-16 所示。

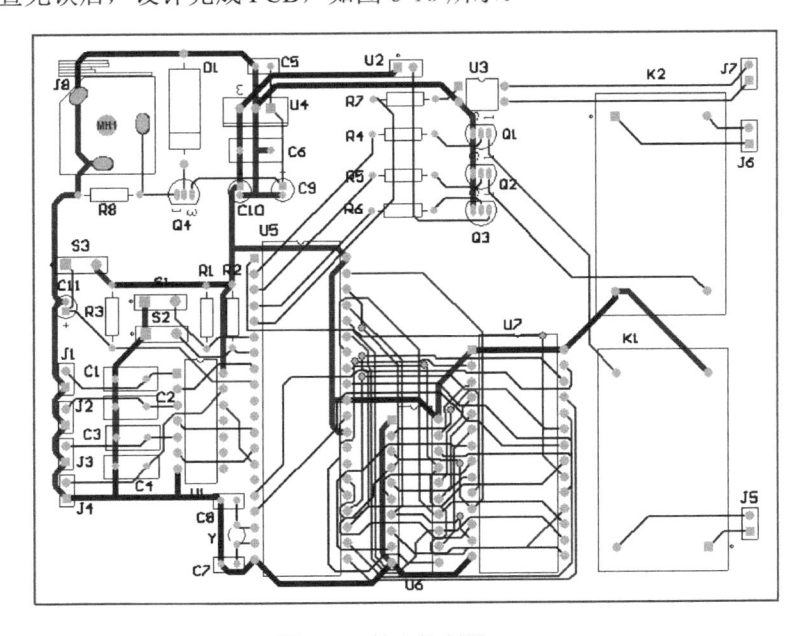

图 6-16 核心控制器 PCB

6.1.4 自上而下设计层次电路

自上而下设计层次电路的流程是：新建 PCB 设计项目→绘制父图→绘制子图→PCB 设计。

可以看出，自上而下设计和自下而上设计的区别仅在于绘制子图和父图的顺序，因此本节简单介绍父图和子图的绘制，其他步骤参考自下而上设计的操作。

1．绘制父图

（1）新建原理图。选择菜单命令【文件】→【创建】→【原理图】，新建一个空白原理图文件作为父图，命名为"MAIN.SchDoc"。

（2）绘制方块符号。单击配线工具栏中的 按钮，或者执行菜单命令【放置】→【图纸符号】，如图6-17所示，进入放置代表子图的方块图纸符号状态。此时光标变为十字形状，同时出现虚线矩形，如图6-18所示。

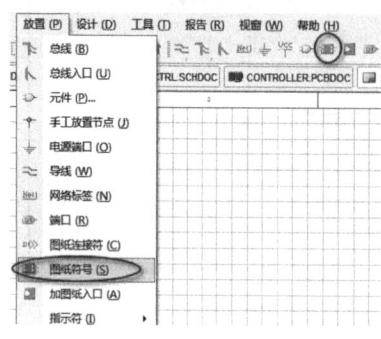

图6-17　放置方块图纸符号　　　　图6-18　绘制方块图纸符号

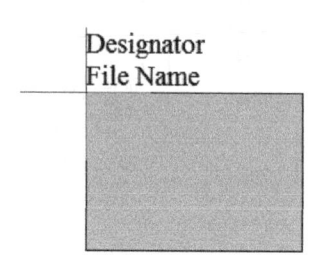

按【Tab】键，打开"图纸符号"属性对话框，如图6-19所示，或者绘制好方块符号后再双击也可打开该对话框。如前所述，"标识符"用来设置该图纸符号的唯一编号；"文件名"用来设置该图纸符号代表的子原理图文件名；"唯一ID"是系统产生的该图纸符号的唯一代码，用户无须设置。

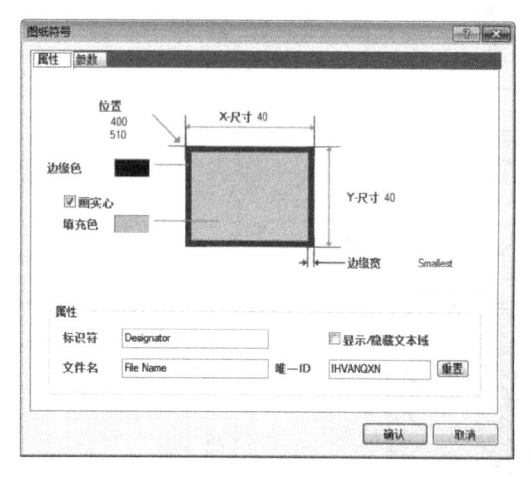

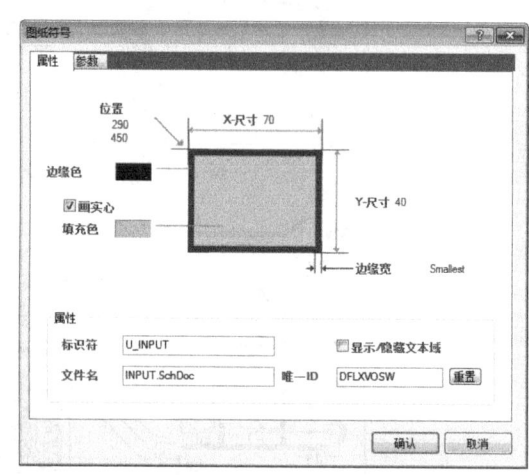

图6-19　输入模块图纸符号属性设置前后对话框

本例在"标识符"栏输入"U_INPUT"，在"文件名"栏输入"INPUT.SchDoc"，表明该图纸符号将代表核心控制电路中的输入模块，然后单击【确认】按钮关闭对话框，如图6-19所示。在工作窗口移动鼠标，确定方块符号的位置和大小。将光标移动到适当位置，单击确定方块符号左上角顶点位置，然后移动鼠标单击确定右下角位置，如图6-20所示。

（3）放置图纸入口。观察图6-1可知，输入模块与其他模块有连接关系的是XIN1～XIN4、

KEY1、KEY2 网络，因此要在图 6-20 的方块符号中放置相应的内部端口，即图纸入口，以实现模块间网络的连接。

图 6-20　代表输入模块的方块符号

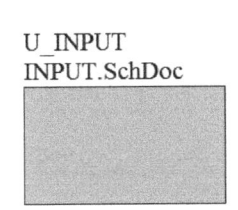

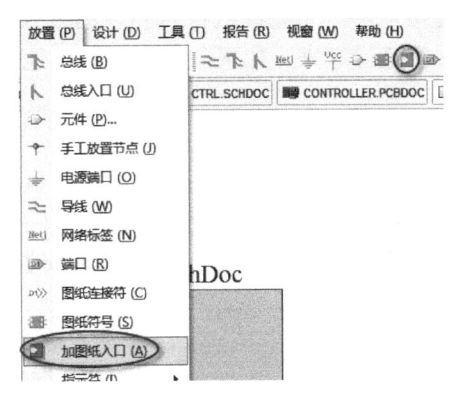

图 6-21　放置图纸入口

单击配线工具栏中的■按钮，或者执行菜单命令【放置】→【加图纸入口】，如图 6-21 所示。此时光标变为十字形状，在需要放置图纸入口的方块符号上单击鼠标，一个端口形状的符号就出现在方块符号中，如图 6-22 所示。

按【Tab】键，打开"图纸入口"属性对话框，如图 6-23 所示，或者单击放置图纸入口后再双击也可打开该对话框。其中，"名称"用来设置子模块电路间的接口网络名称，该名称必须与相应连接模块的接口网络名称一样；"I/O 类型"用来设置该图纸入口的电气类型；"位置"用来设置该图纸入口放置处与方块符号边框的距离，移动端口可改变该参数。

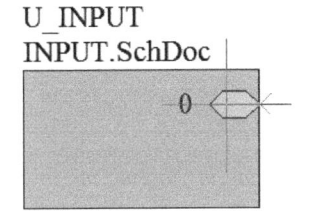

图 6-22　放置图纸入口

本例在"名称"栏输入"XIN1"，在"I/O 类型"栏选择设置"Output"，然后单击【确认】按钮关闭对话框。用同样操作将另外几个图纸入口放入该方块符号中，至此，输入模块的图纸符号绘制完成，如图 6-24 所示。

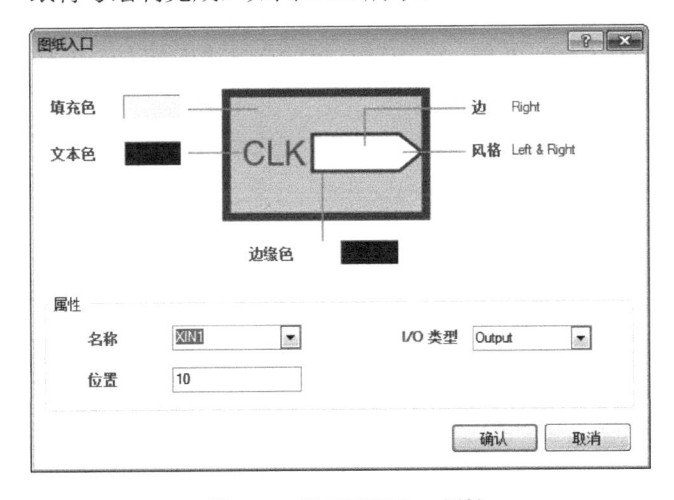

图 6-23　设置图纸入口属性

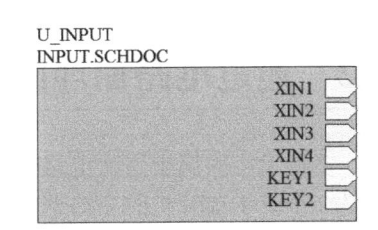

图 6-24　代表输入子图的图纸符号

使用同样操作方法绘制"控制模块"、"输出模块"和"电源模块"的图纸符号，如图 6-9

所示。其中电源模块由于只有电源和地网络与其他模块相连接，而原理图中的电源和地网络符号不需要改画成端口就可与其他子图相连，因此，电源图纸符号中无须放置图纸入口。

（4）连接电路。调整图纸符号和各图纸入口的位置以方便连线，将相同名称的图纸入口用导线或总线连接起来。如果父图中还有其他电路，一并绘制完成。连线后的父图与图 6-10 相同。

2．绘制子图

在"MAIN.SchDoc"父图编辑界面下，执行菜单命令【设计】→【根据符号创建图纸】，如图 6-25 所示。光标变为十字形状，单击任意一个子图图纸符号，如"U_INPUT"，弹出如图 6-7 所示的"Confirm"对话框，单击【No】按钮，确认不改变图纸入口的电气类型方向。

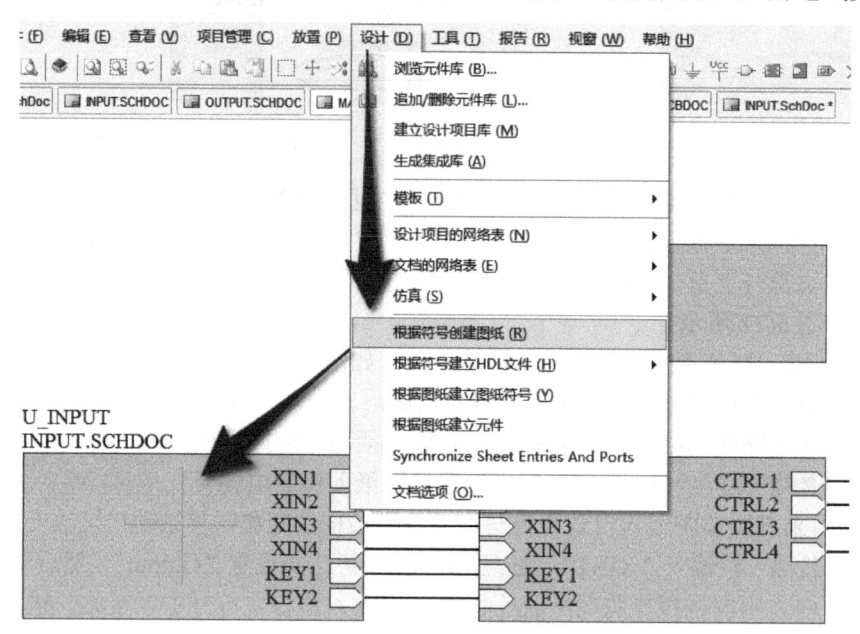

图 6-25　根据图纸符号生成图纸

这时系统自动新建并打开一个与方块符号属性设置中的文件名相同的子原理图，本例新建的子原理图名为"INPUT.SchDoc"。

并且，在该子图中已经自动生成了相应的端口。接下来参照图 6-3 完成输入模块子原理图的绘制。

使用同样的操作方法，绘制完成"控制模块"、"输出模块"和"电源模块"的子原理图。

6.2　通道电路原理图绘制

多通道电路属于层次电路的一种，适用于有多个完全相同的子模块的电路。如图 6-26 所示是一个基于单片机的多路继电器开关控制电路，包含了 4 个完全相同的继电器控制电路和 8 个完全相同的发光二极管显示电路，用多通道电路的设计方法在一定程度上可以简化原理图的绘制。

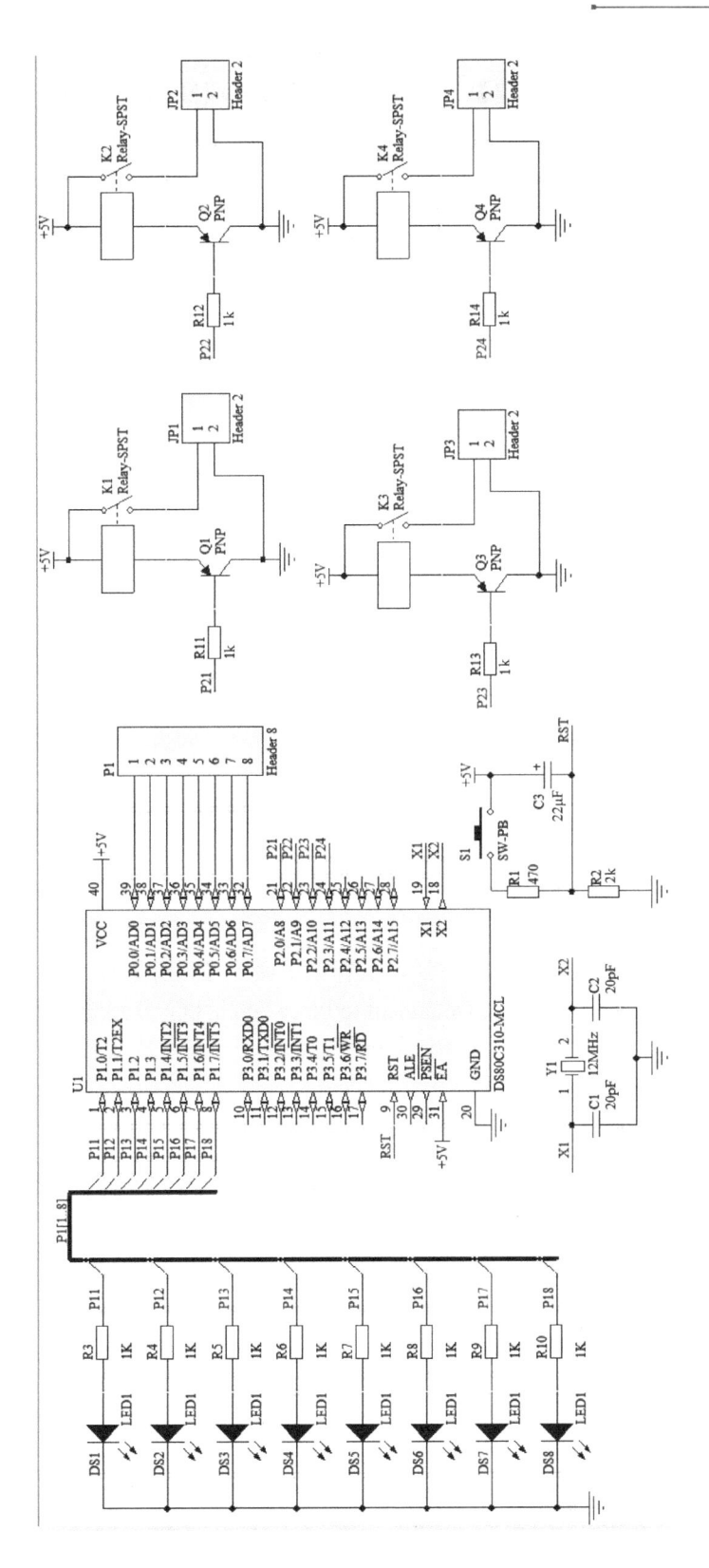

图 6-26 基于单片机的多路继电器开关控制电路

1．创建设计项目

执行菜单命令【文件】→【创建】→【项目】→【PCB 项目】，新建一个 PCB 设计项目，保存项目为"Multi-channel.PrjPCB"。

2．创建子图

（1）执行菜单命令【文件】→【创建】→【原理图】，在上述项目中新建一个原理图文档，命名为"LED.SchDoc"。按照上节介绍的层次原理图设计方法绘制一个发光二极管的显示电路，如图 6-27 所示。

（2）执行菜单命令【文件】→【创建】→【原理图】，在上述项目中再新建一个原理图文档，命名为"RELAY.SchDoc"。按照上节介绍的层次原理图设计方法绘制一个继电器开关控制电路，如图 6-28 所示。

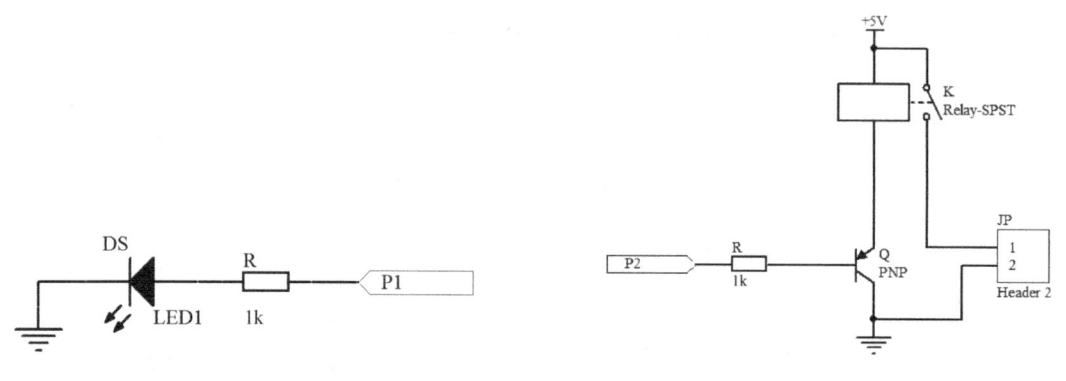

图 6-27　子图"LED.SchDoc"

图 6-28　子图"RELAY.SchDoc"

3．创建父图

（1）执行菜单命令【文件】→【创建】→【原理图】，新建一个原理图文档，命名为 MAIN.SchDoc。

按照上节介绍的层次原理图的绘制方法，执行菜单命令【设计】→【根据图纸建立图纸符号】，打开如图 6-29 所示的"Choose Document to Place"对话框，分别选择"LED.SCHDOC"和"RELAY.SCHDOC"文件名，单击【确认】按钮，将两个子图生成代表它们的方块图符号，如图 6-30 所示。

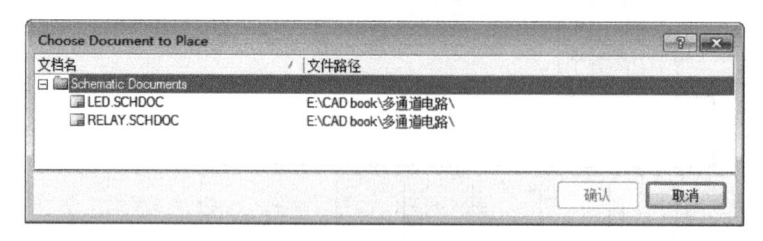

图 6-29　选择文档生成符号

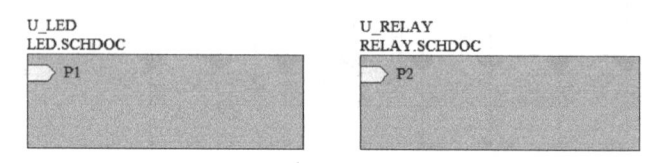

图 6-30　生成的子图方块图符号

（2）双击方块图符号的标识符"U_LED"，打开如图 6-31 所示的"图纸符号标示符"对话框，修改"标识符"为"Repeat(LED,1,8)"，然后单击【确认】按钮。同样操作，修改"U_RELAY"标识符为"Repeat（RELAY,1,4）"。修改完成后，方块图符号变为多方块图叠加的形式。

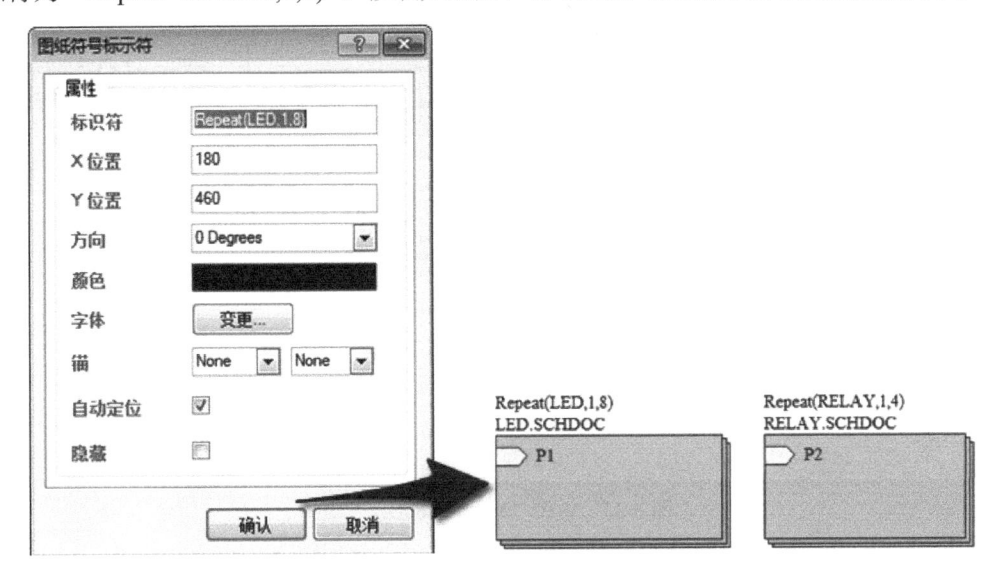

图 6-31　修改方块图符号标识符

其中，Repeat 是重复引用命令关键字，Repeat(LED,1,8)表示将如图 6-27 所示的单元电路复制 8 个。

（3）双击方块图符号 LED.SCHDOC 中的端口"P1"，打开"图纸入口"对话框，将"名称"改为"Repeat（P1)"，单击【确认】按钮完成子图符号的修改。同样操作，修改方块图符号 RELAY.SCHDOC 的端口"P2"名称为"Repeat（P2)"，如图 6-32 所示。

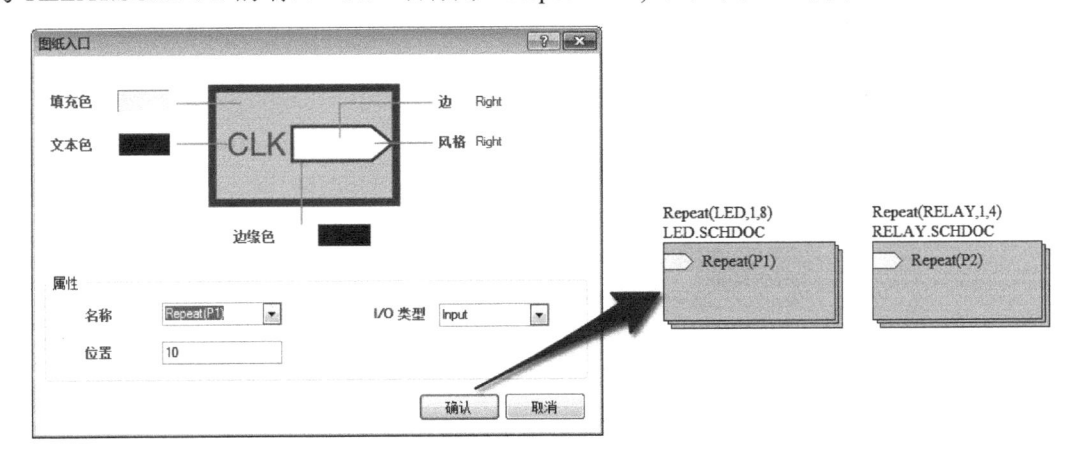

图 6-32　修改方块图符号端口

其中，Repeat（P1）表示在重复引用子图时，该 P1 子图端口也会重复连接，分别对应由网络标签"P1[1..8]"定义的 P11、P12、…、P18。同理，Repeat（P2）表示重复连接子图 P2 端口，分别定义为 P21、P22、P23、P24。

（4）在主图中添加其他元件，绘制出如图 6-33 所示的电路。

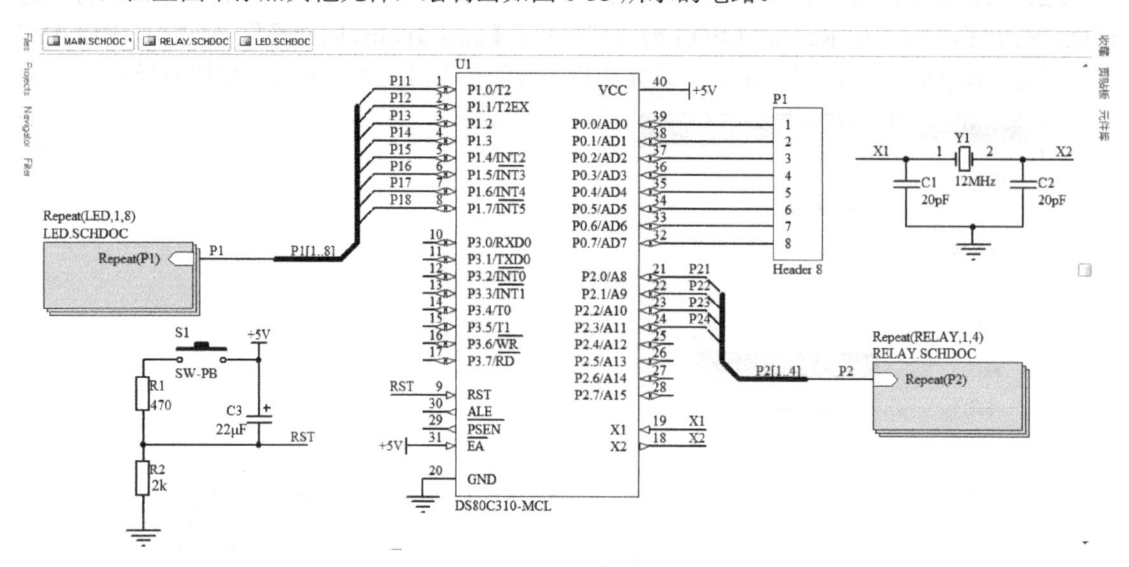

图 6-33　主图"MAIN.SchDoc"

4．编译

执行菜单命令【项目管理】→【Compile PCB Project Multi-channel.PRJPCB】，得到如图 6-34 所示的层次结构。

图 6-34　原理图编译成层次结构

至此，采用多通道方法绘制了基于单片机的多路继电器开关控制电路的原理图，接下来的印制电路板设计方法和步骤与一般电路完全一样，这里只给出导入网络表后的结果，如图 6-35 所示。

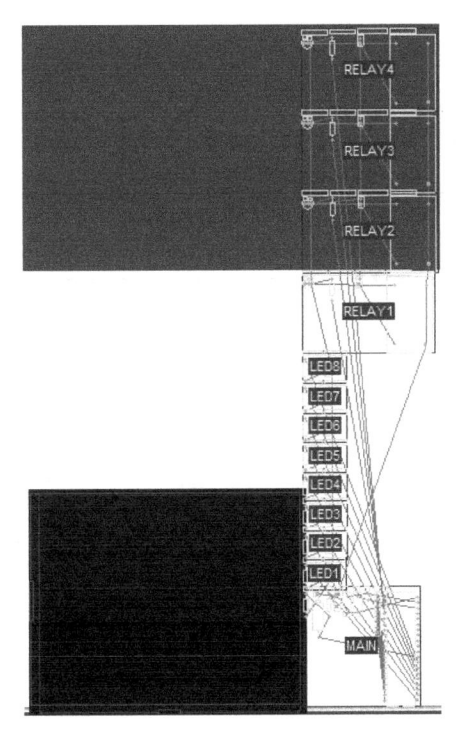

图 6-35 载入网络表和元件之后的 PCB

【动手练一练】

实训十三　设计核心控制器电路 PCB

一、实训目的
(1) 能够绘制较复杂原理图,掌握层次电路设计方法。
(2) 进一步熟悉双层板 PCB 的设计。

二、实训任务
用层次电路设计方法绘制图 6-36 所示的核心控制器电路原理图,并设计该电路的 PCB。

三、实训内容
(1) 在 D 盘下以自己的"学号+姓名+实训 13"为名建立文件夹,用来保存实训十三的设计文件。
(2) 分析电路,划分功能模块,选择原理图的绘制方法。
(3) 创建 PCB 设计项目,用自己姓名拼音首字母命名。
(4) 绘制父图及子图,分别用各模块名称命名。
(5) 编译项目文档,生成层次结构。
(6) 建立 PCB 文件,加载网络表。
(7) 手工布局。
(8) 要求电源和地线 1mm 线宽,其余信号线 0.3mm 线宽。
(9) 自动布线,手工调整。
(10) 元件规则检查。

（11）保存文件及项目。

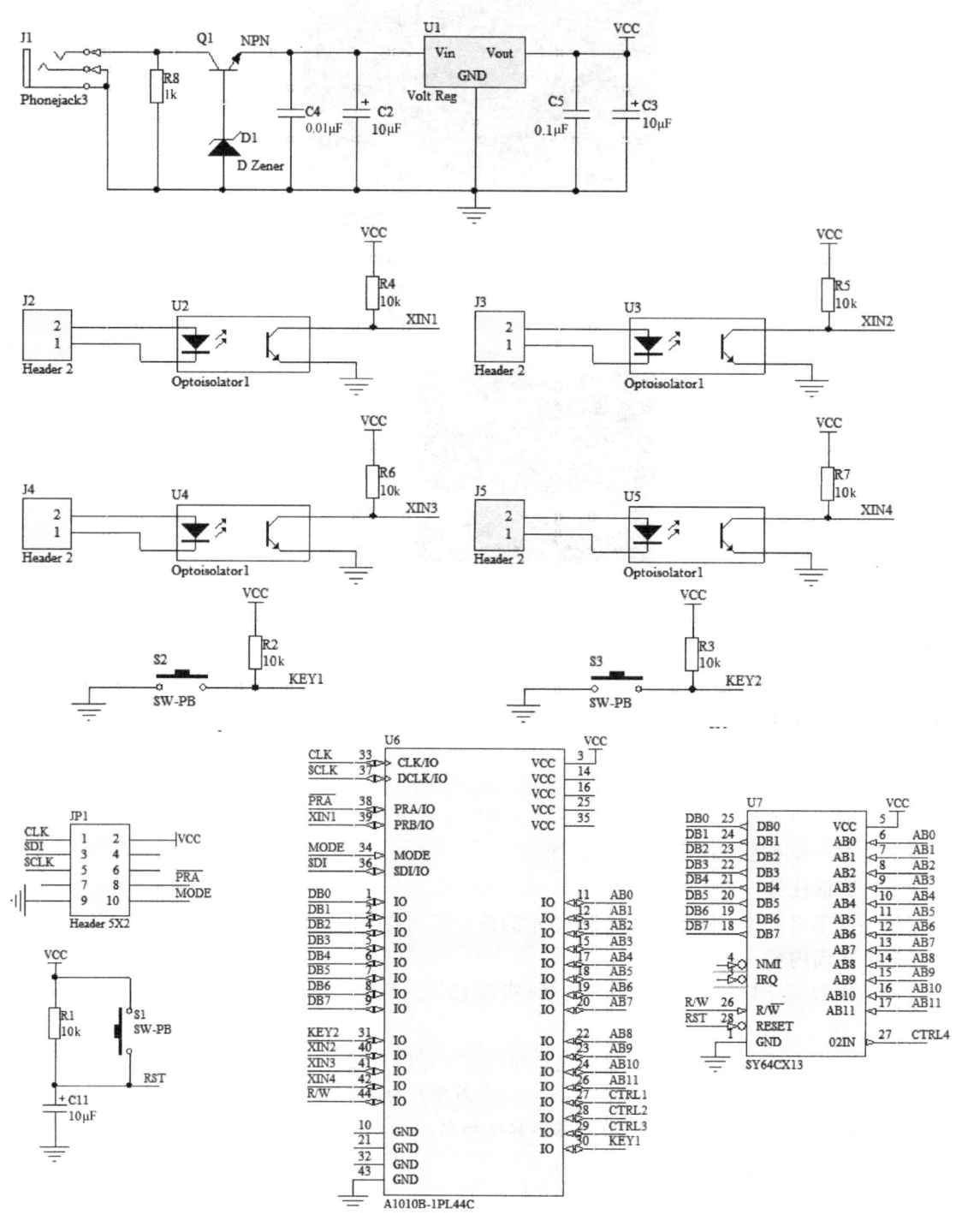

图 6-36 核心控制器电路原理图

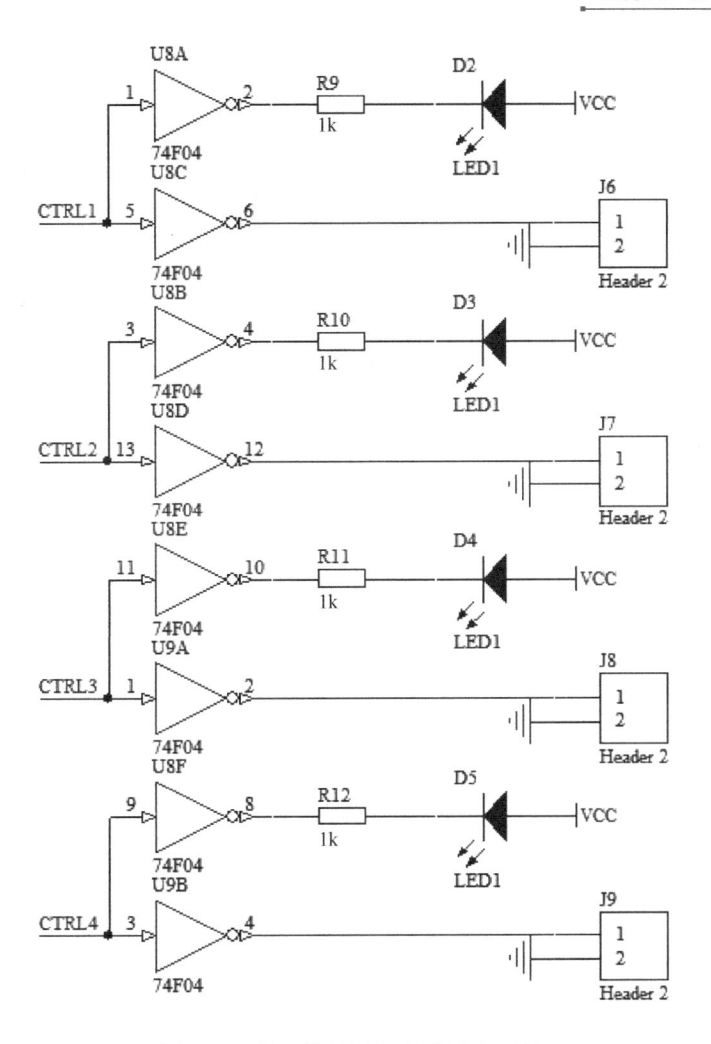

图 6-36 核心控制器电路原理图（续）

任务七

综合实例

任务描述

- 设计居家养老 GSM 呼救器电路 PCB

学习要点

- PCB 制作工艺
- 结合实物设计封装
- 综合应用各项技能

学习目标

- 了解电路板组装的两种工艺
- 掌握 PCB 设计的基本过程
- 掌握 PCB 设计的基本技能
- 结合机箱规划电路板
- 掌握根据实物设计封装
- 掌握综合应用各项技能

专业词汇

GSM（Global System for Mobile Communication）：全球移动通信系统
vernier caliper：游标卡尺   specification：规格、说明书、规范
transient current：瞬态电流   frequency：频率   reflow soldering：回流焊
wave soldering：波峰焊   microphone：麦克风   speaker：扬声器
wireless：无线   receiver：接收器

【任务说明】 在这个任务中，我们通过设计一个居家养老 GSM 呼救器电路的 PCB，综合运用 PCB 设计的各项技能点，包括原理图绘制、原理图元件绘制、元件封装设计和 PCB 设计，完整地设计一块印制电路板。在设计过程中，需要根据产品的外壳规划电路板，根据选用的元件设计正确的封装，根据元件的参数特性进行合理布局、合理布线。

在这个任务中，我们需要解决以下几个问题：
（1）游标卡尺如何读数？
（2）电路板组装常见的两种生产工艺对 PCB 设计的影响是什么？
（3）规划电路板要注意哪些方面？
（4）如何选择正确的元件封装？
（5）如何根据元件尺寸图设计封装？
（6）如何根据实物设计元件封装？
（7）布局布线的原则有哪些？

7.1 居家养老 GSM 呼救器电路原理图

当前，我国人口已趋老龄化，如何让空巢老人安全地生活，成为社会广泛关注的问题。如图 7-1 所示电路是一个居家养老 GSM 呼救器的电路，它为老人尽快得到安全求助提供了一种途径。该产品主要实现以下功能：

- 多组电话号码呼救：分别用于求助呼叫、服务呼叫、自检及故障报告。
- 遥控呼救：让活动不便的老人方便使用。
- 定时自动检测：每天向服务中心发出自检报告（来电显示，不收话费）。
- 故障报告：遇到故障（如交流、直流等），会自动报告中心。
- 用户接听功能：拨通用户设备，通过遥控可免提接听。
- 求助优先功能：无论设备在什么状态，在求助键按下时必须响应。
- 无活动侦测：在一定时间内无活动信号自动发出求助。
- 带 UPS 供电：停电时可续航。

7.2 PCB 设计前期准备

1. 游标卡尺的使用

游标卡尺是工业上常用的测量长度的仪器，可直接用来测量精度较高的工件，如工件的长度、内径、外径及深度等。它由主尺和附在主尺上能滑动的游标（副尺）两部分构成，如图 7-2 所示。如果按游标的刻度值来分，游标卡尺又分为 0.1mm、0.05mm、0.02mm 三种。

游标卡尺的读数方法以图 7-3 为例，可分为四步：

（1）看副尺"0"的位置，它决定了头两个数位。图中为 2.3xxcm。

（2）观察副尺分度（也就是有多少条刻度线），算出精确度。图中为 20 分度，则精确度为 1mm/分度=0.05mm。

（3）看副尺和主尺对准的刻度线数。图中重合处为 17，每单位为 0.05mm，得出小数为 0.85mm（0.085cm）。

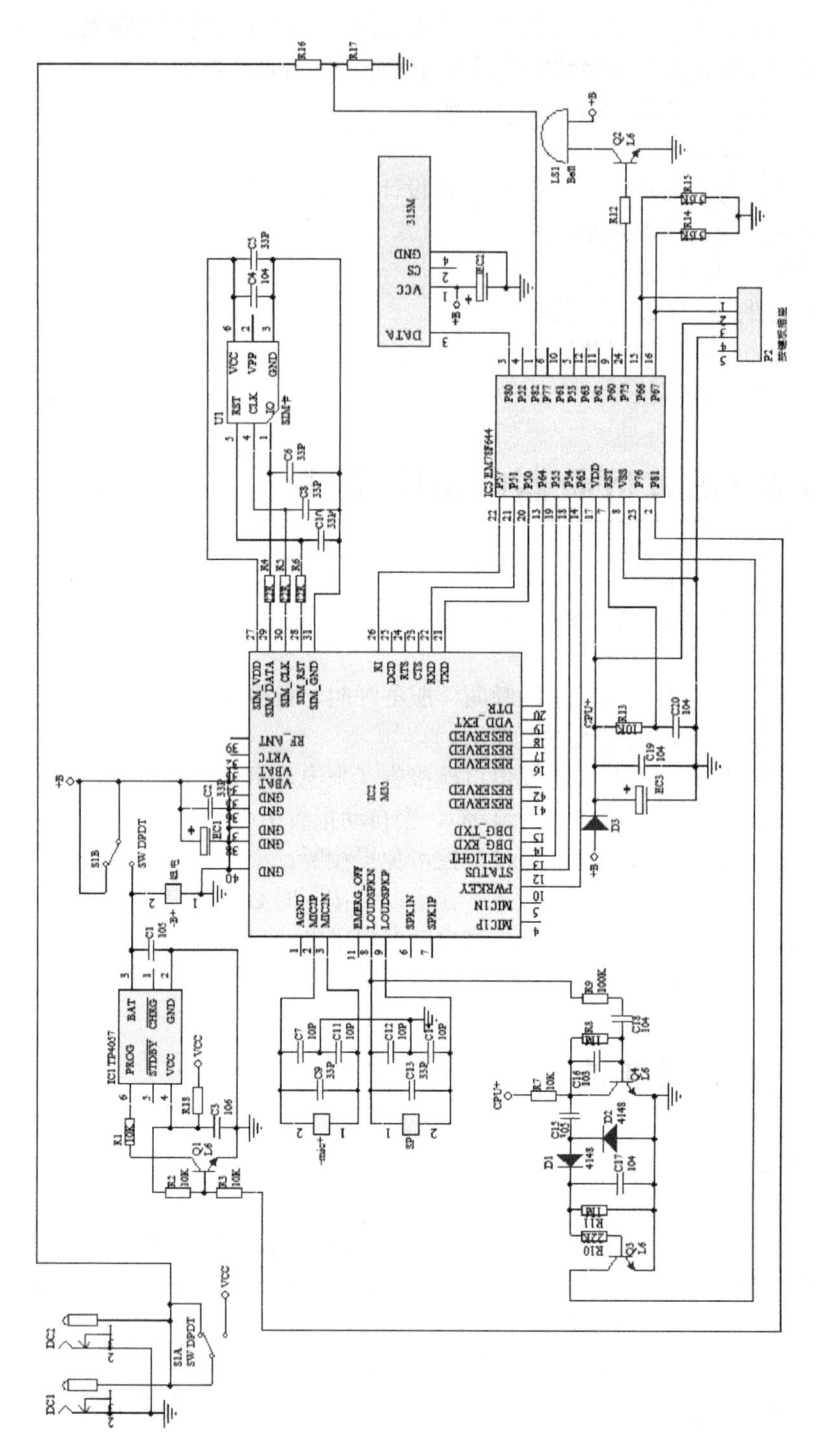

图 7-1 居家养老 GSM 呼救器电路原理图

（4）将上面的整数和小数两部分加起来，即为总尺寸。图中最后测量出目标值为 2.385cm。

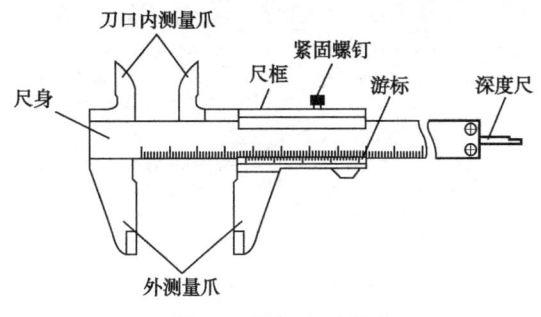

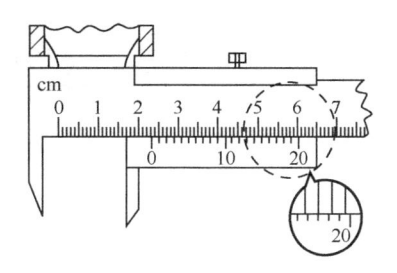

图 7-2　游标卡尺组成　　　　　　　　图 7-3　游标卡尺的读数

2．查阅元件规格说明书

作为一名 PCB 制图员，仅仅会使用 Protel 还远远不够，还需要利用电子专业知识对电路功能进行分析，从而判断出哪些部分是可以通过软件实现的，哪些部分是需要硬件支持的。然后是查阅器件的规格说明书，如图 7-4 所示。通常一个器件的规格说明书，需要向厂家索取，只有那些很成熟的器件才能从网上找到。对于器件，我们需要了解的信息主要包括引脚、使用电压、工作电流、外围参考电路和 PCB 封装。了解清楚各器件的引脚功能和封装后，就应开始制作集成元件库。元件及其封装准备好后，就可以绘制原理图、设计 PCB 了。

该产品具有 GSM 语音通话功能，对于非专业生产手机的厂家，首选 GSM 模块。本例选择 M35，该模块瞬态电流最大达 2A，而且发射频率最高达 1900MHz，对 PCB 布线和电源要求比较高。另外，SIM 卡也很容易受到高频干扰，所以布线时要注意 SIM 卡的数据线要远离发射天线，在 PCB 设计时还应注意不要产生 TDD（Time Division Duplexing，时分双工）噪音，以免打电话时靠近功放，扬声器发出"哒哒哒"的干扰。如果公司内配备软件工程师，那么 MCU 的 I/O 口使用可以更灵活，使用哪些 I/O 引脚以方便布线为准。

3．理解常见的两种生产工艺

（1）贴片回流焊工艺。

贴片回流焊工艺过程是：锡膏印刷→SMT 贴片→中间检查→回流焊接→炉后检查→性能测试。

其中锡膏印刷需要用到钢网。电路板厂在一片钢片上将 Protel 中的 Paste 层（锡膏层，如图 7-5 所示）对应的位置留空就是钢网，如图 7-6 所示。小块的 PCB 板为求生产方便，会要求拼板处理（即将多个小板合成一个大板），用 V 割方式分界，如图 7-7 所示，所以制钢网的文件通常会以电路板厂回传的文件为准。

取得钢网后装上印锡机即可进行印刷，如图 7-8 所示。锡浆的形态有点像浆糊，需要长期冷藏，锡浆印刷在板上以后，最好在两个小时内过回流焊接，不然容易出现虚焊等问题。贴片车间通常都配备空调，用于延长锡浆裸露的时间。

印刷好后就可以上机贴片了。元件在 PCB 上的排列最好垂直于 PCB 的长边，因为 PCB 受热后会变形弯曲，元件的引脚可能会与元件分离（即拉裂现象，多出现在贴片电容上）。立碑和移位现象就是元件在过回流焊的时候，因引脚未能位于焊盘的中心，锡浆熔化时产生拉力不均，发生直立或者移位。还有为了提高贴片机的效率，在选用元件时尽量减少型号，可减少上料的时间，元件的排列最好整齐，这样机器就无须同时切换 X 轴和 Y 轴，只需变更一个轴就可以了。如图 7-9 所示是上料和贴片的过程。

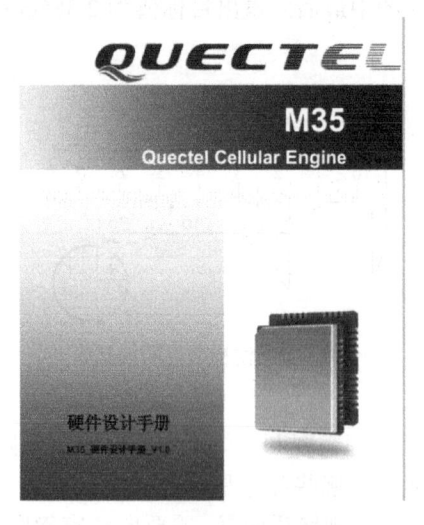

图 7-4　M35 模块的规格说明书

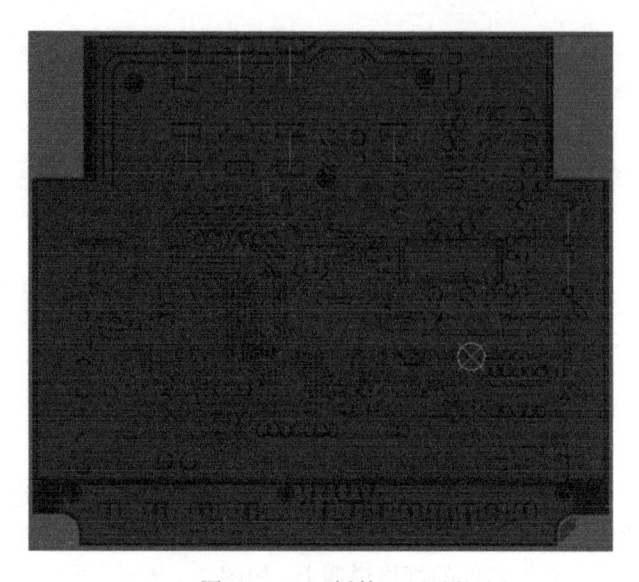

图 7-5　PCB 板的 Paste 层

图 7-6　制 PCB 用钢网

图 7-7　PCB 拼板处理

图 7-8　印锡机

图 7-9　上料和贴片

最后一步就是经过回流焊机定型，如图 7-10 所示。回流焊机就好像烤炉一样，只是多了几个温区，温区越多，回流焊质量越好。锡浆上有助焊剂，它被熔化后在助焊剂的作用下完成焊接过程。

图 7-10　经过回流焊完成焊接

（2）插件工艺。

插件工艺比回流焊简单得多，大体分为插件、浸锡、切脚三个步骤。这种工艺适用于元件引脚贯穿整块 PCB 的元器件，通常大功率元件、电解、继电器等都采用插件工艺。插件工艺的优势在于耐热性好，对于发热元件不容易出现脱焊现象，而且机械强度高。

插件就是通过人工把元件按照一定的方向插入对应的位置。作为 PCB 制图员，在设计时应尽量统一器件的方向，元件的引脚间距必须严格绘制，特别是插件 IC，出现偏差会导致效率不高、个别引脚没插进孔内等问题。

浸锡就是通过锡炉把锡熔化成液体状，在 PCB 上插件器件的反面，即如果元件放顶层，就在底层喷上一层阻焊剂，然后让 PCB 的底面浸入锡水中，完成焊接。

最后，通过切脚机把多余的元件脚切除，完成插件工艺。

通过上述工艺步骤可以知道，浸锡的那一面通常不能有贴片元件，设计 PCB 时，应尽量使贴片元件和插件元件在同一层上放置。

4．规划电路板

绘制 PCB 前，首先要确定机箱外壳的形状和可以容纳 PCB 的大概面积，确定好零件的装配要求，以及元件放置在哪一层上。通常贴片和插件元件放置在同一个层上加工效率最高，贴片完成后可以浸锡，不需要手工焊接。在面积有限时，可采取双面贴片＋手工焊接。元件最好是在顶层，维修人员打开机壳就能维修，不需要把主板拆出。

PCB 的物理边界绘制在【Mechanical】层，电气边界绘制在【Keep-Out Layer】层。但如果 PCB 上的元件允许在整个板上布线，即板子的外形尺寸与 PCB 布局布线的区域相同，那么现在通常的作法是只在【Keep-Out Layer】绘制一层边框即可。

PCB 的外形最好是方形，这样利用率最高。电路板厂是以最长边相乘的面积计算价格的。在无法避免的时候可以在空白位置用加邮票孔的方式加上一些小模块以提高利用率，如图 7-11 所示。板与板的间距最好在 1.6mm，这是标准的铣刀规格，而贯穿整块板的直线切割则采用 V 割方式。

对本例而言，通过分析原理图和外壳形状，结合设计要求，明确本电路绘制在一块矩形电路板上即可。

图 7-11　电路板规划示意图

7.3　建立项目集成库

集成元件库是公司的宝库，累积着公司多年的生产经验。本例中，元件的原理图符号如图 7-1 所示，部分元件的封装说明如下：

（1）电阻 R18 选择 2512 贴片封装，其他电阻和无极性电容封装均为 0805 贴片封装；极性电容 EC1 为轮廓 8.2mm，焊盘中心距 3.5mm 的封装；IC1 封装为 SOT-23-5；二极管封装采用 DSO-F2/D6.1；EM78F644 单片机封装为 SO-24；按键板插座为 HDR1X5 稍作修改后的封装；三极管封装选用 SOT-23 贴片封装；开关为脚距 4mm 的两挡六脚的拨动开关 SS-22H02；RFM38 是自制的模块，在 PCB 上表现为一个脚距为 2.54mm 的与小板连接的接口。

（2）M35 模块的封装可参考硬件规格说明书，尺寸如图 7-12 所示（单位：mm）。

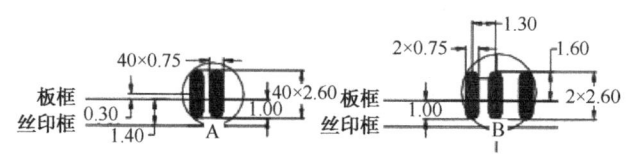

图 7-12　M35 模块封装图

（3）锂电和麦克风的封装如图 7-13 所示。

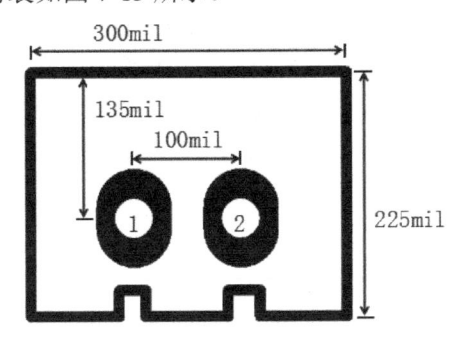

图 7-13　锂电和麦克风封装图

（4）SIM 卡封装尺寸如图 7-14 所示。

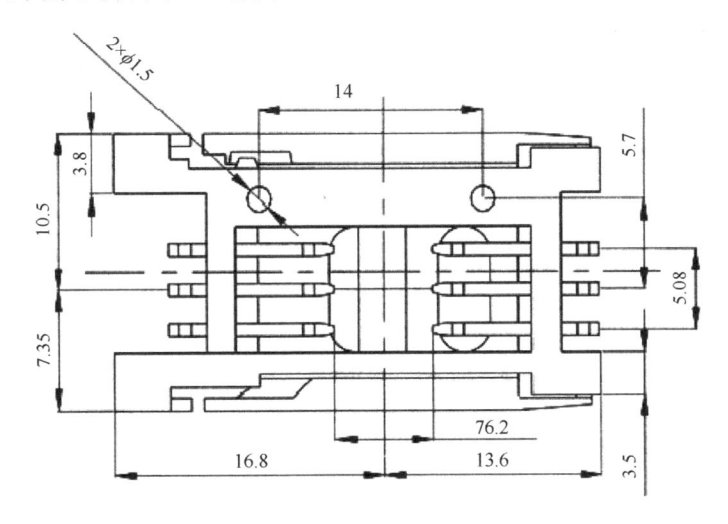

图 7-14　SIM 卡封装图

7.4　绘制原理图

原理图绘制应遵循主控尽量在图中央，各个功能电路围绕主控放置，每个功能电路的元件就近放置，信号的方向应统一，电源网络应向上，接地网络应向下的原则。

需要时可改变芯片的引脚排列，以使连线尽量避免交叉，电源和接地使用电源端口，尽量少用网络标号。

分析图 7-1，将电路的功能模块划分为：MCU 模块、GSM 模块、检测模块、蜂鸣器模块、SIM 卡模块、充电模块、扬声器模块和麦克风模块。其中 MCU 模块包括：IC3、R13、C19、C20、EC3、D3；无线接收模块包括：U2、EC2；GSM 模块部分包括：IC2、EC1、C2；检测模块包括：R9、C18、R8、C16、Q4、R7、C15、D2、D1、C17、R11、R10、Q3；蜂鸣器模块包括：R12、Q2、LS1；SIM 卡模块包括：U1、R4、R5、R6、C4、C5、C6、C8、C10；充电模块包括：IC1、C1、C3、R1、R2、R3、R18、Q1、-B+；扬声器模块包括：SP、C13、C12、C14；麦克风模块包括：mic+、C9、C7、C11。

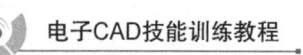

需要说明的是，此处的 U2 是一个以 RF83 为核心封装起来的模块的元件符号。检测模块的作用是，在通话的时候，由于扬声器的音量比较大，发出的声音传回麦克风，会造成对方听到回音，通话质量下降。引入语音检测电路后，当检测到扬声器发出声音，则 Q2 导通，使单片机的 I/O 口变为低电平，通知 MCU 衰减麦克风的增益。

原理图完成后，在设计 PCB 时，可能还要进行适当修改。

7.5 设计 PCB

PCB 制图员必须配备游标卡尺，度量的数据最好取小数点后两位。

1. 绘制板边框

本例的外壳如图 7-15 所示，因板子不大，电路元件不多，4 个螺丝孔只需使用两个，考虑到制作测试架的固定顶针是 3mm 的，因此设置螺丝孔为 3mm。

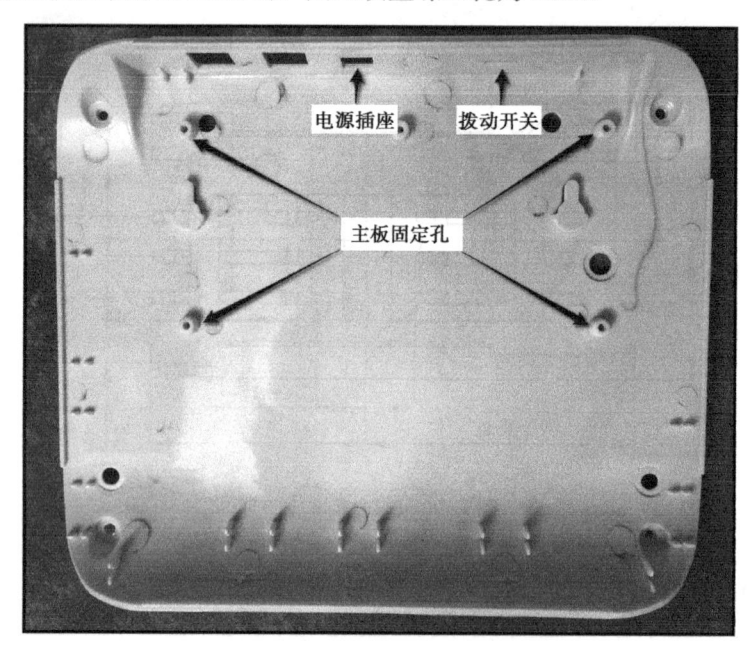

图 7-15 GSM 呼救器外壳

选择工作层【Keep-Out Layer】，执行【放置】→【走线】命令，即可开始绘制外框。如果有 CAD 文件，也可以直接导入板的物理边框。绘制时应先确定螺丝孔，为获得准确尺寸应先随意放置一个螺丝孔，然后把原点放置在孔中心，用复制粘贴的方式得出第二个螺丝孔，打开孔的属性窗口直接填写尺寸。基于本例的外壳形状，以螺丝孔为参考，向上测量到外壳内边的距离就可以确定板上边的尺寸。下边的尺寸可以在绘制过程中调整。左右两侧以螺丝孔中心为基准加 5mm 即可。本例板的尺寸为 13.7cm×5cm。绘制好后可以按 1:1 打印出来，放到外壳中检查是否合适。

2. 布局布线

打开原理图，执行菜单命令【设计】→【Update PCB Document…】，将全部元件导入 PCB 绘图区，接下来就是布局。

布局前首先要划分功能模块，同一个模块的元件应放置在一起。然后还需要考虑结构问题，例如，有些元件比较高，应放在可以放得下的位置；固定位置的元件应该先放，如电源插座、开关、按键等；接着把最核心的元件放在板子中间，其他关联的功能模块按照引脚就近原则围绕核心元件放置，完成初步的布局。

针对本例，在布局时还需要注意以下几方面：

- 滤波电解电容和退耦电容通常每个芯片都应放置一个，并且要靠近芯片放置，电源线和地线应先经过退耦电容后再到芯片的电源脚。
- 大功率器件靠近主滤波电解电容，铜箔是有电阻的，如果把大功率器件放在地线的后端，在地线上就会产生电压，信噪比就会降低。本例的 GSM 模块，不稳定的地电源会导致经常断网。有可能的话最好每个器件可以独立布地线，也就是所谓的"一点接地"。
- 底层和顶层的走线最好可以垂直，不能垂直也要避免上下层走线重叠的情况，这样会产生分布电容，对高速数据线有致命危害。
- 高增益的器件要远离扫描的 I/O 口、振荡器等，并且需独立加滤波电解电容。
- 滤波电解电容布线最好都能先到滤波电解电容，再到器件的电源端。这样滤波电解电容才能够起作用。
- 所有的抗干扰元件都必须靠近目标器件放置，走线同样是先经过抗干扰元件再到器件，否则是没有效果的。
- 大功率的发射天线，对周边影响很大，故越短越好。本例的天线是采用从 IC2 的第 39 脚出来后马上接 50 欧馈线的方式进行处理的。

具体操作时，首先放置有局限性的元件，如开关、电源插座等。放好位置后，双击元件进行锁定，如图 7-16 所示。SIM 卡安排在右边，靠近 M35 的连接引脚，这样布线最短，而且其他数据线也不会经过 SIM 卡。GSM 模块安排在开关附近，这是整个线路中最大功率的器件，电源应先供给 GSM 模块使用，所以电池的插座也放置在其中。GSM 模块的电源要加宽，而且必须先到电解电容再到模块。由于充电电源和电池都需要经过开关，因此充电模块放置在开关旁边，这样就不需要专门进行走线了。麦克风和扬声器放置在 GSM 模块的输出口附近，检测模块是从扬声器取信号，因此也放置在旁边。无线接收模块将来插高频小板，放置在板的左边角上，它也是电路中电流最小的器件。本例初步布局后如图 7-17 所示，最终布局如图 7-18 所示。

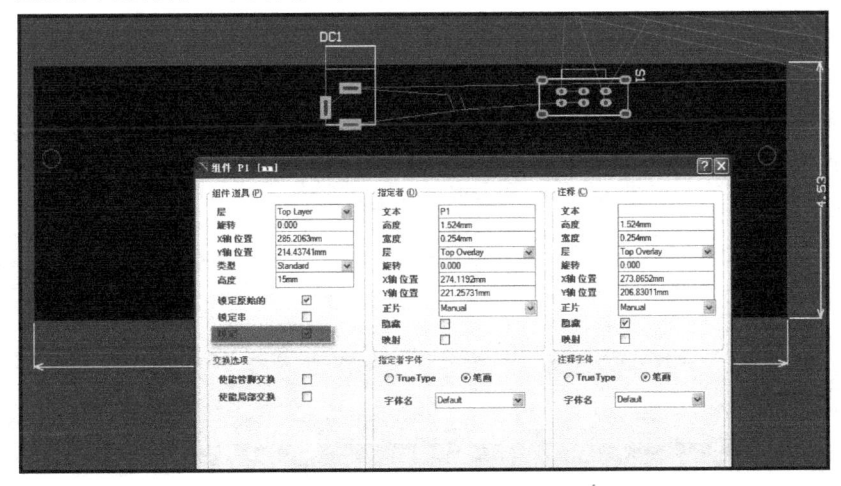

图 7-16 放置固定位置的元件

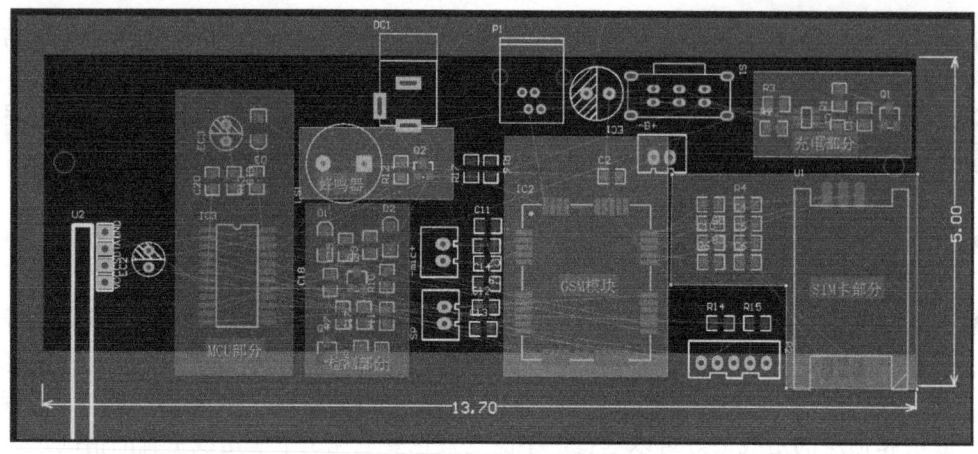

图 7-17 GSM 呼救器 PCB 初步布局

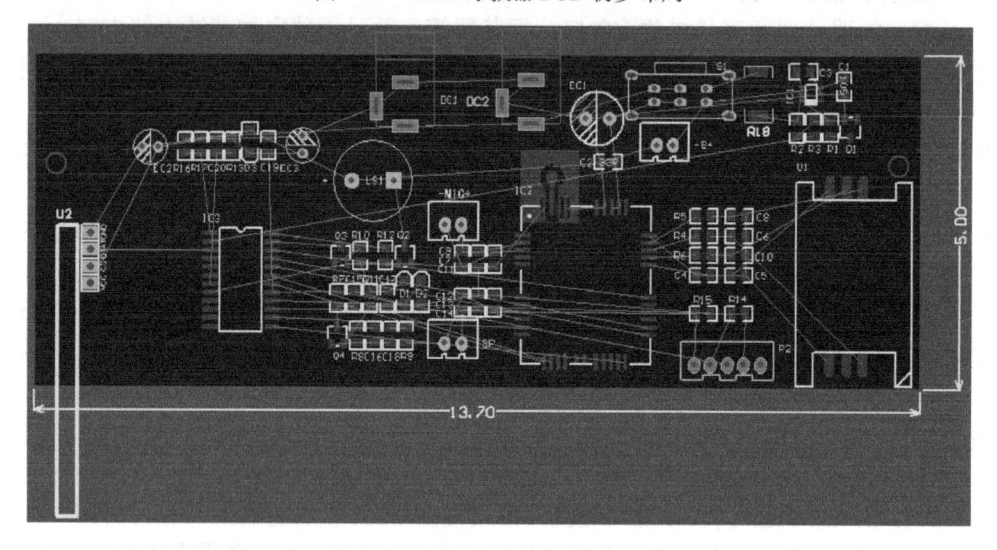

图 7-18 GSM 呼救器的 PCB 布局

元件放置好以后，要估计元件的高度，观察外壳有没有高度限制等。

经过上述分析，布线后的 PCB 如图 7-19 所示。

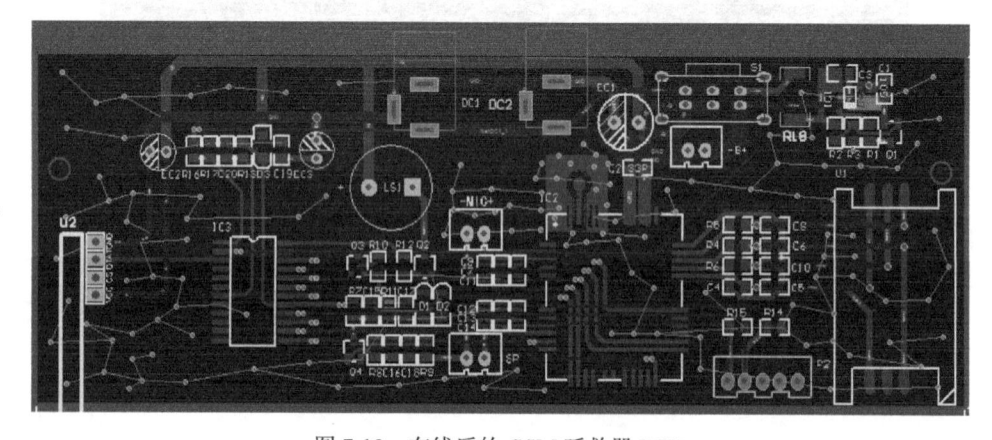

图 7-19 布线后的 GSM 呼救器 PCB

添加泪滴和敷铜后的 PCB 如图 7-20 所示。

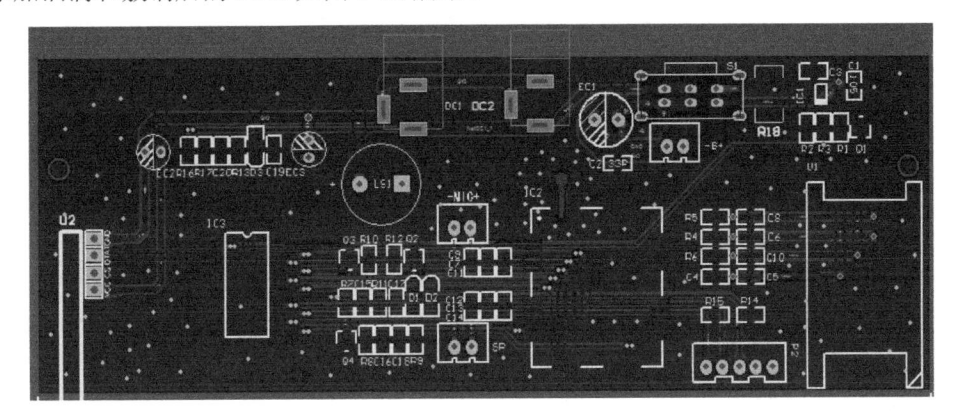

图 7-20 敷铜后的 GSM 呼救器 PCB

至此,居家养老 GSM 呼救器 PCB 设计完成。

【动手练一练】

实训十四 设计模拟交通灯控制电路 PCB

一、实训目的

（1）增强软件的基本操作和应用技能。
（2）领会 PCB 合理规划、合理布局布线的必要性、重要性和一般原则。
（3）认识封装形式合理选用、正确设计的重要性。
（4）提升实际设计 PCB 的能力。

二、实训任务

绘制如图 7-21 所示模拟交通灯控制电路的印制电路板。其中，电路选用的部分元件如图 7-22 所示。要求：PCB 中电源和地 1mm 线宽，其他信号线 0.5mm 线宽；3mm 安装孔；添加泪滴、敷铜。

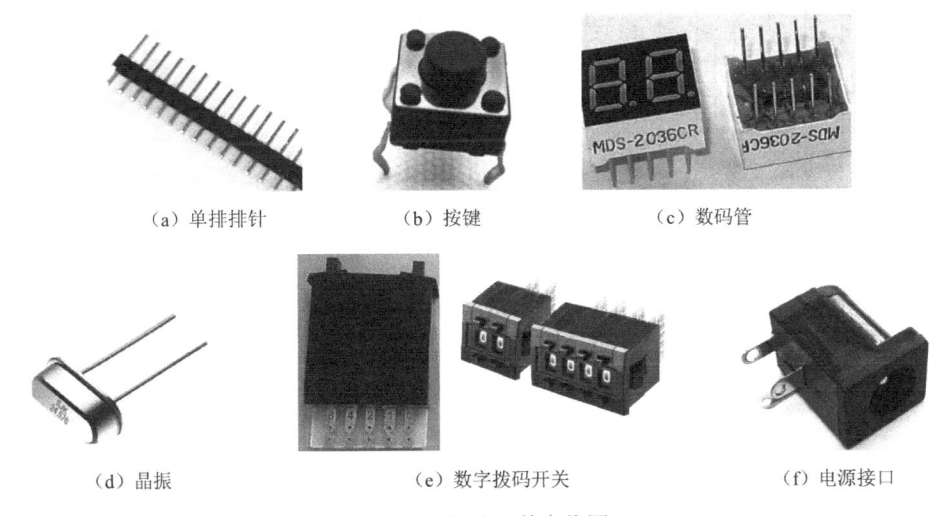

（a）单排排针　　　　　（b）按键　　　　　（c）数码管

（d）晶振　　　　　（e）数字拨码开关　　　　　（f）电源接口

图 7-22 部分元件实物图

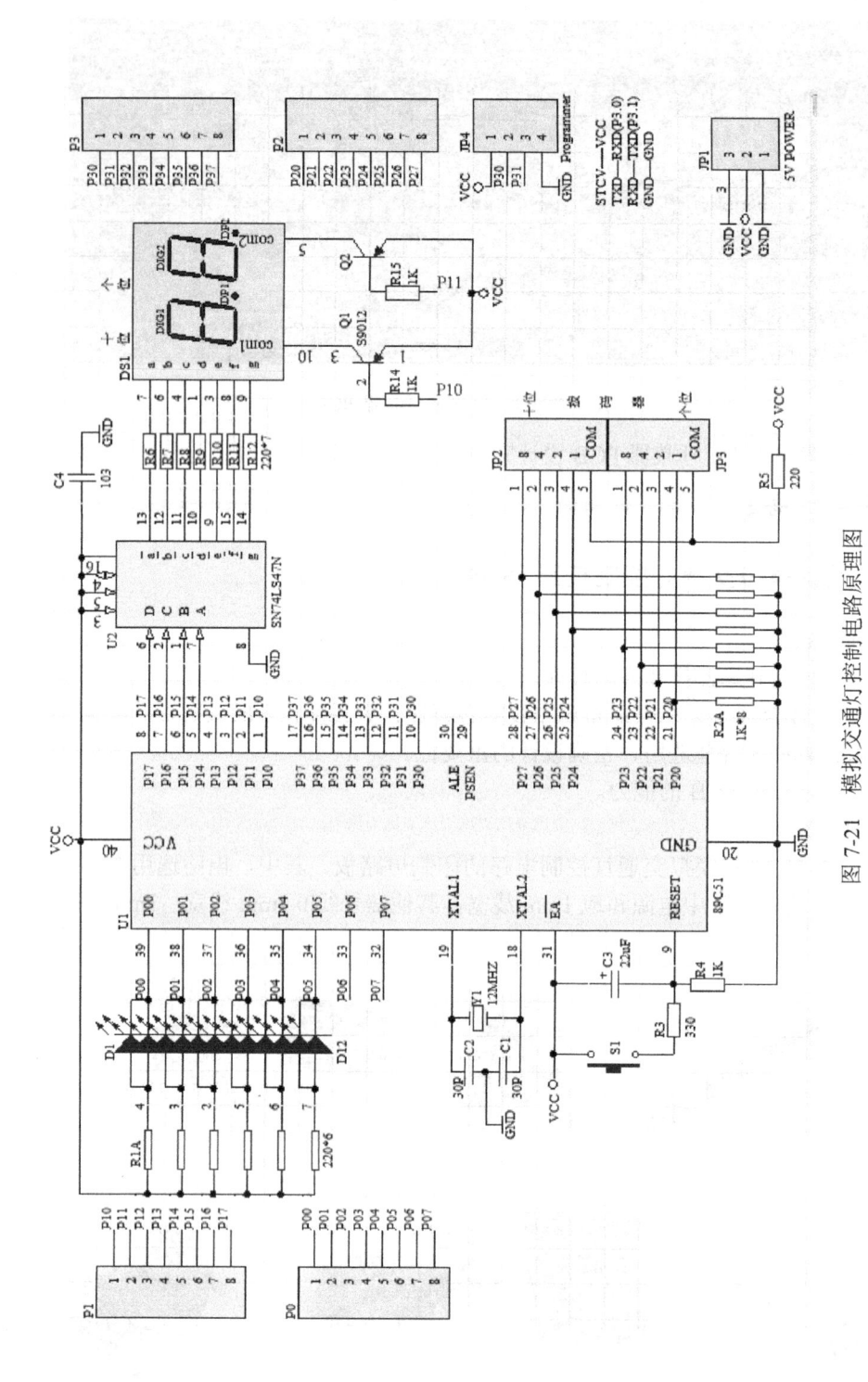

图 7-21 模拟交通灯控制电路原理图

三、实训内容

（1）在 D 盘下以自己的"学号+姓名+实训 14"为名建立文件夹，用来保存实训十四的设计文件。

（2）绘制如图 7-21 所示的原理图。图中的元件符号可能需要修改或者重新绘制，其中 R1 和 R2 均为排阻。

（3）参照图 7-22 所示的元件实物图，通过购买相应元件实物用游标卡尺进行测量，或者通过网络查询的方式获得元件的尺寸。

（4）从现有库中选择合适封装，或者为元件设计封装。

（5）为图 7-21 的电路设计双层 PCB。电路板形状为矩形；12 只发光二极管在布局时应模拟交通灯十字路口的布局状态。

任务八

PCB 制作工艺

任务描述

- 按照给出的电路原理图选择合适的覆铜板用热转印蚀刻制板工艺完成单面PCB的制作
- 按照给出的电路原理图选择合适的感光覆铜板用曝光蚀刻制板工艺完成双面PCB的制作
- 查阅资料了解更多的工业制作PCB的工艺过程

学习要点

- 用热转印蚀刻制板工艺制作单面PCB
- 用曝光蚀刻制板工艺制作双面PCB

学习目标

- 掌握用热转印蚀刻制板工艺制作单面PCB的方法
- 掌握用曝光蚀刻制板工艺制作双面PCB的方法
- 了解工业制板工艺

专业词汇

technique: 工艺	heat transfer print: 热转印	corrosion: 腐蚀
sensitization: 感光	copper clad laminate: 覆铜板	drill: 钻孔
abrasive paper: 砂纸	rosin: 松香	alcoho: 酒精
laser printer: 激光打印机	flux: 助焊剂	mirror: 镜像
	exposure: 曝光	develop: 显影

任务八 PCB制作工艺

【任务说明】在这个任务中，我们用 Protel DXP 软件画出电路原理图，并设计出 PCB 图，通过热转印蚀刻制板工艺和曝光蚀刻制板工艺对任务电路制作出相应的印制电路板，并组装成电子产品，通过产品功能的实现验证所做 PCB。此外，我们还应查阅资料了解其他工业制作 PCB 的工艺过程之后，能够条理清晰地说出该过程并解释工艺步骤的作用。

在这个任务中，我们需要解决以下几个问题：
（1）热转印蚀刻制板工艺常用在什么情况下？
（2）热转印蚀刻制板工艺的流程及注意事项是什么？
（3）曝光蚀刻制板工艺的优缺点有哪些？
（4）曝光蚀刻制板工艺的流程及注意事项是什么？
（5）工业制板工艺的方法和过程是什么？

随着电子工业的发展，尤其是微电子技术的飞速发展，对印制电路板的制造工艺、质量和精度也提出了新的要求。印制电路板的品种从单面印制电路板、双面印制电路板发展到多层板和挠性板；印制线条越来越细，间距也越来越小。目前，不少厂家都可以制造线宽和间距在 0.2mm 以下的高密度印制电路板。但现阶段应用最为广泛的还是单、双面印制电路板，本任务重点介绍这类印制电路板的制造工艺。

8.1 实验制板法

由于实验室制作 PCB 只是实验用，数量不多，工艺要求尽可能简单，且速度要快，所以实验室制作 PCB 可以用热转印腐蚀工艺和感光腐蚀工艺。

8.1.1 热转印法制作印制电路板

1. 单面印制电路板的热转印蚀刻快速制作

单面印制电路板是只有一面敷铜，另一面没有敷铜的电路板，仅在它敷铜的一面布线和焊接元件。这种方法适用于单件制作，常用于科研、电子设计比赛、电子课程设计、毕业设计、创新制作等环节。它具有成本低廉，约 0.02 元/cm^2；制作速度快，约 20 分钟；精度可满足一般需求，线宽 0.2mm，线间距 0.2mm 的优点。

印制电路板快速制作简单易行的制作方法是热转印法。热转印法工艺流程为：出图——裁板——图形转印——线路腐蚀——钻孔，如图 8-1 所示。

首先要进行工艺准备。为了能够完成整个工艺过程而制作出相应的 PCB，需要做好下列准备：PCB 设计和出图用的装有 PCB 设计软件（如 Protel DXP）的计算机一台、打印机一台、热转印纸若干、相应面积大小的单面覆铜板若干、800 目以上砂纸若干、胶带若干、热转印机一台、腐蚀装置一个、配置好相应的腐蚀药剂、台钻一台、相应大小钻头若干、松香、酒精等。

接下来开始制作，具体步骤如下：
（1）出图。将设计好的印制电路板布线图通过激光打印机打印到热转印纸上（过程如图 8-2 所示。该步骤有几点需要注意：
◆ 布线图应该镜像打印；

◆ 布线图必须打印在热转印纸的光面；
◆ 布线图尽可能打印在热转印纸的中央部分。

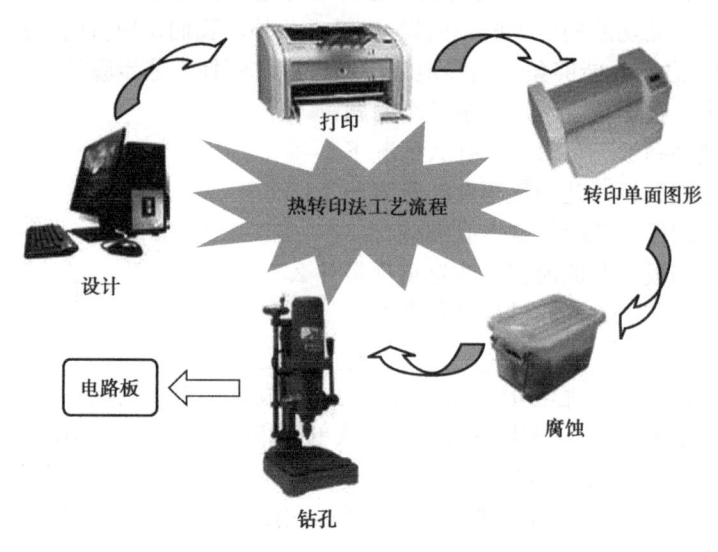

图 8-1　热转印法工艺流程图

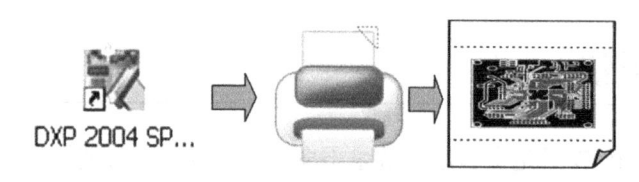

图 8-2　PCB 出图过程图

（2）裁板。裁板又称下料，在 PCB 制作前，应根据设计好的 PCB 图的大小来确定所需 PCB 基板的尺寸规格。可根据具体需要进行裁板。

（3）覆铜板抛光。对下一步要转印的覆铜板抛光，因为 PCB 图里的线条很细，如果覆铜板上有杂物或油污会使图形转不上去或不牢固。由于覆铜板所敷铜箔很薄，最好选择用 800 目以上的砂纸对覆铜板进行打磨抛光，再用软布沾双氧水擦洗，晾干，如图 8-3 所示。

（4）转印。将步骤（1）的热转印纸转印到覆铜板上。该步的作用是将热转印纸上的图形转移到覆铜板上（如图 8-4 所示）。热转印机主要利用静电成像设备代替专用印制电路板制板照相设备，利用含树脂的静电墨粉代替光化学显影定影材料，通过静电印制电路制板机在覆铜板上生成电路板图的防蚀图层，经蚀刻（腐蚀）成印制电路板。

如图 8-4 所示，具体步骤如下：
① 激光打印机打印出图；
② 使用剪刀将热转印纸转印到小于覆铜板大小；

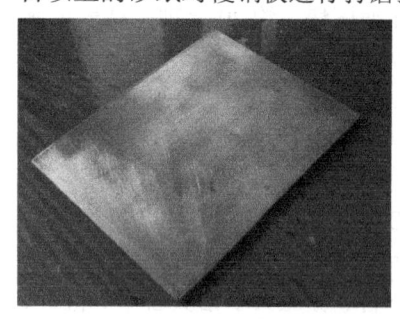

图 8-3　打磨抛光过后的覆铜板

③ 将剪好的图纸贴于抛光好的覆铜板中心位置，四周保留足够距离，一般为 1~2cm；
④ 在图纸正上面用高温纸胶贴好固定；
⑤ 通过热转印机转印。转印温度为：175~180℃，重复转印次数为：2~3 次；

⑥ 转印完毕后，将 PCB 急速冷却（可以用水冷却），让墨粉跟热转印纸充分分离，将表面的转印纸撕去就完成了图形转印过程。

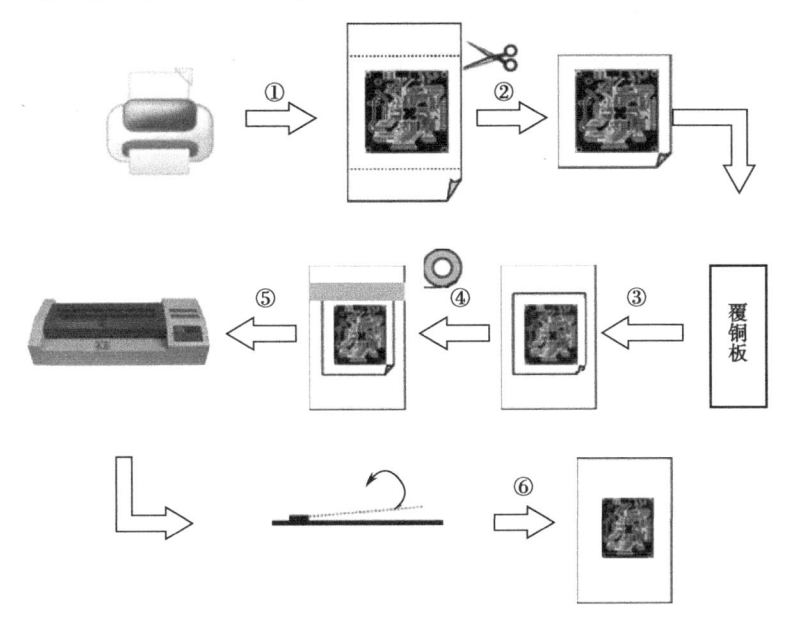

图 8-4　图形转印过程

（5）修版。检查步骤（4）的覆铜板热转印效果，是否存在断线或沙眼，若是，用油性笔进行描修。若无，则跳过此步，进入步骤（6）。

（6）蚀刻。蚀刻液一般使用三氯化铁水溶液（或双氧水+盐酸+水，比例为 2∶1∶2），浓度为 28%～42%，将描修好的印制电路板完全浸没到溶液中，蚀刻印制图形，图 8-5 为完成蚀刻的 PCB。

（7）水洗。把蚀刻后的印制电路板立即放在流水中清洗 3 分钟，清洗板上残留的溶液。

（8）钻孔。对印制电路板上的焊盘孔、安装孔、定位孔进行机械加工，采用高速精密台钻打孔。钻孔时注意钻床转速应取高速，进刀不宜过快，以免将铜箔挤出毛刺，如图 8-6 所示为钻孔之后的 PCB。

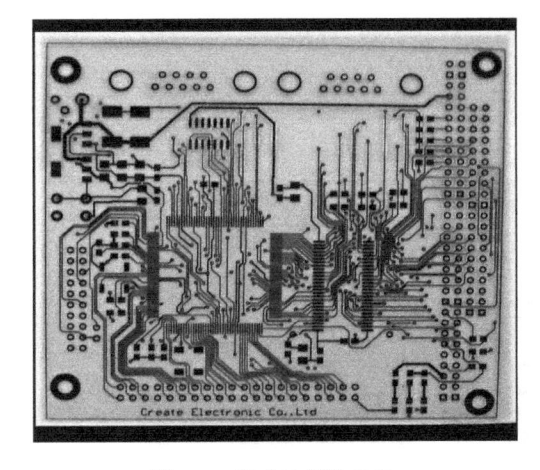

图 8-5　完成蚀刻的 PCB

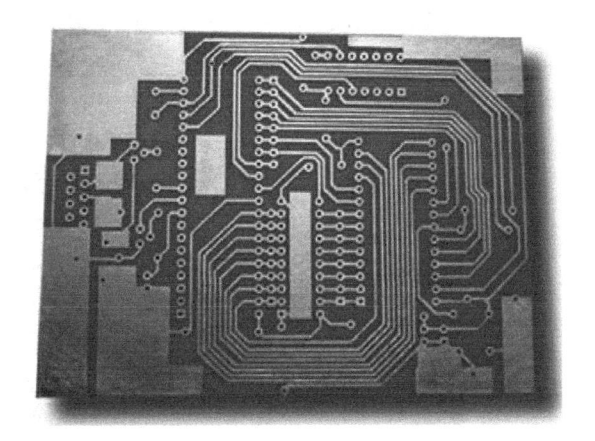

图 8-6　完成蚀刻和钻孔之后的 PCB

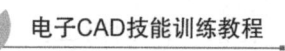

(9) 涂助焊剂。先用碎布沾去污粉后反复在板面上擦拭，去掉铜箔氧化膜，露出铜的光亮本色。冲洗晾干后，应立即涂助焊剂（可用已配好的松香酒精溶液）。助焊剂主要是起到保护焊盘不氧化和助焊的作用。

2．双面印制电路板的热转印蚀刻快速制作

双面印制电路板的热转印快速制作工艺流程跟单面的热转印快速制板工艺流程差不多，但工艺过程比起单面印制电路板要复杂一些，特别是顶层和底层之间的偏差不能太大，否则制板失败。此外，腐蚀的时候要注意控制好工艺。

为了能够完成整个工艺过程而制作出相应的 PCB，需要做好下列准备：PCB 设计和出图用装有 PCB 设计软件（Protel DXP）的计算机一台、打印机一台、热转印纸若干、相应面积大小的双面覆铜板若干、800 目以上砂纸若干、胶带若干、热转印机一台、腐蚀装置一个、配置好相应的腐蚀药剂、台钻一台、相应大小钻头若干、松香、酒精、0 欧姆电阻（一般根据通孔大小选择单根相应粗细的铜线）、烙铁、焊锡等。

在单面印制电路板热转印快速制板工艺基础上，本书针对双面印制电路板的热转印快速制作工艺过程中需要注意的地方进行说明如下：

（1）出图。在双面印制电路板的热转印快速制作工艺中，所出的图有顶层和底层两张图纸。这两张图纸的设计和打印非常重要，会影响到后面热转印时两层吻合的程度，甚至是制板是否成功。顶层和底层两张图可以打印在一张热转印纸上，也可以分两张纸打印。

在此介绍一种单张纸出图的例子。

首先将设计好的 PCB 图其中的两根平行的 KEYOUT 层的线延长（图 8-7 所示），根据基板的厚度在 PCB 图的中间部分多了两条线。然后按图 8-8 所示，在三个方向留下三个比较大的焊盘作为定位孔，先按【Ctrl+A】全选，之后按【Ctrl+C】，按完【Ctrl+C】，单击下面两个点中左边的那个，然后按【Ctrl+V】，按完【Ctrl+V】后，按一下【L】键（这个是为了把顶层变底层，底层变顶层），然后鼠标单击下面两个点中右边的那个点，就完成了粘贴。效果如图 8-9 所示。

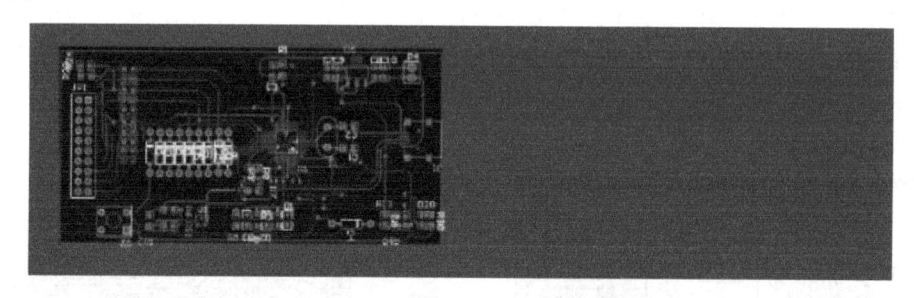

图 8-7 PCB 设计图加延长线示意图

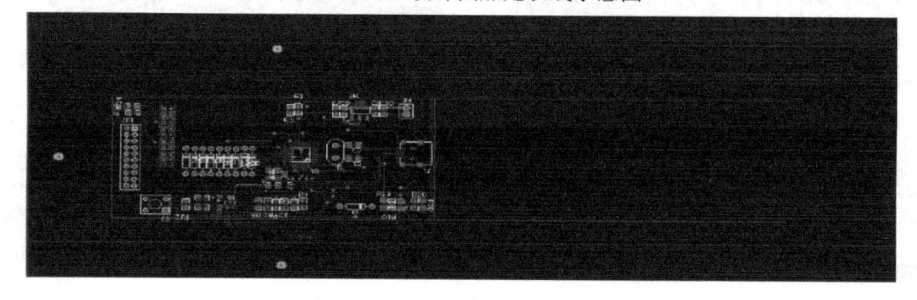

图 8-8 PCB 设计图加定位孔线示意图

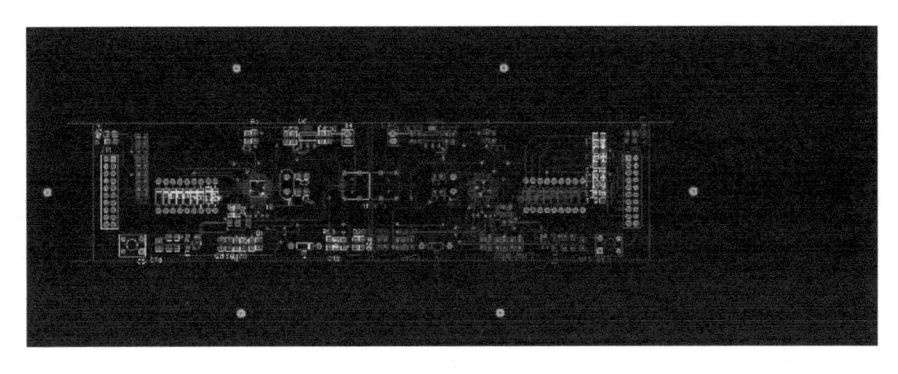

图 8-9　顶层和底层在同一张纸上打印的设置效果图

打印出来就沿着中间线对折，对折时注意上下两对孔（称之为 1 号和 2 号定位孔）有没有对准，如图 8-10 所示，"1"和"1'"要对准；"2"和"2'"要对准，折好后再把板放进去。然后看看左右那一对定位孔（"3"和"3'"）是否对准，如果没有对准，要做相应的调整，使其对准。

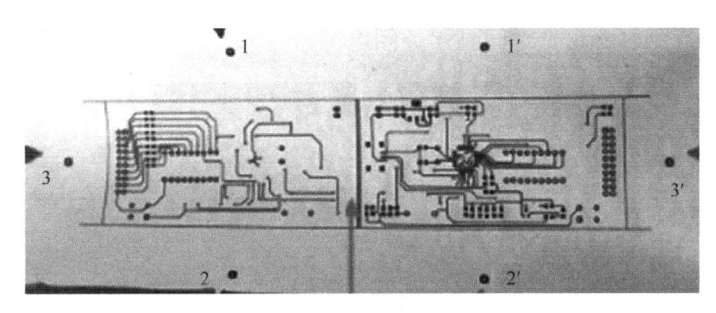

图 8-10　定位孔对准示意图

（2）蚀刻。双面印制电路板的蚀刻，可以根据所选的工艺方法和熟练程度来选择双面同时蚀刻或者双面分开蚀刻。由于腐蚀 PCB 时，药剂溶液中不同液面高度位置的浓度、温度不一样，腐蚀能力也不一样，所以双面分开蚀刻更容易保证线路蚀刻的程度。在此介绍双面分开蚀刻的过程如下：

① 将 PCB 的后蚀刻面先用胶带密封起来，以免被腐蚀到；
② 将一面蚀刻完成的 PCB 清洗干净并干燥处理，以免残留药剂继续对 PCB 电路的腐蚀而造成电阻过大或者断线故障；
③ 将蚀刻完成面用胶带密封起来，以免再次腐蚀；
④ 腐蚀后蚀刻面；
⑤ 清洗，干燥处理并涂上松香溶液进行防护。

（3）通孔焊接。在双面 PCB 上面有些地方需要将顶层和底层的线路连接在一起，在手工制板工艺中难以实现金属化孔（通孔沉铜或者沉镍连接），所以在蚀刻、钻孔完成之后，要将在双面 PCB 上需要将顶层和底层的线路连接在一起的地方用 0 欧姆的电阻通过连接孔焊接起来。

8.1.2　感光腐蚀制板工艺

1. 单面印制电路板感光腐蚀制板工艺

单面印制电路板感光腐蚀制板工艺的具体步骤如下：

（1）出图。将设计好的印制电路板布线图通过激光打印机打印到菲林纸上，如图 8-1 所示。

（2）裁板。裁板又称下料，在 PCB 制作前，应根据设计好的 PCB 图的大小来确定所需 PCB 基板的尺寸规格。可以根据具体需要进行裁板。

感光覆铜板是由多层结构组成的。最下面为板基，材料通常是环氧树脂或玻璃纤维，对于手工制作，树脂板电气性能差些但较柔软易加工，故推荐使用。在板基上紧紧附着有一层数十微米厚的铜箔，而感光板则在此基础上均匀涂抹有一层感光膜，在感光膜上还覆盖有一层遮光性很好的保护胶纸。感光膜一般为墨绿色，如果把一部分遮挡住进行充足曝光（灯管照射），则用专门的显影剂清洗时，曝光的部分就会被清洗掉而露出铜箔，未被曝光的部分则会保留。感光覆铜板应当遮光储藏，避免高温和表面划伤。

（3）曝光。将打印好的菲林纸覆盖并固定在裁好的感光覆铜板上，让菲林纸紧密地跟覆铜板贴在一起，然后进行曝光。

准备材料：感光板、透明玻璃板、灯箱（日光灯）。

曝光操作：揭去感光板表面的保护胶纸，尽快把 PCB 纸的打印面贴在感光板上，然后压上透明玻璃板，利用玻璃板的自重使 PCB 纸与感光膜紧贴在一起，参考图 8-11 所示。最后盖上灯箱盖，通电进行照射。曝光时间到，关闭电源。

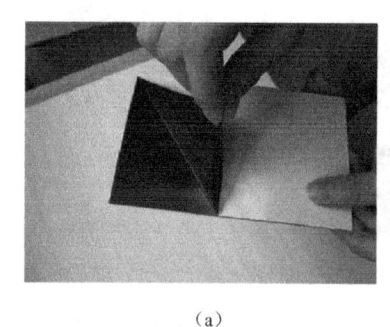

（a） （b）

图 8-11　曝光操作示意图

曝光时间必须精准，主要与感光板材质、灯光强度等因素有关，可能需要 5～20 分钟。正常的曝光效果应当是：在 1 分钟内能够渐渐看到 PCB 印迹，3 分钟左右完全显现，有用的 PCB 印迹完好保存。

（4）显影。将曝光之后的覆铜板放进显影剂溶液中进行显影。

在曝光的同时开始配制显影液，可使用塑料盒。通常以 5 克显影剂兑水 500 毫升（具体应以实际的产品说明书为准）来调配溶液浓度。为保证浓度，清水不可过多，按实际经验水深取 5～10mm 为宜。把曝光后的电路板轻轻放入盒内显影。双手捧盒，小心地旋转涮动，PCB 印迹逐渐显现出来，如图 8-12 所示，等待显影差不多时就要用筷子把电路板捞出，再用清水冲掉残液。

（5）蚀刻。显影好的电路板，应自然晾干 15 分钟以上才能进行腐蚀，这是因为有用的 PCB 印迹附着尚不牢固，容易被误腐蚀掉。

取另外一个塑料盒，准备配制腐蚀液。传统上采用三氯化铁配制腐蚀液，腐蚀时还需加热，腐蚀过程宜比较缓慢。也可以用过氧化氢加盐酸作为腐蚀液进行腐蚀，如图 8-13 所示。

（6）钻孔。将蚀刻完成的电路板，照着 PCB 图纸的元器件插装孔位置进行钻孔。

（7）完成 PCB 的制作。

(a)浸入显影液　　　　　　　(b)微显影

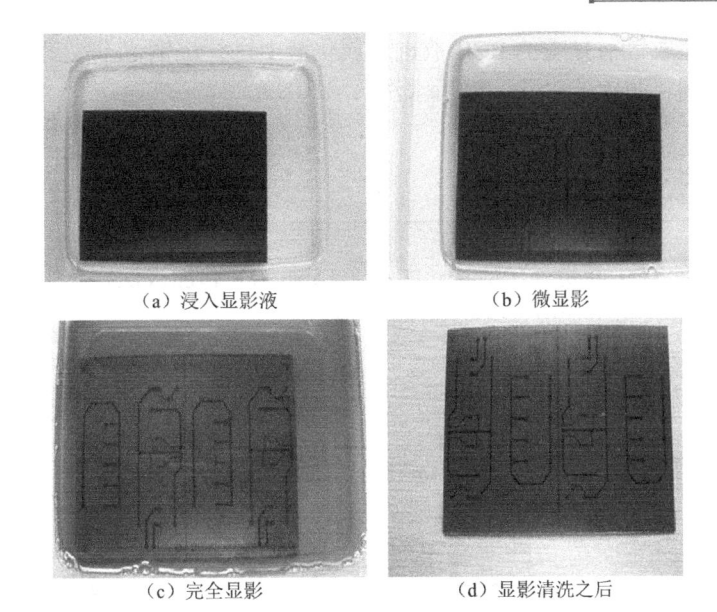

(c)完全显影　　　　　　　(d)显影清洗之后

图 8-12　PCB 的显影过程

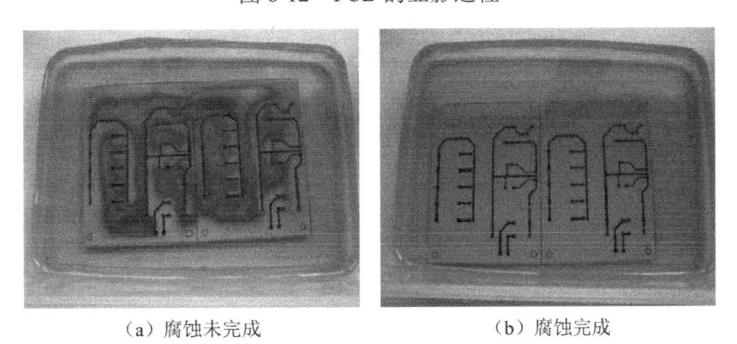

(a)腐蚀未完成　　　　　　　(b)腐蚀完成

图 8-13　PCB 蚀刻过程

2．双面印制电路板感光腐蚀制板工艺

双面 PCB 在制作时要考虑该双面 PCB 是用于 THT 组装工艺还是用于 SMT 组装工艺，如果是用于 THT 组装工艺的 PCB，那么在钻孔的时候要考虑 PCB 双面印制导线的连接孔和元器件的插装孔的孔径可能不一样；如果是用于 SMT 组装工艺的 PCB，那就只有 PCB 双面印制导线的连接孔，可以直接钻孔。

在此介绍用于 SMT 组装工艺的双面印制电路板感光腐蚀制板工艺比单面印制电路板感光腐蚀制板工艺的（6）和（7）之间多出的几个步骤：

打磨：在单面印制电路板感光腐蚀制板工艺步骤的第（6）步钻孔之后，要用 800 目以上的砂纸对 PCB 进行打磨处理，以免在钻孔时造成 PCB 通孔位置不平整，影响到下一道工艺的效果。

涂抹防镀层：将打磨好的 PCB，涂上一层防镀层，并干燥处理，以免在后面进行金属化孔时将腐蚀好的 PCB 又重新镀上一层金属。

活化：将 PCB 的连接孔进行镀前活化处理，在 PCB 的连接孔位置反复充分浸泡活化液，让通孔壁上的基材容易镀上金属膜，完成后用水清洗干净。

金属化孔：将完成镀前处理的 PCB 放进金属化液中进行沉铜\沉镍处理。
脱膜：用脱模剂将防镀层去除，然后水洗。

8.2 工业制板法

工业制作 PCB 的方法主要有减除法（如图 8-14 所示）和加成法，其中加成法又分为全加成法（如图 8-15 所示）和半加成法（如图 8-16 所示）。

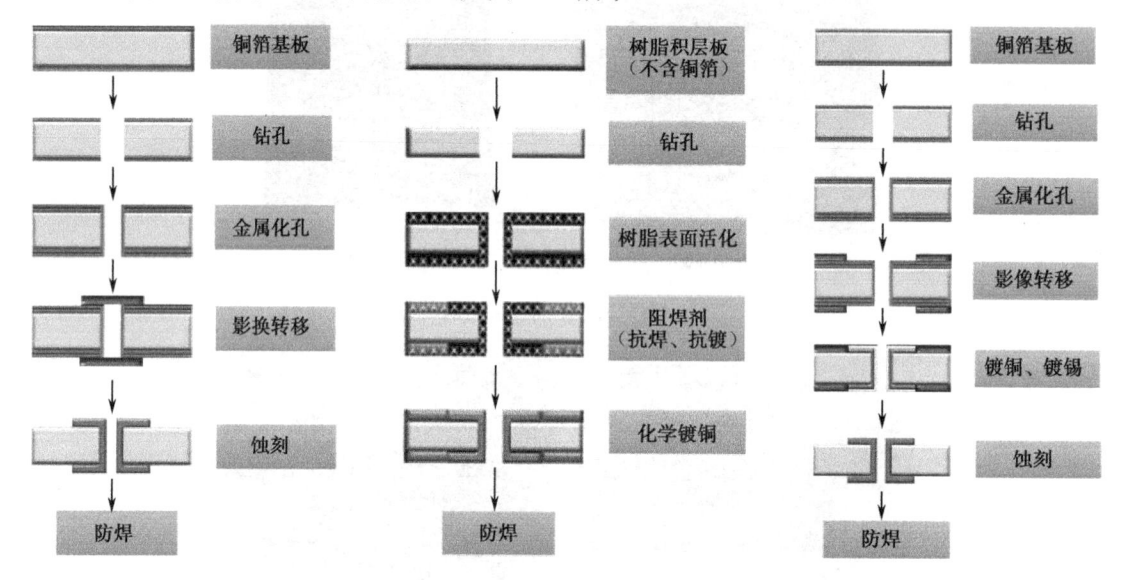

图 8-14　减除法制板示意图　　图 8-15　全加成法制板示意图　　图 8-16　半加成法制板示意图

随着 IC 封装技术的发展，不同的国家、地区对环保方面的要求不一样；不同的电子产品对 PCB 的要求也有所不同；不同的企业对产品的成本控制和对技术的要求也不一致等，以致还有其他先进的制作 PCB 的方法，因有许多尚属商业机密，或者成熟度尚不够，在本书中没有提及。本书只是以流程图的形式简单介绍双面 PCB 的全加成法制作过程，如图 8-17 所示。

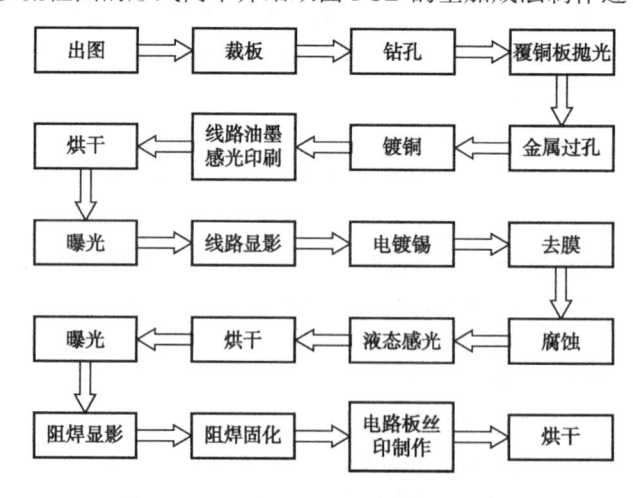

图 8-17　双面 PCB 的全加成法制作过程

附录 A

常用原理图元件符号、PCB 封装及所在库

序号	元件名称	原理图符号及所在库	PCB 可选封装及所在库
1	Battery 直流电源	BT? Battery Miscellaneous Devices.IntLib	BAT-2 Miscellaneous Devices PCB.PcbLib
2	Bell 铃	LS? Bell Miscellaneous Devices.IntLib	PIN2 Miscellaneous Connector PCB.PcbLib
3	Bridge1 二极管整流桥	D? Bridge1 Miscellaneous Devices.IntLib	E-BIP-P4/D Bridge Rectifier.PcbLib
4	Bridge2 集成块整流桥	D? AC AC V+ V- Bridge2 Miscellaneous Devices.IntLib	E-BIP-P4/x Bridge Rectifier.PcbLib
5	Buzzer 蜂鸣器	LS? Buzzer Miscellaneous Devices.IntLib	PIN2 Miscellaneous Connector PCB.PcbLib

续表

序号	元件名称	原理图符号及所在库	PCB 可选封装及所在库
6	Cap 无极性电容	Cap Miscellaneous Devices.IntLib	RAD-0.3 Miscellaneous Devices PCB.PcbLib
7	Cap 极性电容	Cap Pol1 100pF Miscellaneous Devices.IntLib	CAPPR2-5x6.8 Miscellaneous Devices PCB.PcbLib
8	Cap Semi 贴片电容	Cap Miscellaneous Devices.IntLib	C3216-1206 Miscellaneous Devices PCB.PcbLib
9	D Zener 稳压二极管	D Zener Miscellaneous Devices.IntLib	DIODE-0.7 Miscellaneous Devices PCB.PcbLib
10	Diode 二极管	Diode Miscellaneous Devices.IntLib	DSO0C2/X Small Outline Diode - 2 C-Bend Leads.PcbLib
11	Dpy Red-CA 数码管	Dpy Red-CA Miscellaneous Devices.IntLib	DIP10 Miscellaneous Devices PCB.PcbLib
12	Fuse 2 熔断器	Fuse 2 Miscellaneous Devices.IntLib	PIN-W2/E Miscellaneous Devices PCB.PcbLib
13	Inductor 电感	Inductor 10mH Miscellaneous Devices.IntLib	C1005-0402 Miscellaneous Devices PCB.PcbLib

续表

序号	元件名称	原理图符号及所在库	PCB 可选封装及所在库
14	JFET-P 场效应管	Miscellaneous Devices.IntLib	CAN-3/D Vertical, Single-Row, Flange Mount with Tab.PcbLib
15	Jumper 跳线	Miscellaneous Devices.IntLib	RAD-0.2 Miscellaneous Devices PCB.PcbLib
16	Header5 单排插针	Miscellaneous Connectors.IntLib	HDR1X5 Miscellaneous Connector PCB.PcbLib
17	Lamp 灯	Miscellaneous Devices.IntLib	PIN2 Miscellaneous Connector PCB.PcbLib
18	LED1 发光二极管	Miscellaneous Devices.IntLib	LED-1 Miscellaneous Devices PCB.PcbLib
19	MHDR2×4 双排插针	Miscellaneous Connectors.IntLib	MHDR2×4 Miscellaneous Connector PCB.PcbLib
20	Mic2 麦克风	Miscellaneous Devices.IntLib	DIP2 Miscellaneous Connector PCB.PcbLib
21	Motor Servo 伺服电机	Miscellaneous Devices.IntLib	RAD-0.4 Miscellaneous Devices PCB.PcbLib

续表

序号	元件名称	原理图符号及所在库	PCB 可选封装及所在库
22	NPN 三极管	NPN Miscellaneous Devices.IntLib	BCY-W3 Cylinder with Flat Index.PcbLib
23	Op Amp 运放	Op Amp Miscellaneous Devices.IntLib	CAN-8/D CAN - Circle pin arrangement.PcbLib
24	Phonejack2 插孔	Phonejack2 Miscellaneous Connectors.IntLib	PIN2 Miscellaneous Connector PCB.PcbLib
25	Photo PNP 感光三极管	Photo PNP Miscellaneous Devices.IntLib	SFM-T2/X Vertical, Single-Row, Flange Mount with Tab.PcbLib
26	Photo Sen 感光二极管	Photo Sen Miscellaneous Devices.IntLib	PIN2 Miscellaneous Connector PCB.PcbLib
27	PNP 三极管	PNP Miscellaneous Devices.IntLib	SO-G3/C SOT 23.PcbLib
28	Relay SPST 继电器	Relay-SPST Miscellaneous Devices.IntLib	DIP-P4 DIP - Peg Leads.PcbLib

续表

序号	元件名称	原理图符号及所在库	PCB 可选封装及所在库
29	Res2 电阻	R? Res2 1k Miscellaneous Devices.IntLib	AXIAL-0.4 Miscellaneous Devices PCB.PcbLib
30	RPot2 电位器	R? RPot2 1k Miscellaneous Devices.IntLib	VR2 Miscellaneous Devices PCB.PcbLib
31	SCR 晶闸管	Q? SCR Miscellaneous Devices.IntLib	SFM-T3 Vertical, Single-Row, Flange Mount with Tab.PcbLib
32	Speaker 喇叭	LS? Speaker Miscellaneous Devices.IntLib	PIN2 Miscellaneous Connector PCB.PcbLib
33	SW-DIP4 多路开关	S? SW-DIP8 Miscellaneous Devices.IntLib	DIP-16 Dual-In-Line Package.PcbLib
34	SW-PB 按钮	S? SW-PB Miscellaneous Devices.IntLib	SPST-2 Miscellaneous Devices PCB.PcbLib
35	SW-SPDT 单刀双掷	S? SW-SPDT Miscellaneous Devices.IntLib	SPDT-3 Miscellaneous Devices PCB.PcbLib
36	SW-SPST 开关	S? SW-SPST Miscellaneous Devices.IntLib	SPST-2 Miscellaneous Devices PCB.PcbLib

续表

序号	元件名称	原理图符号及所在库	PCB可选封装及所在库
37	Trans Ideal 变压器	T? Trans Ideal Miscellaneous Devices.IntLib	TRF-4 Miscellaneous Devices PCB.PcbLib
38	Triac 双向可控硅	Q? Triac Miscellaneous Devices.IntLib	SFM-T Vertical, Single-Row, Flange Mount with Tab.PcbLib
39	XTAL 晶振	Y? XTAL Miscellaneous Devices.IntLib	BCY-W2/D3.1 Crystal Oscillator.PcbLib
40	L7805AC-V 三端稳压	U? L7805AC-V IN OUT GND ST Power Mgt Voltage Regulator.IntLib	SFM-T3/E 10.4v Vertical, Single-Row, Flange Mount with Tab.PcbLib
41	LM741CN 集成运放	U? LM741CN NSC Operational Amplifier.IntLib	DIP-8 Dual-In-Line Package.PcbLib

附录 B

Protel DXP 2004 常用快捷键

1. Protel DXP 主窗口快捷键

Ctrl+F4	关闭当前文档
Ctrl+Tab	循环切换所打开的文档
Alt+F4	关闭 Protel DXP

2. 原理图和 PCB 通用快捷键

Y	放置元件时，上下垂直翻转
X	放置元件时，左右水平翻转
Shift+↑ ↓ ← →	箭头方向以 10 个网格为增量，移动光标
↑ ↓ ← →	箭头方向以 1 个网格为增量，移动光标
空格键	放置元件时，逆时针旋转 90°；放弃屏幕刷新
Shift+空格键	放置元件时，顺时针旋转 90°
Esc	退出当前命令
End	屏幕刷新
Home	以光标为中心刷新屏幕
PageDown，Ctrl+鼠标滚轮向下	以光标为中心缩小画面
PageUp，Ctrl+鼠标滚轮向上	以光标为中心放大画面
鼠标滚轮向上/下	上下移动画面
Shift+鼠标滚轮	左右移动画面
Ctrl+Z	撤销上一次操作
Ctrl+Y	重复上一次操作
Ctrl+A	选择全部
Ctrl+S	保存当前文档
Ctrl+C	复制
Ctrl+X	剪切
Ctrl+V	粘贴
Ctrl+R	复制并重复粘贴选中的对象
Delete	删除
V+D	显示整个文档视图
V+F	显示所有电路对象

X+A	取消所有选中的对象
单击并按住鼠标右键	显示手型指针并移动画面
单击鼠标左键	选择对象
单击鼠标右键	显示弹出菜单，或取消当前命令
右击鼠标并选择 Find Similar	选择相同对象
单击鼠标左键并按住拖动	选择区域内部对象
单击并按住鼠标左键	选择光标所在的对象并移动
双击鼠标左键	编辑对象
Shift+单击鼠标左键	选择或取消选择
Tab	编辑正在放置对象的属性
Shift+C	清除当前过滤的对象
Shift+F	可选择与之相同的对象
Y	弹出快速查询菜单
F11	打开或关闭 Inspector 面板
F12	打开或关闭 Filter 面板
Shift+F5	将打开的文件层叠显示
Shift+F4	将打开的文件平铺显示
Shift+Delete	将选取的图件剪贴到剪贴板中
Shift+Insert	将剪贴板中的图件复制到电路图上
Ctrl+Insert	将选取的图件复制到剪贴板中

3．原理图快捷键

A	弹出 Edit/Align 子菜单
E	弹出 Edit 菜单
H	弹出 Help 菜单
L	弹出 Edit/Set Location Marks 子菜单
O	弹出 Options 菜单
R	弹出 Reports 菜单
T	弹出 Tools 菜单
W	弹出 Window 菜单
Z	弹出 View/Zoom 子菜单
B	弹出 View/Toolbars 子菜单
F	弹出 File 菜单
J	弹出 Edit/Jump 子菜单
M	弹出 Edit/Move 子菜单
P	弹出 Place 菜单
S	弹出 Edit/Select 子菜单
V	弹出 View 菜单
X	弹出 Edit/DeSelect 子菜单
Alt	在水平和垂直线上限制对象移动
G	循环切换捕捉网格设置

Tab	放置电线、总线、多边形线时激活开始/结束模式
Shift+Tab	放置电线、总线、多边形线时切换放置模式
退格键（Backspace）	放置电线、总线、多边形线时删除最后一个拐角
单击并按住鼠标左键+Delete	删除所选中线的拐角
单击并按住鼠标左键+Insert	在选中的线处增加拐角
Ctrl+单击并拖动鼠标左键	拖动选中的对象
Ctrl+Home	将光标跳到坐标原点
Ctrl+Shift+V	将选取的图件在上下边缘之间，垂直方向上均匀排列
Ctrl+R	将选取的图件以橡皮图章的方式进行复制、粘贴
Ctrl+Shift+L	将选取的图件以左边缘为基准，靠左对齐
Ctrl+Shift+R	将选取的图件以左边缘为基准，靠右对齐
Ctrl+Shift+H	将选取的图件在左右边缘之间，水平方向上均匀排列
Ctrl+Shift+T	将选取的图件以上边缘为基准顶部对齐
Ctrl+Shift+B	将选取的图件以下边缘为基准底部对齐
Ctrl+F	查找文本

4．PCB 快捷键

A	弹出 Auto Route 菜单
D	弹出 Design 菜单
F	弹出 File 菜单
H	弹出 Help 菜单
M	弹出 Edit/Move 菜单
P	弹出 Place 菜单
S	弹出 Edit/Select 菜单
U	弹出 Tools/Un-route 菜单
W	弹出 Window 菜单
Z	弹出窗口缩放菜单
B	弹出 View/Toolbars 菜单
E	弹出 Edit 菜单
G	弹出电气栅格点间距设置菜单
J	弹出 Edit/Jump 菜单
O	弹出环境设置菜单
R	弹出 Reports 菜单
T	弹出 Tools 菜单
V	弹出 View 菜单
X	弹出 Edit/DeSelect 菜单
L	镜像元件到另一布局层；显示 Board Layers 对话框
Q	米制和英制之间的单位切换
Shift+PageUp	以设定步长的 0.1 放大画面
Shift+PageDown	以设定步长的 0.1 缩小画面
Ctrl+Home	将光标快速跳到绝对原点

快捷键	功能
Shift+R	切换三种布线模式
Shift+E	打开或关闭电气网格
Ctrl+G	弹出捕获网格对话框
退格键	在布铜线时删除最后一个拐角
Shift+空格键	在布铜线时切换拐角模式
空格键	布铜线时改变开始/结束模式
Shift+S	切换打开/关闭单层显示模式
Ctrl+H	选择连接铜线
*	切换打开的信号板层
+和-	在所有打开的板层间切换
Ctrl+M 或 R-M	测量距离
Ctrl+单击鼠标左键	高亮显示被单击的同一网络标号网络线
Ctrl+Shift+单击鼠标左键	只显示单击选择的同一网络标号网络线，再次单击其他网络线又增加显示一条网络；如再次选择已选择的网络，则隐藏该网络线，如再次选择的是最后一条已选择的网络，则全部还原正常显示

附录 C

违规类型中英文对照

一、Error Reporting 错误报告

A. Violations Associated with Buses 有关总线的电气错误（共 12 项）
1. Bus indices out of range 总线分支索引超出范围
2. Bus range syntax errors 总线范围的语法错误
3. Illegal bus range values 非法的总线范围值
4. Illegal bus definitions 定义的总线非法
5. Mismatched bus label ordering 总线分支网络标号错误排序
6. Mismatched bus/wire object on wire/bus 总线/导线错误的连接导线/总线
7. Mismatched bus widths 总线宽度错误
8. Mismatched bus section index ordering 总线范围值表达错误
9. Mismatched electrical types on bus 总线上错误的电气类型
10. Mismatched generics on bus (first index) 总线范围值的首位错误
11. Mismatched generics on bus (second index) 总线范围值的末位错误
12. Mixed generics and numeric bus labeling 总线命名规则错误

B. Violations Associated Components 有关元件符号的电气错误（共 20 项）
1. Component Implementations with duplicate pins usage 元件引脚在原理图中重复被使用
2. Component Implementations with invalid pin mappings 元件引脚在应用中和 PCB 封装中的焊盘不符
3. Component Implementations with missing pins in sequence 元件引脚的序号出现序号丢失
4. Component contaning duplicate sub-parts 元件中出现了重复的子部分
5. Component with duplicate implementations 元件被重复使用
6. Component with duplicate pins 元件中有重复的引脚
7. Duplicate component models 一个元件被定义多种重复模型
8. Duplicate part designators 元件中出现标识号重复的部分
9. Errors in component model parameters 元件模型中出现错误的参数
10. Extra pin found in component display mode 多余的引脚在元件上显示
11. Mismatched hidden pin component 元件隐藏引脚的连接不匹配
12. Mismatched pin visibility 引脚的可视性不匹配
13. Missing component model parameters 元件模型参数丢失

14．Missing component models 元件模型丢失
15．Missing component models in model files 元件模型不能在模型文件中找到
16．Missing pin found in component display mode 不见的引脚在元件上显示
17．Models found in different model locations 元件模型在未知的路径中找到
18．Sheet symbol with duplicate entries 方框电路图中出现重复的端口
19．Un-designated parts requiring annotation 未标记的部分需要自动标号
20．Unused sub-part in component 元件中某个部分未使用

C．Violations associated with document 相关文档的电气错误（共 10 项）

1．Conflicting constraints 约束不一致
2．Duplicate sheet symbol name 层次原理图中使用了重复的方框电路图
3．Duplicate sheet numbers 重复的原理图图纸序号
4．Missing child sheet for sheet symbol 方框图没有对应的子电路图
5．Missing configuration target 缺少配置对象
6．Missing sub-project sheet for component 元件丢失子项目
7．Multiple configuration targets 无效的配置对象
8．Multiple top-level document 无效的顶层文件
9．Port not linked to parent sheet symbol 子原理图中的端口没有对应到总原理图上的端口
10．Sheet enter not linked to child sheet 方框电路图上的端口在对应子原理图中没有对应端口

D．Violations associated with nets 有关网络电气错误（共 19 项）

1．Adding hidden net to sheet 原理图中出现隐藏网络
2．Adding items from hidden net to net 在隐藏网络中添加对象到已有网络中
3．Auto-assigned ports to device pins 自动分配端口到设备引脚
4．Duplicate nets 原理图中出现重名的网络
5．Floating net labels 原理图中有悬空的网络标签
6．Global power-objects scope changes 全局的电源符号错误
7．Net parameters with no name 网络属性中缺少名称
8．Net parameters with no value 网络属性中缺少赋值
9．Nets containing floating input pins 网络包括悬空的输入引脚
10．Nets with multiple names 同一个网络被附加多个网络名
11．Nets with no driving source 网络中没有驱动
12．Nets with only one pin 网络只连接一个引脚
13．Nets with possible connection problems 网络可能有连接上的错误
14．Signals with multiple drivers 重复的驱动信号
15．Sheets containing duplicate ports 原理图中包含重复的端口
16．Signals with load 信号无负载
17．Signals with drivers 信号无驱动
18．Unconnected objects in net 网络中的元件出现未连接对象
19．Unconnected wires 原理图中有没连接的导线

E. Violations associated with others 有关原理图的各种类型的错误（3 项）

1. No Error 无错误
2. Object not completely within sheet boundaries 原理图中的对象超出了图纸边框
3. Off-grid object 原理图中的对象不在格点位置

F. Violations associated with parameters 有关参数错误的各种类型（2 项）

1. Same parameter containing different types 相同的参数出现在不同的模型中
2. Same parameter containing different values 相同的参数出现了不同的取值

二、Comparator 规则比较

A. Differences associated with components 原理图和 PCB 上有关元件不同（共 16 项）

1. Changed channel class name 通道类名称变化
2. Changed component class name 元件类名称变化
3. Changed net class name 网络类名称变化
4. Changed room definitions 区域定义的变化
5. Changed Rule 设计规则的变化
6. Channel classes with extra members 通道类出现了多余的成员
7. Component classes with extra members 元件类出现了多余的成员
8. Difference component 元件出现不同的描述
9. Different designators 元件标识的改变
10. Different library references 出现不同的元件参考库
11. Different types 出现不同的标准
12. Different footprints 元件封装的改变
13. Extra channel classes 多余的通道类
14. Extra component classes 多余的元件类
15. Extra component 多余的元件
16. Extra room definitions 多余的区域定义

B. Differences associated with nets 原理图和 PCB 上有关网络不同（共 6 项）

1. Changed net name 网络名称出现改变
2. Extra net classes 出现多余的网络类
3. Extra nets 出现多余的网络
4. Extra pins in nets 网络中出现多余的引脚
5. Extra rules 网络中出现多余的设计规则
6. Net class with extra members 网络中出现多余的成员

C. Differences associated with parameters 原理图和 PCB 上有关参数不同（共 3 项）

1. Changed parameter types 改变参数类型
2. Changed parameter value 改变参数的取值
3. Object with extra parameter 对象出现多余的参数

附录 D

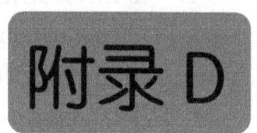

PCB 设计规则中英文对照

Electrical（电气规则）
Clearance：安全间距规则
Short Circuit：短路规则
UnRouted Net：未布线网络规则
UnConnected Pin：未连线引脚规则

Routing（布线规则）
Width：走线宽度规则
Routing Topology：走线拓扑布局规则
Routing Priority：布线优先级规则
Routing Layers：布线板层线规则
Routing Corners：导线转角规则
Routing Via Style：布线过孔形式规则
Fan out Control：布线扇出控制规则
Differential Pairs Routing：差分对布线规则

SMT（表贴焊盘规则）
SMD To Corner：SMD 焊盘与导线拐角处最小间距规则
SMD To Plane：SMD 焊盘与电源层过孔最小间距规则
SMD Neck Down：SMD 焊盘颈缩率规则

Mask（阻焊层规则）
Solder Mask Expansion：阻焊层收缩量规则
Paste Mask Expansion：助焊层收缩量规则

Plane（电源层规则）
Power Plane Connect Style：电源层连接类型规则
Power Plane Clearance：电源层安全间距规则
Polygon Connect Style：焊盘与覆铜连接类型规则
TestPoint（测试点规则）

TestPoint Style：测试点样式规则
TestPoint Usage：测试点使用规则

Manufacturing（生产制造规则）
Minimum Annular Ring：焊盘铜环最小宽度规则，防止焊盘脱落
Acute Angle：锐角限制规则
Hole Size：孔径限制规则
Layer Pairs：配对层设置规则，设定所有钻孔电气符号（焊盘和过孔）的起始层和终止层
Hole To Hole Clearance：孔间间距规则
Silkscreen Over Component Pads：丝印与元器件焊盘间距规则
Silk To Silk Clearance：丝印间距规则
Net Antennae：网络天线规则

High Speed（高频电路规则）
Parallel Segment：平行铜膜线段间距限制规则
Length：网络长度限制规则
Matched Net Lengths：网络长度匹配规则
Daisy Chain Stub Length：菊花状布线分支长度限制规则
Vias Under SMD：SMD 焊盘下过孔限制规则
Maximum Via Count：最大过孔数目限制规则

Placement（元件布置规则）
Room Definition：元件集合定义规则
Component Clearance：元件间距限制规则
Component Orientations：元件布置方向规则
Permitted Layers：允许元件布置板层规则
Nets To Ignore：网络忽略规则
Hight：高度规则

Signal Integrity（信号完整性规则）
Signal Stimulus：激励信号规则
Undershoot-Falling Edge：负下冲超调量限制规则
Undershoot-Rising Edge：正下冲超调量限制规则
Impedance：阻抗限制规则
Signal Top Value：高电平信号规则
Signal Base Value：低电平信号规则
Flight Time-Rising Edge：上升飞行时间规则
Flight Time-Falling Edge：下降飞行时间规则
Slope-Rising Edge：上升沿时间规则
Slope-Falling Edge：下降沿时间规则
Supply Nets：电源网络规则

参考文献

[1] 吴琼伟，谢龙汉. Protel DXP 2004 电路设计与制板. 北京：清华大学出版社，2014.
[2] 孙承庭，吴峰. 电子工艺与实训. 北京：化学工业出版社，2013.
[3] 唐红莲，刘爱荣. EDA 技术与实践. 北京：清华大学出版社，2011.
[4] 朱运利. EDA 技术应用（第三版）. 北京：电子工业出版社，2014.
[5] 蔡霞. Protel DXP 电路设计案例教程. 北京：清华大学出版社，2011.
[6] 杜中一. 电子制造与封装. 北京：电子工业出版社，2010.
[7] 奥科电子培训中心. Protel DXP 讲义. 深圳，2014.
[8] 刘刚，彭荣群. Protel DXP 2004 SP2 原理图与 PCB 设计. 北京：电子工业出版社，2011.
[9] 闫瑞瑞. 电子 CAD 项目化教程. 北京：电子工业出版社，2011.
[10] 鲁捷. Protel DXP 电路设计基础教程. 北京：清华大学出版社，2005.
[11] 孟祥忠. 电子线路制图与制版. 北京：电子工业出版社，2009.
[12] 陈光绒. PCB 板设计与制作. 北京：高等教育出版社，2013.
[13] 郭勇. Protel DXP 2004 SP2 印制电路板设计教程. 北京：机械工业出版社，2014.
[14] 王红梅. 电子电路绘图与制版项目教程. 北京：电子工业出版社，2011.
[15] 黄永定. 电子线路实验与课程设计. 北京：机械工业出版社，2009.
[16] 王蓉，刘悦音. 电子 CAD. 北京：哈尔滨工业大学出版社，2015.